Adobe Dreamweaver CC 课堂实录（Div+CSS+HTML 5）

郑宝民　凌　波　主编

清華大学出版社
北　京

内 容 简 介

本书以Dreamweaver软件为载体，以知识应用为中心，对平面设计知识进行了全面阐述。书中每个案例都给出了详细的操作步骤，同时还对操作过程中的设计技巧进行了描述。

全书共13章，遵循由浅入深、循序渐进的思路，依次对网页设计入门知识、Dreamweaver基础操作、HTML基础、文本的应用、图像元素的应用、超链接的应用、表格的应用、CSS网页美化技术、Div+CSS网页布局技术、模板和库、表单、行为等内容进行了详细讲解。最后通过制作动物园网页，对前面所学的知识进行了综合应用，以达到举一反三、学以致用的目的。

本书结构合理，思路清晰，内容丰富，语言简练，解说详略得当，既有鲜明的基础性，也有很强的实用性，既可作为高等院校相关专业的教学用书，又可作为网页设计爱好者的学习用书，同时也可作为社会各类Dreamweaver软件培训班的首选教材。

图书在版编目(CIP)数据

Adobe Dreamweaver CC课堂实录：Div+CSS+HTML5 / 郑宝民，凌波主编. —北京：清华大学出版社，2021.8
ISBN 978-7-302-58681-4

Ⅰ.①A… Ⅱ.①郑… ②凌… Ⅲ.①网页制作工具—教材 Ⅳ.①TP393.092.2

中国版本图书馆CIP数据核字（2021）第142609号

责任编辑：李玉茹
封面设计：杨玉兰
责任校对：吴春华
责任印制：沈　露
出版发行：清华大学出版社
　　网　　址：http://www.tup.com.cn，http://www.wqbook.com
　　地　　址：北京清华大学学研大厦A座　　**邮　　编**：100084
　　社 总 机：010-62770175　　**邮　　购**：010-62786544
　　投稿与读者服务：010-62776969，c-service@tup.tsinghua.edu.cn
　　质量反馈：010-62772015，zhiliang@tup.tsinghua.edu.cn
印 装 者：涿州汇美亿浓印刷有限公司
经　　销：全国新华书店
开　　本：200mm×260mm　　**印　　张**：15.75　　**字　　数**：380千字
版　　次：2021年9月第1版　　**印　　次**：2021年9月第1次印刷
定　　价：79.00元

产品编号：089278-01

序 言

数字艺术设计是指通过数字化手段和数字工具实现创意和艺术创作的全新职业技能，全面应用于文化创意、新闻出版、艺术设计等相关领域，并覆盖移动互联网应用、传媒娱乐、制造业、建筑业、电子商务等行业。

ACAA为Alliance of China Digital Arts Academy的缩写，意为联合数字创意和设计相关领域的国际厂商、龙头企业、专业机构和院校，为数字创意领域人才培养提供最前沿的国际技术资源和支持。

ACAA二十年来始终致力于数字创意领域，在国内率先创建数字创意领域数字艺术设计技能等级标准，填补该领域空白，依据职业教育国际合作项目成立“设计类专业国际化课改办公室”，积极参与“学历证书+若干职业技能等级证书”相关工作，目前是Autodesk中国教育管理中心和Unity中国教育计划合作伙伴。

ACAA在数字创意相关领域具有显著的品牌辨识度和影响力，并享有独立的自主知识产权，先后为Apple、Adobe、Autodesk、Sun、Redhat、Unity、Corel等国际软件公司提供认证考试和教育培训标准化方案，经过二十年市场检验，获得充分肯定。

二十年来，通过ACAA数字艺术设计培训和认证的学员，有些已成功创业，有些成为企业骨干力量。众多考生通过ACAA数字艺术设计师资格或实现入职，或实现加薪、升职，企业还可以通过高级设计师资格完成资质备案，来提升企业竞标成功率。

ACAA系列教材旨在为院校和学习者提供更为科学、严谨的学习资源，我们致力于把最前沿的技术和最实用的职业技能评测方案提供给院校和学习者，促进院校教学改革，提升教学质量，助力产教融合，帮助学习者掌握新技能，强化职业竞争力，助推学习者的职业发展。

ACAA教育\Autodesk中国教育管理中心

(设计类专业国际化课改办公室)

主任：王　东

前　言

本书内容概要

Dreamweaver 是 Adobe 公司推出的一款所见即所得的网页代码编辑器，具有网页制作、网站管理等功能，被广泛应用于网页设计等领域。本书从软件的基础讲起，循序渐进地对软件功能进行全面论述，让读者充分熟悉软件的各大功能。同时，结合各领域的实际应用，进行案例展示和制作，并对行业相关知识进行深度剖析，以辅助读者完成各项网页设计工作。每个章节结尾处都安排有针对性的练习测试题，以帮助读者对学习成果进行自我检验。本书分为 13 章，其主要内容如下。

篇	章节	内容概述
学习准备篇	第 1 章	主要讲解了网页的基本概念、网站的制作流程、网页布局与配色等相关知识
理论知识篇	第 2 ～ 12 章	主要讲解了 Dreamweaver 软件的工作界面、站点的创建与管理、文档的基本操作、HTML 的基本结构、常见的 HTML 标签、HTML 新增元素的属性、文本的创建与编辑、特殊元素的创建、图像的插入与编辑、超链接的概念、超链接的应用与管理、表格的插入与应用、CSS 的创建与设置、Div+CSS 布局网页、模板和库、常见表单元素、行为与事件的概念、行为的应用等知识
综合实战篇	第 13 章	主要讲解了动物园网页的项目要求和设计过程

系列图书一览

本系列图书既注重单个软件的实操应用，又看重多个软件的协同办公，以“理论 + 实操”为创作模式，向读者全面阐述了各软件在设计领域中的强大功能。在讲解过程中，结合各领域的实际应用，对相关的行业知识进行了深度剖析，以辅助读者完成各种类型的设计工作。正所谓要“授人以渔”，读者不仅可以掌握这些设计软件的使用方法，还能利用它独立完成作品的创作。本系列图书包含以下图书作品：

★ 《Adobe Photoshop CC 课堂实录》
★ 《Adobe Dreamweaver CC 课堂实录》
★ 《Adobe InDesign CC 课堂实录》
★ 《Adobe Dreamweaver CC 课堂实录（Div+CSS+HTML 5）》
★ 《Adobe Animate CC 课堂实录》
★ 《Adobe PremierePro CC 课堂实录》
★ 《Adobe After Effects CC 课堂实录》
★ 《Photoshop CC + Dreamweaver CC 插画设计课堂实录》
★ 《PremierePro CC+After Effects CC 视频剪辑课堂实录》
★ 《Photoshop+Dreamweaver+InDesign 平面设计课堂实录》
★ 《Photoshop+Animate+Dreamweaver 网页设计课堂实录》
★ 《HTML5+CSS3 前端体验设计课堂实录》
★ 《Web 前端开发课堂实录（HTML5+CSS3+JavaScript）》

配套资源获取方式

本书由郑宝民（黑河学院）、凌波（天津市滨海新区塘沽第一职业中等专业学校）编写。其中郑宝民编写第 1~9 章、凌波编写第 10~13 章。由于作者水平有限，书中疏漏之处在所难免，望广大读者批评指正。

索取课件

实例

视频 1

视频 2

编　者

CONTENTS

目录

第1章 网页设计入门学习

第2章 Dreamweaver 基础操作

CONTENTS

CONTENTS

第 6 章 超链接的应用

第 7 章 表格的应用

CONTENTS

CONTENTS

CONTENTS

CONTENTS

第1章 网页设计入门学习

内容导读

网页是构成网站的基本元素，也是网站信息发布的一种最常见的表现形式。要制作出精美的网页，不仅要熟练地使用软件，还要了解一些网页的基础知识、网站制作流程、网站布局配色等。本章将对网页和网站的基本概念、网站制作流程、网页的布局与配色等知识进行详细介绍。

学习目标

- 了解网页的基本概念
- 掌握网站的制作流程
- 了解网页的布局与配色

1.1 网页的基本概念

互联网是人们生活中非常重要的部分，无数人通过网络进行工作、学习、交流等。用户上网主要依托于网页，多个网页的集合构成了网站。本节将针对网页的基本概念进行介绍。

■ 1.1.1 网页与网站

网页是网站最基本的组成元素。一般来说，网页就是我们访问某个网站时看到的页面，是承载各种网站应用的平台。

1. 网页

网页是一个包含 HTML 标签的纯文本文件，可以存放在世界上某个角落的某一部计算机中，这部计算机必须与互联网相连。网页经由网址（URL）来识别与存取，当用户在浏览器输入网址后，经过一段复杂而又快速的程序，网页文件会被传送到计算机，然后通过浏览器解释网页的内容，再展现在用户的眼前。

网页是万维网中的一“页”，通常是 HTML 格式（文件扩展名为 .html 或 .htm）。网页要通过网页浏览器来阅读和显示各种信息，同时也可以做一定的交互。

网页显示在特定的环境中，具有一定的尺寸，在网页中可以看到显示的各种内容。

2. 网站

网站是有独立域名、独立存放空间的内容集合，这些内容可能是网页，也可能是程序或其他文件。网站可以看作一系列文档的组合，这些文档通过各种链接关联起来，它们可能拥有相似的属性，如描述相关的主体、采用相似的设计或实现相同的目的等，也可能只是毫无意义的链接。利用浏览器，就可以从一个文档跳转到另一个文档，实现对整个网站的浏览。

根据不同的标准，可将网站做不同的分类。根据网站的用途分类，如门户网站（综合网站）、行业网站、娱乐网站等；根据网站的功能分类，如单一网站（企业网站）、多功能网站（网络商城）等；根据网站的持有者分类，如个人网站、商业网站、政府网站等。

从名字上理解，网站就是计算机网络上的一个站点，网页是站点中所包含的内容；网页可以是站点的一部分，也可以独立存在。一个站点通常由多个栏目构成，包含个人或机构用户需要在网站上展示的基本信息页面，同时还包括有关的数据库等。当用户通过 IP 地址或域名登录一个站点时，展现在浏览者面前的是该网站的主页。

■ 1.1.2 静态网页与动态网页

网页可以分为静态网页和动态网页两种，主要取决于网页是否含有程序代码。本小节针对这两种网页进行介绍。

1. 静态网页

在网站设计中，纯粹 HTML 格式的网页通常被称为“静态网页”，早期的网站一般都是由静态网页制作的。静态网页是相对于动态网页而言的，是指没有后台数据库、不含程序和不可交互的网页。静态网页更新起来相对比较麻烦，适用于更新较少的一般展示型网站。静态网页是标准的HTML文件，它的文件扩展名是 .htm 和 .html。在 HTML 格式的网页上，也可以呈现各种动态的效果，如 .GIF 格式的动画、Flash、滚动字母等，这些“动态效果”只是视觉上的，与动态网页是不同的概念，如图 1-1 所示。

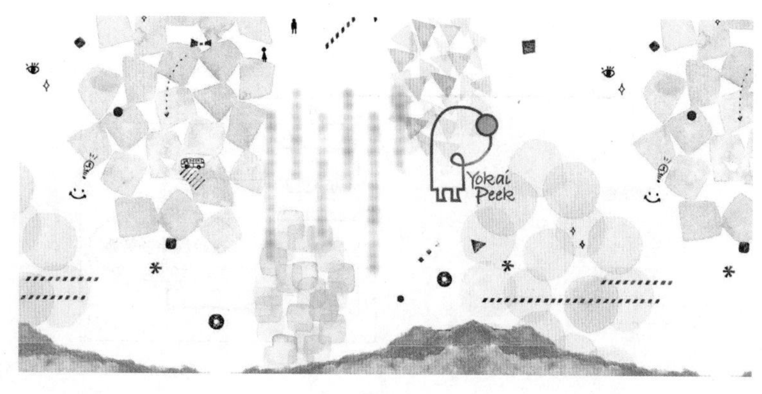

图 1-1

静态网页的特点如下。

◎ 静态网页的每个页面都有一个固定的 URL。

◎ 静态网页的内容相对稳定，因此容易被搜索引擎检索。

◎ 静态网页没有数据库的支持，当网站信息量很大时，完全依靠静态网页的制作方式比较困难。

◎ 静态网页交互性比较差，在功能方面有较大的限制。

◎ 页面浏览速度迅速，无须连接数据库，开启页面速度快于动态页面。

浏览器“阅读”静态网页的执行过程较为简单，如图 1-2 所示。首先浏览器向网络中的 Web 服务器发出请求，指向某一个普通网页。Web 服务器接收请求信号后，将该网页传回浏览器，此时传送的只是文本文件。浏览器接到 Web 服务器送来的信号后开始解读 html 标签，然后进行转换，将结果显示出来。

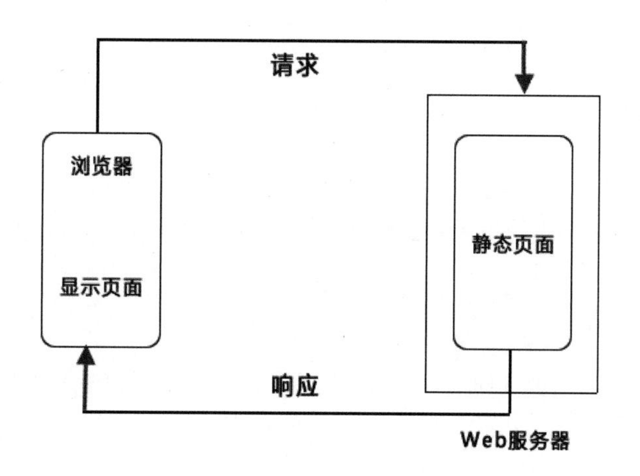

图 1-2

2. 动态网页

动态网页是与静态网页相对的一种网页编程技术，与网页上的各种动画、滚动字幕等视觉上的“动态效果”没有直接关系。动态网页可以是纯文字内容的，也可以是包含各种动画的内容，这些只是网页具体内容的表现形式，无论网页是否具有动态效果，采用动态网站技术生成的网页都称为动态网页。

应用程序服务器读取网页上的代码，根据代码中的指令形成发给客户端的网页，然后将代码从网页上去掉，所得的结果就是一个动态网页。应用程序服务器将该网页传递回 Web 服务器，然后由 Web 服务器将该网页传回浏览器，当该网页到达客户端时，浏览器得到的内容是 HTML 格式，如图 1-3 所示。

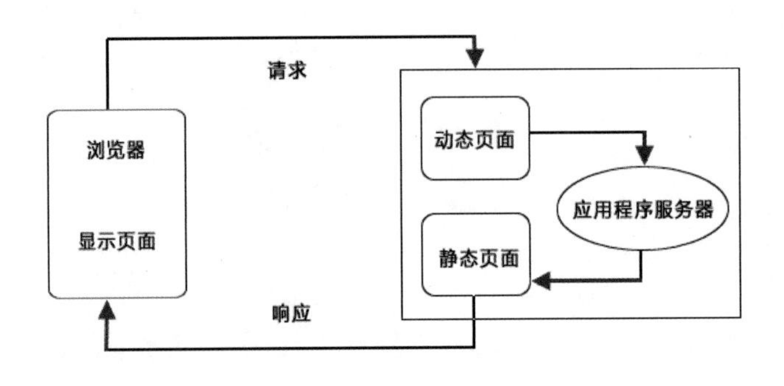

图 1-3

动态网页能与后台数据库进行交互、传递数据，即网页 URL 的后缀为 .aspx.asp、.jsp、.php、.perl、.cgi 等形式，且在动态网页网址中有一个标志性的符号——“?”。

动态网页的主要特点如下。

◎ 动态网页没有固定的 URL。

◎ 动态网页以数据库技术为基础，可以大大降低网站维护的工作量。

◎ 采用动态网页技术的网站可以实现更多的功能，如用户注册、用户登录、用户管理、在线调查等。

◎ 动态网页实际上并不是独立存在于服务器上的网页文件，只有当用户请求时服务器才返回一个完整的网页。

1.2 网站制作流程

网站制作包括网站策划、网站设计、网页制作、网站测试与发布、网站维护等步骤。只有遵循网站制作步骤进行操作，才能设计出满意的网站。本节将针对网站的制作流程进行介绍。

1.2.1 网站策划

在建设网站平台之前，需要先进行网站策划，即在建立网站前应明确建设网站的目的、网站的功能、网站规模、投入费用等。只有详细规划，才能避免在网站建设中出现很多问题。

1. 网站策划核心

一个企业网站策划者，首先应当深入了解企业产品的生产和销售状况，如企业产品所属行业背景、企业生产能力、产品年销售概况、内外销比重、市场占有率、产品技术特点、市场宣传卖点、目标消费群、目标市场区域、竞争对手情况等。只有详细了解了企业产品信息和市场信息，才能进行定位分析，准确判定在网站中将要进行的产品展示能够达到什么样的目的，做到心中有数，有的放矢。其次网站策划人有一个明显区别于网站开发者的视觉差异，那就是要站在企业（客户）和访问者的角度来规划网站，这一点在规划产品展示的时候显得尤为突出。一个完整的产品展示体系，主要包括直观展示、用户体验和网站互动三个部分。

2. 网站策划流程

（1）网站策划方案的价值。

网站策划重点阐述了解决方案能给客户带来什么价值，以及通过何种方法去实现这种价值，从而帮助业务员赢取订单。另外，一份优秀的解决方案在充分挖掘、分析客户的实际需求的基础上，又以专业化的网站开发语言、格式，有效地解决了日后开发过程中的沟通问题、整理资料的方向性问题。

（2）前期策划资料收集。

前期策划方案资料的收集情况是网站策划方案成功的关键点，它关系到是否能够准确充分地帮助客户分析、把握互联网应用价值点。往往一份策划方案能否中标，与信息的收集方法、收集范围、执行态度、执行尺度有密切关系。

（3）网站策划思路整理。

在充分收集客户数据的基础之上，需要对数据进行分析、整理，此时客户、业务员、策划师、设计师、软件工程师、编辑要齐心参与，进行多方位的分析、洽谈、融合。

（4）网站策划方案写作。

网站策划方案写作是整个标准的核心。一份专业的网站策划方案需要经过严格的包装才能提交给客户。方案的演示与讲解是关系订单成败的大事。网站策划方案的归档 / 备案可以根据公司的知识库规则的不同，而制定出不同的标准。

3. 网站策划的重要性

网站策划逐步被各个企业重视，在企业建站中起到核心的地位，是一个网站的神经部位。网站建设其实不是简单的事情，美术设计、信息栏目规划、页面制作、程序开发、用户体验、市场推广等多方面知识融合在一起才能建出成型网站。而将这些知识结合在一起的就是网站策划，策划主要的任务是根据领导给出的主题结合市场，通过与各个技能部门人员沟通制定合理的建设方案。网站策划对网站建设是否成功起决定作用。

1.2.2 网站设计

网站策划完成后，就可以设计网站，包括素材的整理、站点的建立等。本小节将针对网站的设计进行讲解。

1. 收集素材

网站的主题内容是文本、图像和多媒体等素材，这些素材组合在一起构成了网站的灵魂。任何一种网站，在建设之初都应进行充分的调查和准备，即调查用户对网站的需求度、认可度，以及准备所需资料和素材。网站的资料和素材包括所需图片、动画、Logo 的设计、框架规划、文字信息搜索等。

2. 规划站点

开发网站的第一步就是规划站点。规划站点即对网站的整体定位，不仅要准备建设站点所需要的文字资料、图片信息、视频文件，还要将这些素材整合，并确定站点的风格和规划站点的结构。在规划站点时，应遵循以下 3 个原则。

（1）文档分类保存。

若建立的站点比较复杂，就不要把所有文件都放在一个文件夹中，需要把文件分类，放在不同的文件夹中，方便进行更好的管理。在创建文件夹的时候，先建立根文件夹，再建立子文件夹。站点中还有一些特殊的文件，如模板、库等最好放在系统默认创建的文件夹中。

（2）文件夹合理命名。

为了方便管理，文件夹和文件的名称最好具有一定的意义，这样就能清晰地明白网页内容，也便于网站后期的管理，提高工作效率。

（3）本地站点和远程站点结构统一。

为了方便维护和管理，在设置本地站点时，应该使本地站点与远程站点的结构设计保持一致。将本地站点上传至远程服务器上时，可以保证本地站点和远程站点的完整拷贝，避免出错，也便于对远程站点的调试和管理。

■ 1.2.3 网页制作

完成网站策划和设计工作后，就可以着手网页制作。网页即为网站中的页面，它是一个纯文本文件，是向浏览者传递信息的载体。网页以超文本和超媒体为技术，采用 HTML、CSS、XML 等多种语言对页面中的各种元素（如文字、图像、音乐等）进行描述，并通过客户端浏览器进行解析，从而向浏览者呈现网页的各种内容。

1. 设计网页图像

网页图像设计包括 Logo 、标准色彩、标准字、导航条和首页布局等。用户可以使用 Photoshop 等软件来设计网站的图像。

有经验的网页设计者，通常会在使用网页制作工具之前设计好网页的整体布局，这样在设计过程中将会大大节省工作时间。

2. 制作网页

制作网页时，要按照先大后小、先简单后复杂的方式来进行制作。先大后小即是指在制作网页时，先把大的结构设计好，然后逐步完善小的结构设计。先简单后复杂即是指先设计出简单的内容，然后设计复杂的内容，以便出现问题时好修改。在制作网页时要多灵活运用模板，这样可以大大提高制作效率。

■ 1.2.4 测试和发布网站

网站制作完成之后，就可以上传到服务器中供他人使用浏览。在上传到服务器之前，需要先进行本地测试，以保证页面的浏览效果、网页链接等与设计要求相吻合。进行网站测试可以避免各种错误的产生，从而为网站的管理和维护提供方便。

1. 测试网站

网站测试是指当一个网站制作完上传到服务器之前针对网站的各项性能情况的一项检测工作。它与软件测试有一定的区别，除了要求外观的一致性以外，还要求其在各个浏览器下的兼容性。

（1）性能测试。

网站的性能测试主要从连接速度测试、负荷测试和压力测试 3 个方面进行。连接速度测试是指打开网页的响应速度测试。负荷测试是指在某一负载级别下，检测网站系统的实际性能，可以通过相应的软件在一台客户机上模拟多个用户来测试负载。压力测试是指测试系统的限制和故障恢复能力。

（2）安全性测试。

安全性测试是对网站的安全性（服务器安全，脚本安全）测试、可能有的漏洞测试、攻击性测试、错误性测试。对客户服务器应用程序、数据、服务器、网络、防火墙等都要进行测试。

（3）基本测试。

基本测试包括色彩的搭配、连接的正确性、导航的方便和正确性、CSS 应用的统一性等测试。

（4）稳定性测试。

稳定性测试是指测试网站运行中整个系统是否运行正常。

2. 发布网站

完成网站的创建和测试之后，将文件上传到远程文件夹即可发布站点。这些文件用于网站的测试、生产、协作和发布，具体取决于用户的环境。在“文件”面板中可以很方便地实现文件上传功能。

1.2.5 网站维护

在实际应用中，需要根据需要，对网站内容进行维护和更新，以保持网站的活力。只有不断地给网站补充新的内容，才能够吸引住浏览者。网站的维护是指对网站的运行状况进行监控，发现问题及时解决，并对其运行的实时信息进行统计。

网站维护的内容主要包括以下 5 个方面。

◎ 基础设施的维护。主要有网站域名维护、网站空间维护、企业邮局维护、网站流量报告、域名续费等。
◎ 应用软件的维护。即业务活动的变化、测试时未发现的错误、新技术的应用、访问者需求的变化和提升等方面。
◎ 内容和链接的维护。
◎ 安全的维护。即数据库导入导出的维护、数据库备份、数据库后台维护、网站紧急恢复等。
◎ 做好网站安全管理，定期查杀毒，防范黑客入侵网站，检查网站的各个功能。

1.3 网页布局与配色

传递信息是网页的根本目的。在设计网页时，需要根据网页的这一特性，合理地布局网页，运用对比及调和的配色原理，设计出既能表现主题又和谐悦目的网页。下面将对此进行具体介绍。

1.3.1 网页的布局类型

网页的布局类型主要有骨骼型、满版型、分割型、中轴型、曲线型、倾斜型、对称型、焦点型、三角形、自由型十种。

1. 骨骼型

骨骼型的网页版式是一种规范的、理性的分割方法，类似于报刊的版式，如图1-4所示。常见的骨骼有竖向通栏、双栏、三栏、四栏和横向通栏、双栏、三栏和四栏等。一般以竖向分栏为多，这种版式给人以和谐、理性的美。几种分栏方式结合使用，既理性、条理，又活泼而富有弹性。

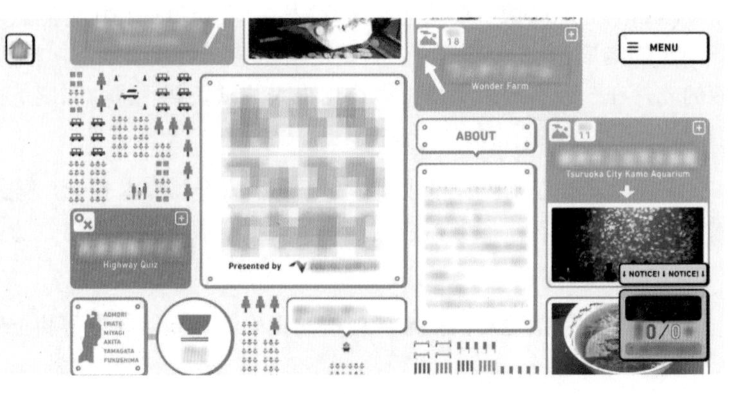

图 1-4

2. 满版型

页面用图像充满整版，如图1-5所示。它主要以图像为诉求点，也可将部分文字置于图像之上，视觉传达效果直观而强烈。满版型给人以舒展、大方的感觉。随着宽带的普及，这种版式在网页设计中的运用越来越多。

图 1-5

3. 分割型

把整个页面分成上下或左右两部分，分别安排图片和文案，如图1-6所示。两个部分形成对比：有图片的部分感性而具活力，文案部分则理性而平静。可以通过调整图片和文案所占的面积，来调节对比的强弱。例如：如果图片所占比例过大，文案使用的字体过于纤细，字距、行距、段落的安排又很疏落，则造成视觉心理的不平衡，显得生硬。倘若通过文字或图片将分割线虚化处理，就会产生自然和谐的效果。

图 1-6

ACAA课堂笔记

4. 中轴型

沿浏览器窗口的中轴将图片或文字作水平或垂直方向的排列，如图 1-7 所示。水平排列的页面给人稳定、平静、含蓄的感觉。垂直排列的页面给人以舒畅的感觉。

图 1-7

5. 曲线型

图片、文字在页面上作曲线的分割或编排，产生韵律与节奏，如图 1-8 所示。

图 1-8

6. 倾斜型

页面主题形象或多幅图片、文字作倾斜编排，形成不稳定感或强烈的动感，引人注目，如图 1-9 所示。

图 1-9

7. 对称型

对称的页面给人稳定、严谨、庄重、理性的感受。对称分为绝对对称和相对对称。一般采用相对对称的手法，以避免呆板。左右对称的页面版式比较常见，如图 1-10 所示。

四角型也是对称型的一种，是在页面四角安排相应的视觉元素。四个角是页面的边界点，重要性不可低估。在四个角安排的任何内容都能产生安定感。控制好页面的四个角，也就控制了页面的空间。越是凌乱的页面，越要注意对四个角的控制。

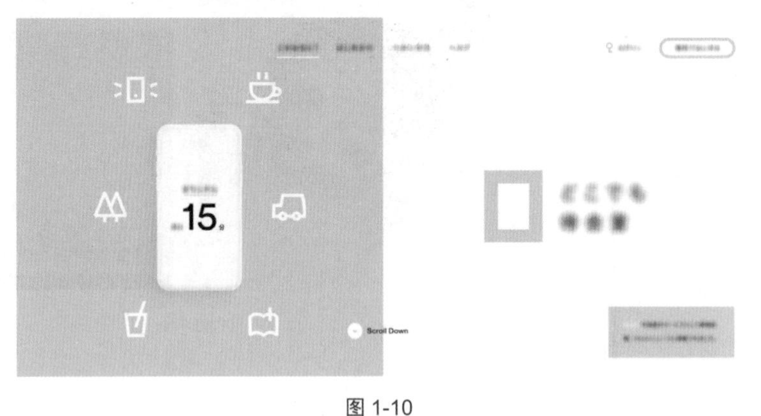

图 1-10

8. 焦点型

焦点型的网页版式通过对视线的诱导，使页面具有强烈的视觉效果，如图 1-11 所示。焦点型分三种情况。

◎ 中心：将对比强烈的图片或文字置于页面的视觉中心。

◎ 向心：视觉元素引导浏览者视线向页面中心聚拢，就形成了一个向心的版式。向心版式是集中的、稳定的，是一种传统的手法。

◎ 离心：视觉元素引导浏览者视线向外辐射，则形成一个离心的网页版式。离心版式是外向的、活泼的，更具现代感，运用时应注意避免凌乱。

图 1-11

9. 三角形

网页各视觉元素呈三角形排列。正三角形（金字塔形）最具稳定性，倒三角形则产生动感。侧三角形构成一种均衡版式，既安定又有动感。如图 1-12 所示为三角形版式网页。

图 1-12

10. 自由型

自由型的页面具有活泼、轻快的风格。如图 1-13 所示为自由型版式网页，传达随意、轻松的气氛。

图 1-13

1.3.2 网页色彩基础

除了网页布局，网页的配色也在网站页面效果中占据重要地位。优秀的网页配色可以提高网站的页面效果，使网站的用户体验更佳。网站页面配色有以下四大要点。

1. 网站主题颜色要自然

在设计网站页面的颜色时，应该尽可能选择一些比较自然和常见的颜色，这些颜色在日常生活中随处可见，贴近生活。

2. 背景和内容形成对比

在页面配色时，页面的背景需要与文字之间形成鲜明的对比效果，这样才能使网站主题更加突出，页面更加美观，内容更易被用户注意，同时也能方便用户浏览和阅读。

3. 规避页面配色的禁忌

虽然说合理的页面配色能够使网站的页面用户体验大大提升，但是如果页面配色不合理，不仅会导致网站的页面效果降低，还会导致网站用户流失，给企业带来无法估量的损失。

4. 保持页面配色的统一

在对网站页面进行配色的时候，一定要保持色彩的统一性，对颜色的选择应控制在三种以内，以一种作为主色，其余两种作为辅助色。

1.3.3 色彩搭配原则

在设计网页配色方案时，需要将颜色本身的含义、网站页面和公司的网站建设定位三者结合起来，最终制定出适合的网站页面设计方案。

1. 找准主题色调

在解析网站页面设计中色彩搭配的技巧——找准主题色调之前，我们先来了解一下几款不同色调的网页及相应的成功案例。

红色：热情、奔放、喜悦、血气、年轻，如图 1-14 所示。

图 1-14

黄色：高贵、富有、灿烂、活泼、温暖、透明，如图 1-15 所示。

图 1-15

黑色：严肃、夜晚、沉着，如图 1-16 所示。

蓝色：天空、清爽、科技、可靠、力量，如图 1-17 所示。

绿色：植物、生命、生机、健康，如图 1-18 所示。

灰色：冷静、庄重、沉稳，如图 1-19 所示。

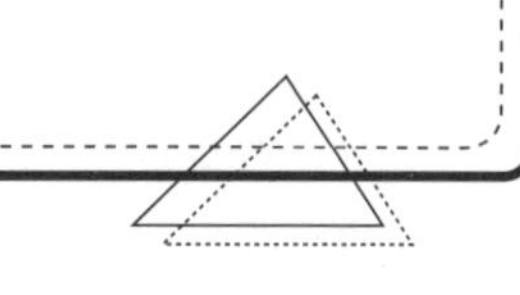

图 1-16

图 1-17

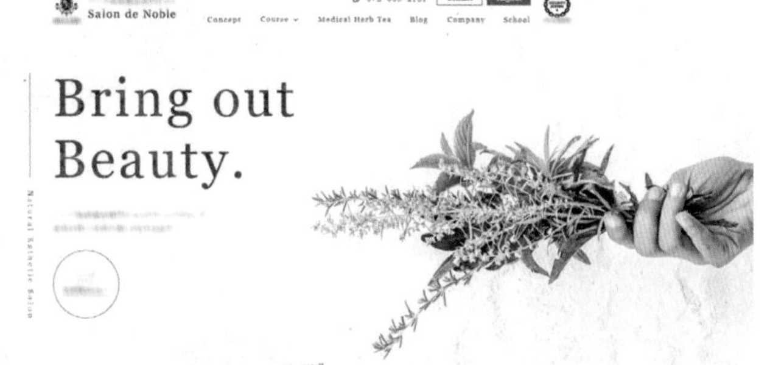

图 1-18

Spirits
of
LAST

图 1-19

我们不难看出，不管是哪种类型的网站，在进行页面设计时最先都要做好主题色调的选择，并以此种颜色为主色调向外扩展到同色系的其他颜色。

2. 遵循网页设计色彩搭配原则

除了考虑颜色、网站本身具有的特点外，在网页设计色彩搭配中，还要遵循并体现一定的艺术性和规律性。

（1）色彩的鲜明性原则。

一个网站的色彩鲜明，很容易引人注意，会给浏览者耳目一新的感觉，如图 1-20 所示。

图 1-20

（2）色彩的独特性原则。

要有与众不同的色彩，网页的用色必须有自己独特的风格，这样才能给浏览者留下深刻的印象，如图 1-21 所示。

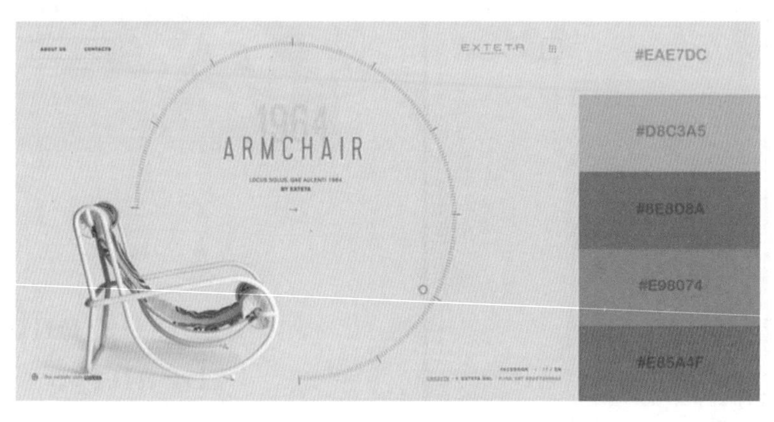

图 1-21

（3）色彩的艺术性原则。

网站设计是一种艺术活动，因此必须遵循艺术规律。按照内容决定形式的原则，在考虑网站本身特点的同时，大胆进行艺术创新，设计出既符合网站要求，又具有一定艺术特色的网站，如图 1-22 所示。

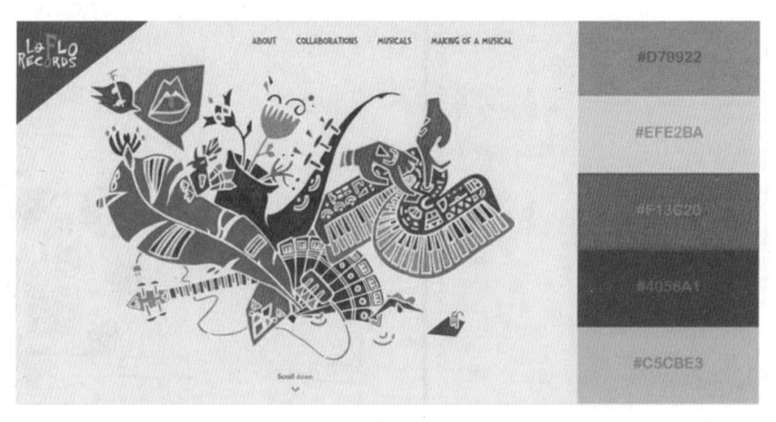

图 1-22

（4）色彩搭配的合理性原则。

色彩要根据主题来确定，不同的主题选用不同的色彩。例如，用蓝色体现科技型网站的专业性，用粉红色体现女性的柔情等，如图 1-23 所示。

图 1-23

3. 选对网页色彩搭配方法

合理配色网页，在用户对网页的视觉体验上起着主导作用。好的色彩搭配会给访问者带来很强的视觉冲击力，不恰当的色彩搭配则会让访问者浮躁，如图 1-24 所示。

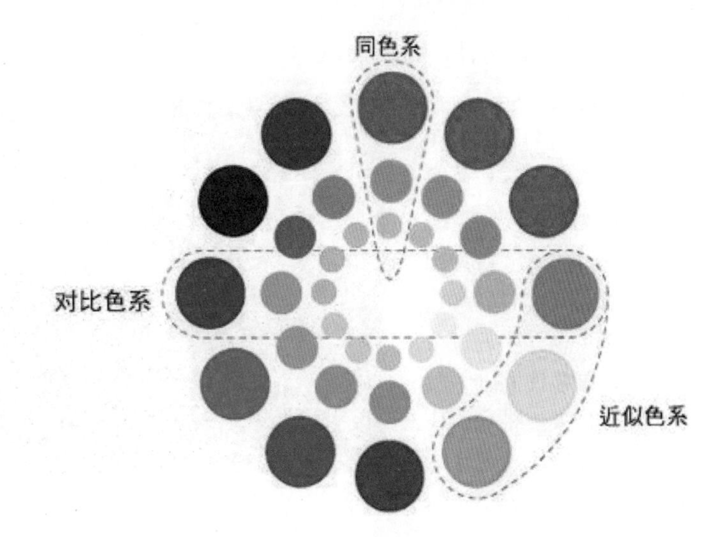

图 1-24

（1）同种色彩的搭配方法。

同种色彩的搭配方法是指先选定一种主色，然后以这款颜色为基础进行透明度和饱和度的调整，通过对颜色进行变淡或加深得到其他新的颜色，如图 1-25 所示。

优点：让网页的整个页面看起来色彩统一，且具有层次感。

图 1-25

ACAA课堂笔记

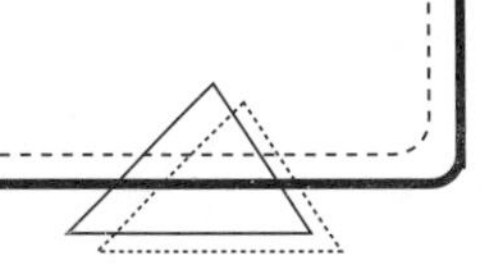

（2）邻近色彩搭配方法。

邻近色彩指的是在色环上相邻的两种不同颜色，如绿色和蓝色、红色和黄色即互为邻近色，如图 1-26 所示。

优点：采用邻近色搭配的网页可以避免色彩杂乱，容易达到页面和谐统一的效果。

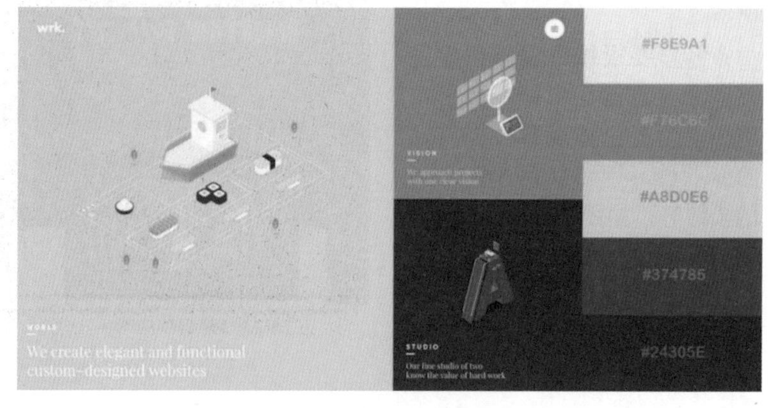

图 1-26

（3）对比色彩搭配方法。

一般认为，色彩的三原色（红、绿、蓝）是最能体现色彩间的差异的三款颜色。色彩的这种强烈对比效果具有很强的视觉诱惑力，能够起到突出重点的作用，如图 1-27 所示。

优点：在网页设计中通过合理使用对比色，能够使网站特色鲜明、重点突出。以一种颜色作为主色调，将其相邻对比色作为点缀，可以起到画龙点睛的作用。

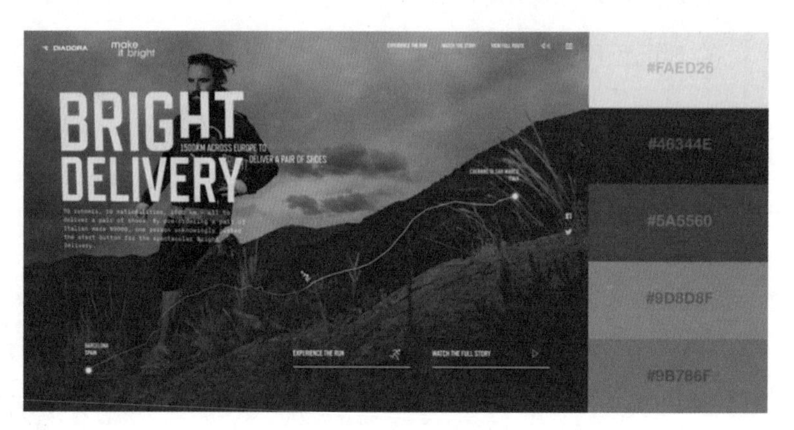

图 1-27

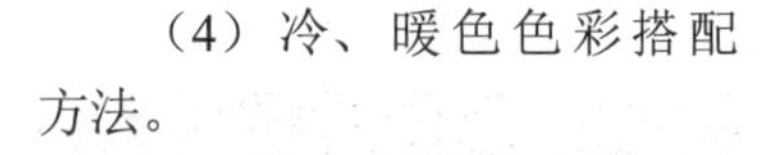

（4）冷、暖色色彩搭配方法。

冷色调色彩搭配指的是使用绿色、蓝色及紫色等冷色系色彩进行搭配，暖色调色彩搭配是指使用红色、橙色、黄色等暖色系色彩进行搭配，如图 1-28 所示。

优点：冷色调色彩搭配的网页可以为用户营造出宁静、清凉和高雅的氛围，冷色色彩与白色搭配一般会获得较好的视觉效果。暖色调色彩搭配可为网页营造出稳定、和谐和热情的氛围。

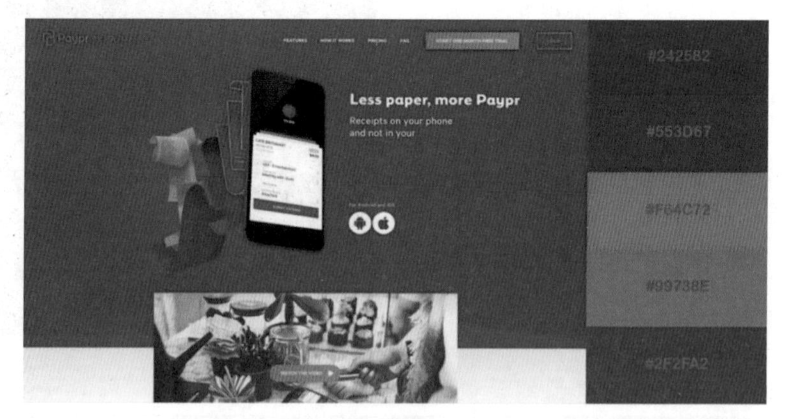

图 1-28

（5）文字与网页的背景色对比的搭配方法。

文字内容的颜色与网页的背景色的对比要突出，底色深，文字的颜色就应浅，这样才能让深色的背景衬托出浅色的内容（文字或图片）；反之，底色淡，文字的颜色就要深些，用浅色的背景衬托深色的内容（文字或图片），如图 1-29 所示。

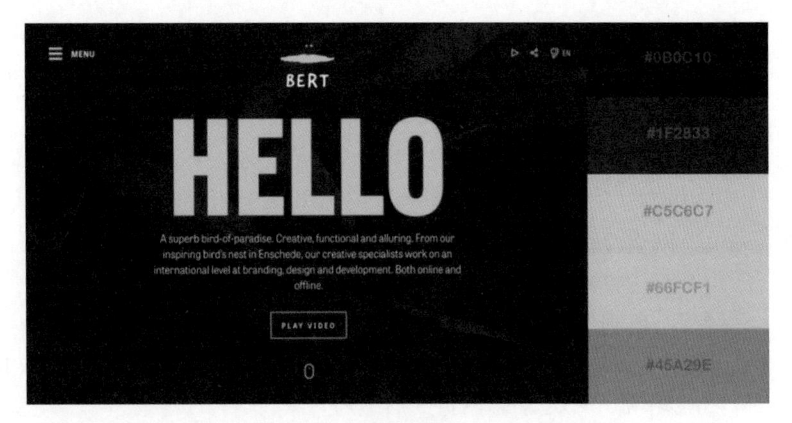

图 1-29

1.4 网页设计常用工具

要想制作一个精美的网页，需要综合利用各种网页制作工具，下面简单介绍一下常用的网页设计软件。

（1）Photoshop。

最常用的网页图像处理软件有 Photoshop 和 Fireworks，其中 Photoshop 凭借其强大的功能和广泛的使用范围，一直占据着图像处理类软件的领先地位。Photoshop 支持多种图像格式以及多种色彩模式，可以任意调整图像的尺寸、分辨率及画布的大小，使用 Photoshop 可以设计网页的整体效果图、处理网页中的产品图像、设计网页 Logo、设计网页按钮和网页宣传广告图像等。

（2）Illustrator。

Illustrator 是一款专业的矢量图形处理软件，集成文字处理、上色等功能，主要应用于印刷出版、海报书籍排版、专业插画设计、多媒体图像处理和互联网页面制作等领域，适合生产所有从小型设计到大型设计的复杂项目。

（3）Flash。

Flash 是一款非常优秀的交互式矢量动画制作工具，能够制作包含矢量图、位图、动画、音频、视频、交互式动画等内容在内的站点。为了吸引浏览者的兴趣和注意，传递网站的动感和魅力，许多网站的介绍页面、广告条和按钮，甚至整个网站，都是采用 Flash 制作出来的。用 Flash 编制的网页文件比普通网页文件要小得多，这大大加快了浏览速度，是一款十分适合制作动态 Web 的工具。

（4）Dreamweaver。

Dreamweaver 是网页设计与制作领域中用户最多、应用最广、功能最强的软件，无论是在国内还是在国外，它都是备受专业 Web 开发人员喜爱的软件。Dreamweaver 用于网页的整体布局和设计，以及对网站的创建和管理，与 Flash、Photoshop 并称为网页设计三剑客，利用它可以轻而易举地制作出充满动感的网页。

1.5 课后练习

一、选择题

1．网页又被称为（　）文件，是网站的重要组成部分。

A．HTML　　B．Web　　C．Tga　　D．HTTP

2．一般制作网页时，会将首页命名为（　）。

A．www　　B．main.html　　C．index.html　　D．index.css

3. 以下哪个不是动态网页的后缀名？（　）

A．php　　B．xml　　C．asp　　D．jsp

4．万维网有 3 个基本组成部分，以下不属于它的组成部分的是（　）。

A．URL，表示在 Web 上进入资源的统一方法和路径

B．超文本标记语言 HTML

C．超文本传输协议 HTTP

D．标准通用标注语言 SGML

二、填空题

1．在网站设计中，纯粹 HTML 格式的网页通常被称为________。

2．网页是一个包含__________的纯文本文件，可以存放在世界某个角落的某一部计算机中。

3．________是有独立域名、独立存放空间的内容集合。

三、操作题

1．熟悉 Dreamweaver 软件的相关软件，如 Photoshop、Illustrator、Premiere 等。

2．了解网页设计的相关知识。

第 2 章 Dreamweaver 基础操作

内容导读

使用 Dreamweaver 软件，可以帮助用户更方便地制作网页。在开始学习网页设计知识之前，先来学习 Dreamweaver 软件的基本操作，包括 Dreamweaver 的工作界面、站点的创建与管理、文档的基础操作等。全面掌握软件的基本操作，将为后面内容的学习奠定良好的基础。

学习目标

- 了解 Dreamweaver 的工作界面
- 学会创建与管理站点
- 学会文档的基础操作

2.1 Dreamweaver 的工作界面

Dreamweaver 是一款专业的所见即所得的网页代码编辑器，集网页制作和网站管理于一身，可以帮助设计师和程序员快速制作网站并对其进行建设，得到了广大网页设计爱好者和专业人士的青睐。本节将针对 Dreamweaver 软件的工作界面进行介绍。

2.1.1 启动 Dreamweaver

安装完 Dreamweaver 后，双击桌面上的快捷图标或是通过“开始”菜单选择“所有程序”中的 Adobe Dreamweaver 选项，即可启动 Dreamweaver 应用程序。如图 2-1 所示为 Dreamweaver 的启动界面。

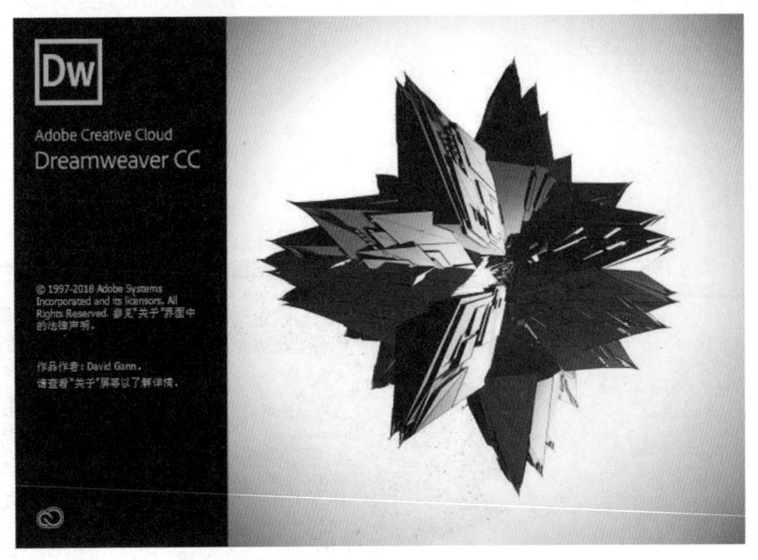

图 2-1

2.1.2 自定义软件界面

在 Dreamweaver 软件中，允许用户根据需要自定义软件工作界面，以提高工作效率。

1. 设置首选项

执行“编辑”｜“首选项”命令，打开“首选项”对话框，如图 2-2 所示。在“分类”列表框中选择相应的项目，即可对其属性进行设置，使其符合用户的操作习惯。设置完成后单击“应用”按钮即可应用设置。

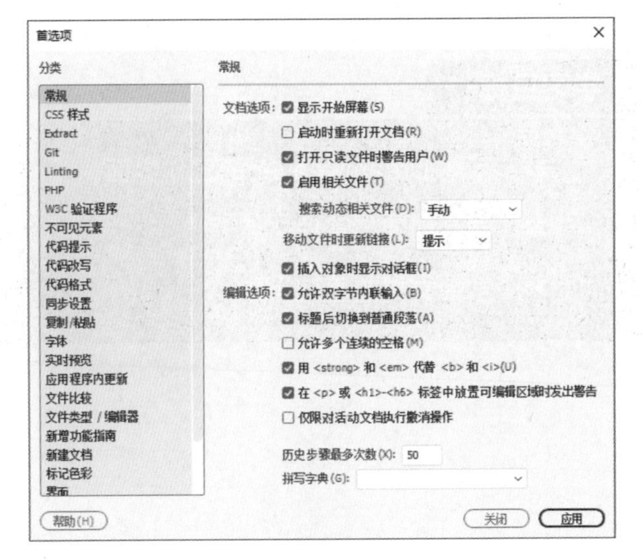

图 2-2

2. 工作区的调整

设置完首选项后，用户可以根据自己的使用习惯调整Dreamweaver的工作区布局。

（1）选择工作区布局。

执行“窗口”|“工作区布局”命令，在弹出的级联菜单中选择相应的命令即可实现工作区布局的快速切换，如图2-3所示。Dreamweaver提供了开发人员、标准等工作区布局。

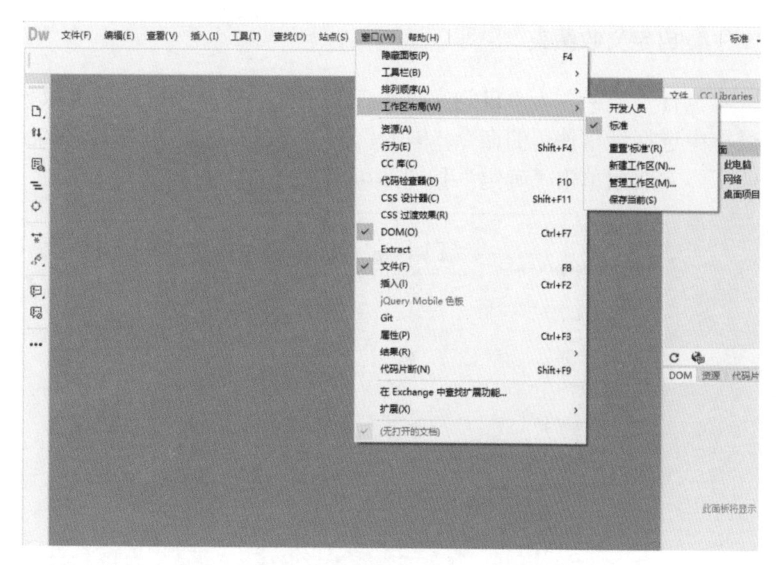

图 2-3

（2）新建工作区布局。

执行“窗口”|“工作区布局”|“新建工作区”命令，打开“新建工作区”对话框，在该对话框中输入自定义工作区布局的名称，如图2-4所示，完成后单击“确定”按钮即可新建工作区。新建的工作区布局名称会显示在“工作区布局”菜单中。

（3）管理工作区布局。

执行“窗口”|“工作区布局”|“管理工作区”命令，打开“管理工作区”对话框，在该对话框中可以对工作区进行重命名或删除操作，如图2-5所示。

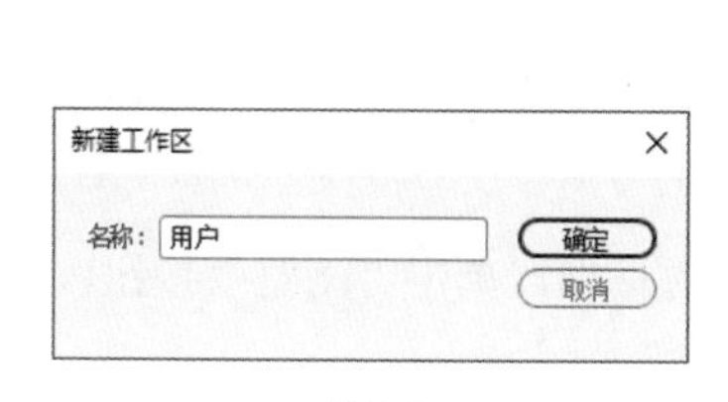

图 2-4

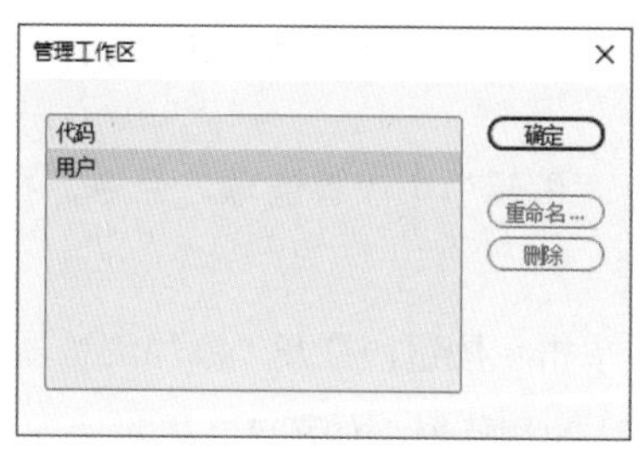

图 2-5

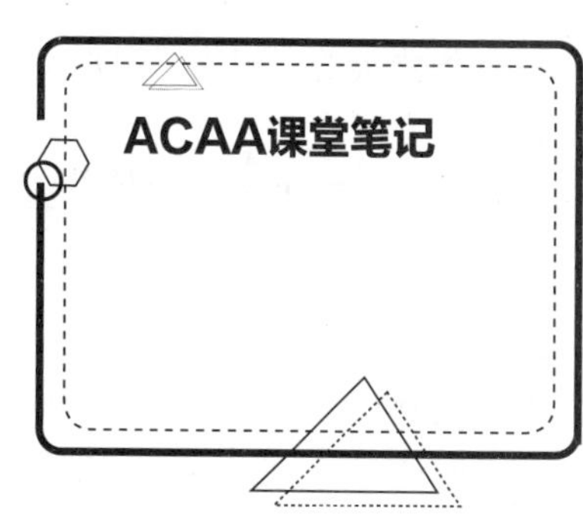

3. 显示/隐藏面板和工具栏

在使用Dreamweaver软件的过程中，用户也可以根据需要隐藏或显示工作界面中的面板和工具栏。

（1）折叠/展开面板组。

双击面板组左上角的名称，就可以展开/折叠面板组。

（2）显示/隐藏工具栏。

执行“窗口”|“工具栏”|“通用”命令，即可显示或隐藏工具栏。若想在工具栏中隐藏部分选项，可以单击工具栏底部的“自定义工具栏”按钮 •••，打开“自定义工具栏”对话框，如图2-6所示。在该对话框中选择选项，即可在工具栏中显示相应的选项。

（3）显示/隐藏面板组。

单击面板组右上角的“折叠为图标”按钮 ▸▸，可以将面板组折叠为图标。选择“窗口”菜单，在弹出的级联菜单中选择相应的命令，可以显示或隐藏面板组。

4. 自定义收藏夹

执行“插入”｜“自定义收藏夹”命令，打开“自定义收藏夹对象”对话框，从“可用对象”列表框中选择经常使用的命令，单击“添加”按钮 >> ，可将其添加到“收藏夹对象”列表框中，如图 2-7 所示。完成后单击“确定”按钮即可。

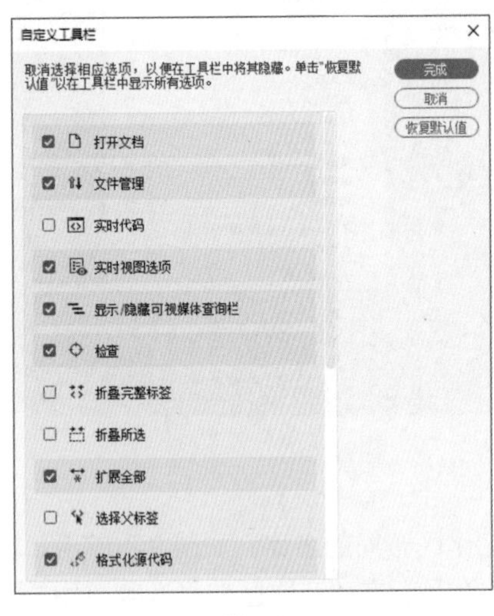

图 2-6

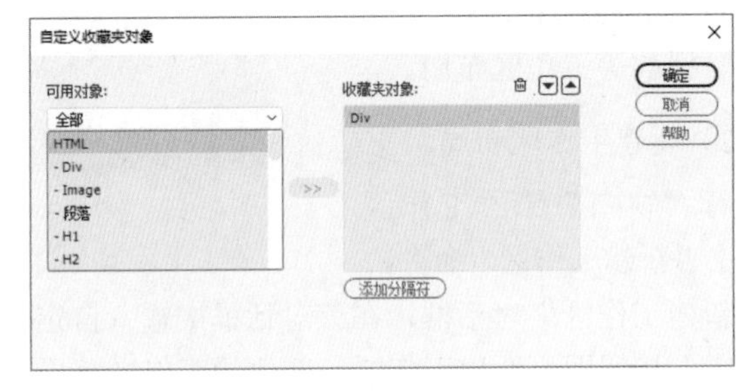

图 2-7

■ 实例：设置主浏览器

制作网页的过程中，用户可以设置实时预览的主浏览器，以便于网页的预览。本案例将对此进行练习。

Step01 打开 Dreamweaver 软件，执行“编辑”｜“首选项”命令，打开“首选项”对话框，如图 2-8 所示。

Step02 切换至“实时预览”选项卡，单击 + 按钮，打开“添加浏览器”对话框，单击“浏览”按钮，打开“选择浏览器”对话框，选择合适的浏览器，如图 2-9 所示。

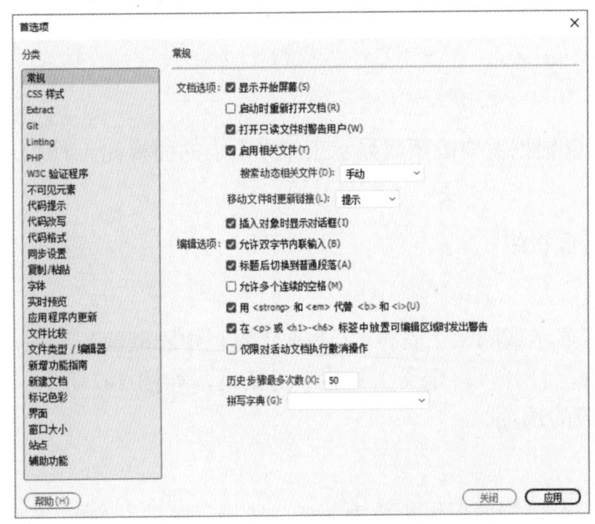

图 2-8

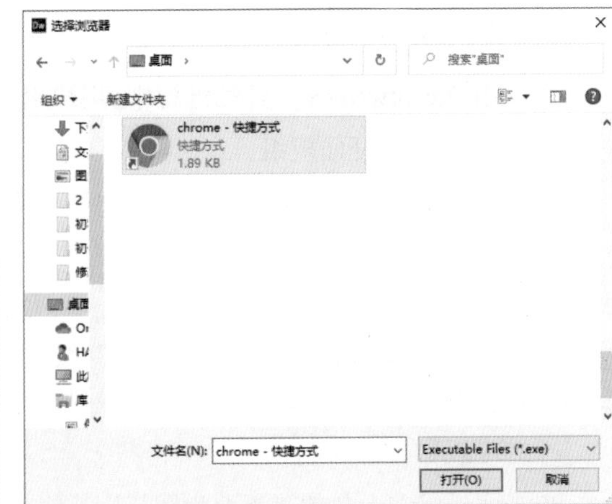

图 2-9

Step03 完成后单击“打开”按钮，返回至“添加浏览器”对话框，勾选“主浏览器”复选框，如图 2-10 所示。

Step04 单击“确定”按钮，返回至“首选项”对话框，即可设置实时预览的主浏览器，如图 2-11 所示。单击“应用”按钮应用即可。

图 2-10

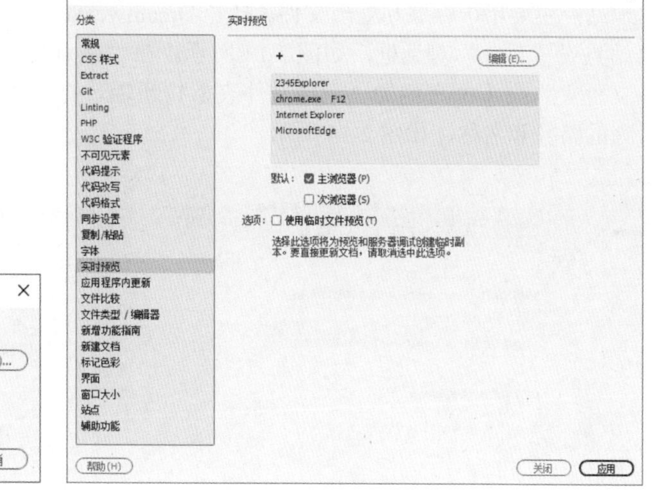

图 2-11

至此，完成实时预览时主浏览器的设置。

2.1.3 Dreamweaver 的视图模式

新建 Dreamweaver 文档后，在文档窗口顶部可以选择代码视图、拆分视图、实时视图、设计视图等不同的视图模式，如图 2-12 所示。

图 2-12

选择不同的视图模式，将产生不同的效果，这 4 种视图模式的作用分别如下。

◎ 代码视图：选择该视图模式，将仅在文档窗口中显示 HTML 源代码。

◎ 拆分视图：选择该视图模式，可以在文档窗口中同时看到同一文档的代码和设计视图。

◎ 实时视图：选择该视图模式，可以更逼真地显示文档在浏览器中的表现形式。

◎ 设计视图：选择该视图，将仅在文档窗口中显示页面设计效果。

2.2 站点的创建与管理

站点类似于网站的文件夹，主要用于存放网站相关页面。在制作网页之前，先在本地创建站点，可以有效地管理网站，减少各种链接文件的错误。合理的站点结构能够加快对站点的设计，提高工作效率，节省时间。

2.2.1 创建站点

站点是网站中使用的文件和资源的集合。一般来说，Dreamweaver 站点包括本地站点和远程站点两种。下面将对此进行介绍。

1. 创建本地站点

本地站点主要用于存储和处理文件。打开 Dreamweaver 软件，执行“站点”|“新建站点”命令，打开“站点设置对象”对话框，如图 2-13 所示。在“站点名称”文本框中输入站点名称；单击“本地站点文件夹”文本框右侧的“浏览文件夹”按钮，打开“选择根文件夹”对话框，设置本地站点文件夹的路径和名称，如图 2-14 所示。

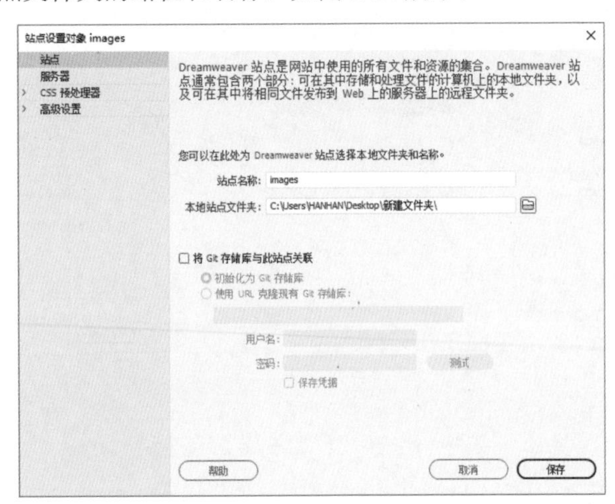

图 2-13

图 2-14

完成后单击“选择文件夹”按钮，切换至“站点设置对象”对话框。单击“保存”按钮，即可完成本地站点的创建，在“文件”面板中将显示新创建的站点，如图 2-15 所示。

图 2-15

2. 创建远程站点

远程站点和本地站点的创建方法类似，只是多了设置远程文件夹的步骤。设置完站点名称和本地站点文件夹后，选择“服务器”选项卡，添加新服务器即可。

■ 实例：创建远程站点

本案例将练习创建远程站点，涉及的知识点主要包括站点的创建等。

Step01 打开 Dreamweaver 软件，执行“站点”｜“新建站点”命令，弹出“站点设置对象”对话框，输入站点名称，设置本地站点文件夹的路径和名称，如图 2-16 所示。

Step02 选择“服务器”选项卡，单击“添加新服务器”按钮＋，如图 2-17 所示。

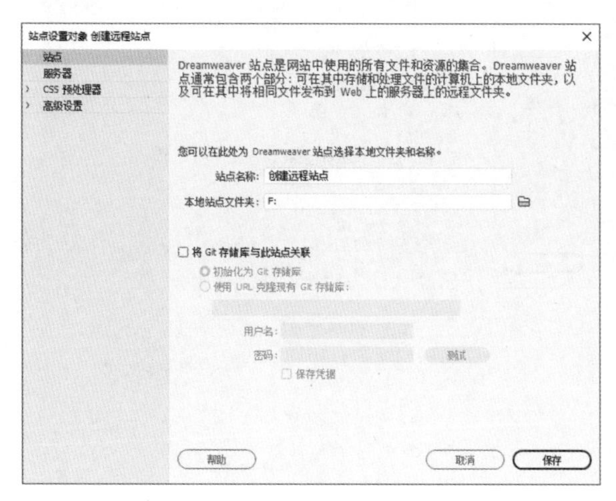

图 2-16

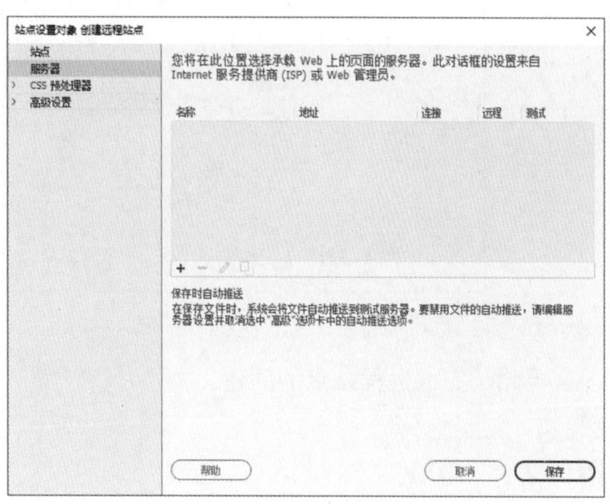

图 2-17

Step03 设置 FTP 地址、用户名、密码等参数，如图 2-18 所示。

知识点拨

“FTP 地址”是指要上传的服务器 IP 地址；“用户名”和“密码”指申请的账号和密码。

Step04 设置完成后，切换至“高级”选项卡，并进行相应的设置，如图 2-19 所示。

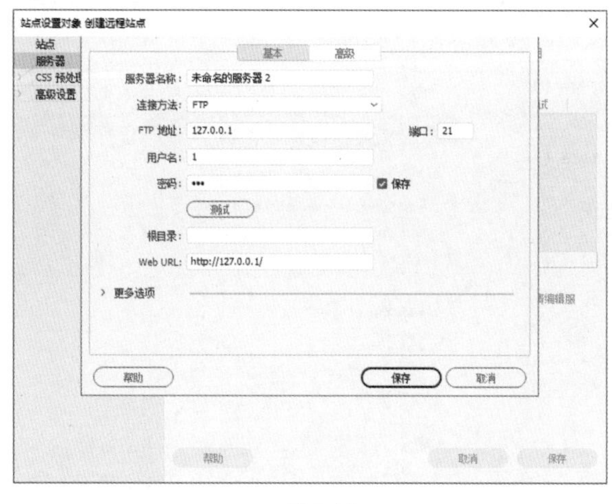

图 2-18

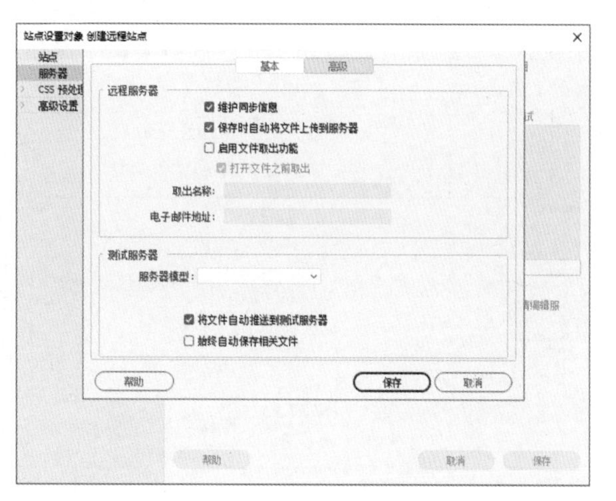

图 2-19

Step05 单击“保存”按钮，返回“服务器”选项卡，可以看到新建的远程服务器的相关信息，如图 2-20 所示。

Step06 单击“保存”按钮，即可创建站点，在“文件”面板中显示新建的站点，如图 2-21 所示。

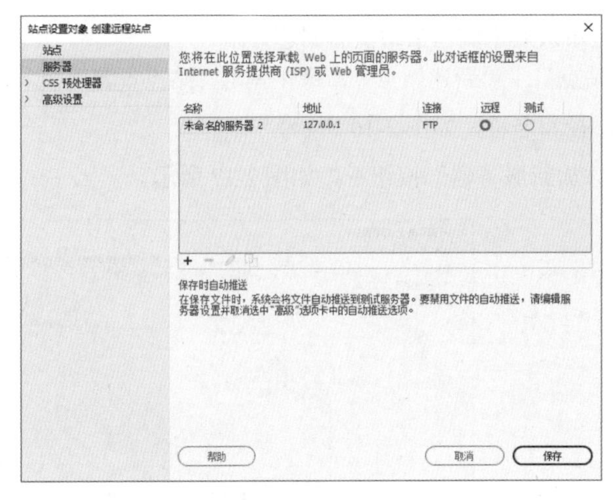

图 2-20

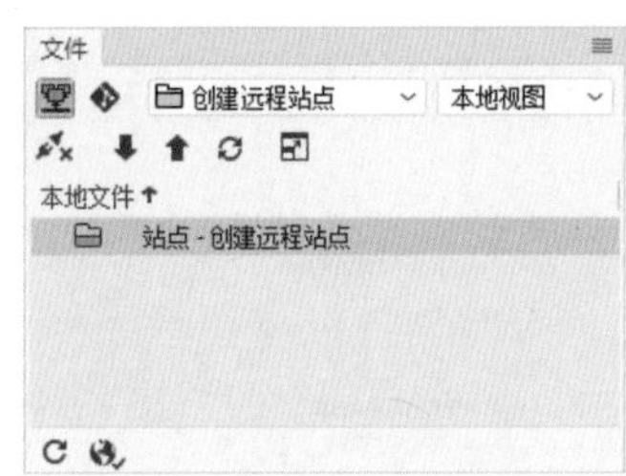

图 2-21

至此，完成远程站点的创建。

2.2.2 编辑站点

创建完站点后，就可以对其进行管理和编辑，包括管理站点、复制站点、删除站点等。本小节将对此进行讲解。

1. 管理站点

创建完站点后，若对创建的站点不满意，用户还可以通过“管理站点”对话框对站点属性进行编辑修改。

新建站点后，执行“站点”|“管理站点”命令，打开“管理站点”对话框，选择要编辑的站点，单击“编辑当前选定的站点”按钮🖉，如图 2-22 所示。打开“站点设置对象”对话框，在该对话框中设置参数，如图 2-23 所示。完成后单击“保存”按钮即可修改站点属性。

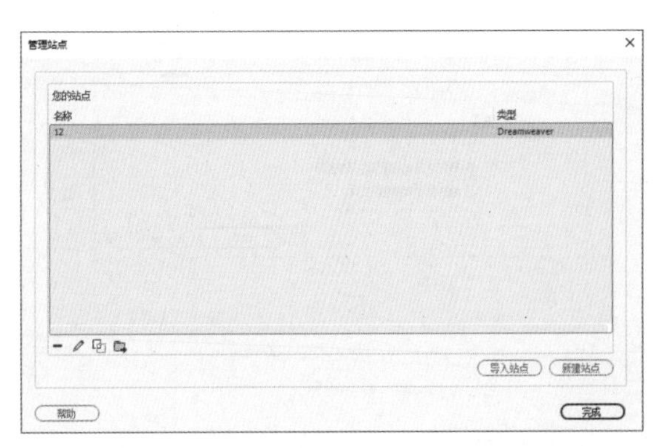

图 2-22

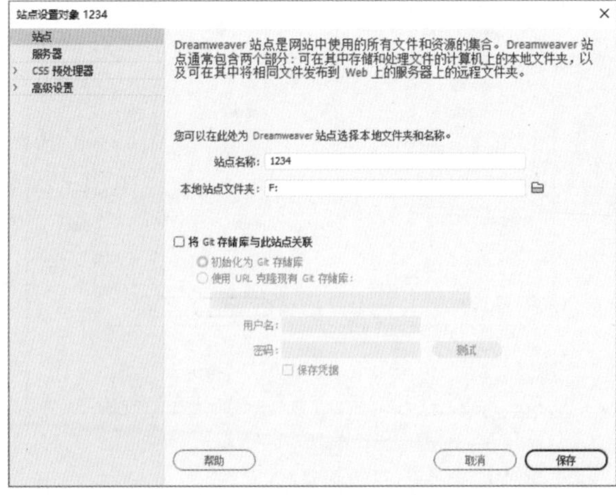

图 2-23

知识点拨

在“文件”面板的“文件”下拉列表中选择“管理站点”命令，也可以打开“管理站点”对话框。

2. 复制站点

利用站点的可复制性，可以创建多个结构相同或类似的站点，再对复制的站点进行编辑，以达到需要的效果。

打开“管理站点”对话框，选择要复制的站点，然后单击“复制当前选定的站点”按钮，如图 2-24 所示。新复制的站点会出现在“管理站点”对话框的站点列表中，如图 2-25 所示。

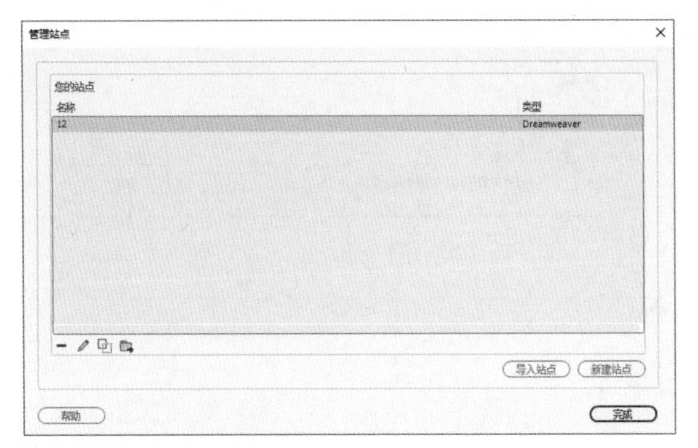

图 2-24

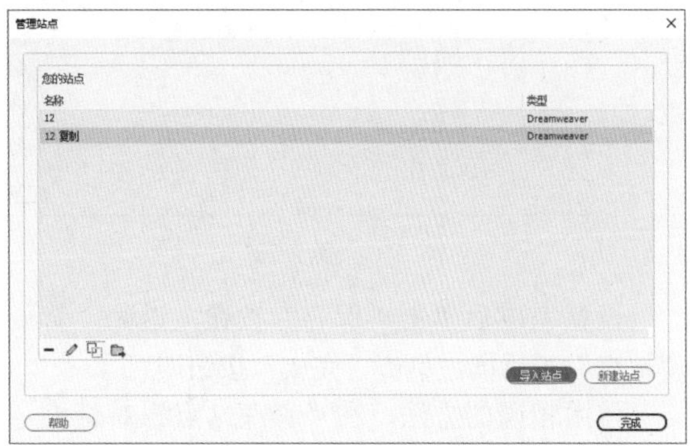

图 2-25

选中新复制的站点，单击“编辑当前选定的站点”按钮，即可对其参数进行修改。

3. 删除站点

对于一些不需要的站点，可以将其从站点列表中删除。删除站点只是从 Dreamweaver 的站点管理器中删除站点的名称，其文件仍然保存在磁盘相应的位置上。

打开“管理站点”对话框，选择要删除的站点名称，单击“删除当前选定的站点”按钮，如图 2-26 所示。系统弹出提示对话框，询问用户是否要删除站点，如图 2-27 所示。若单击“是”按钮，则删除本地站点。

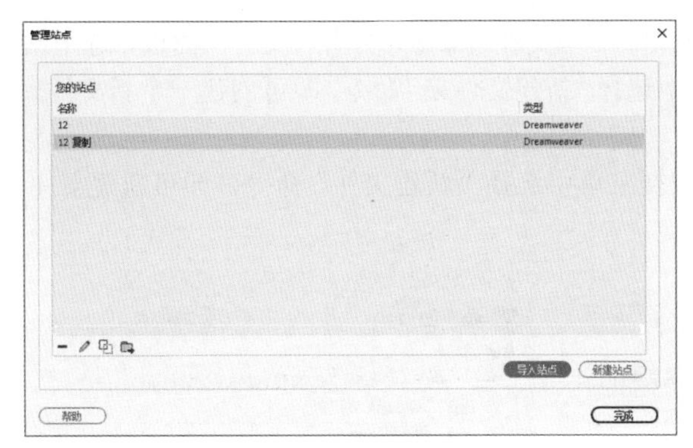

图 2-26

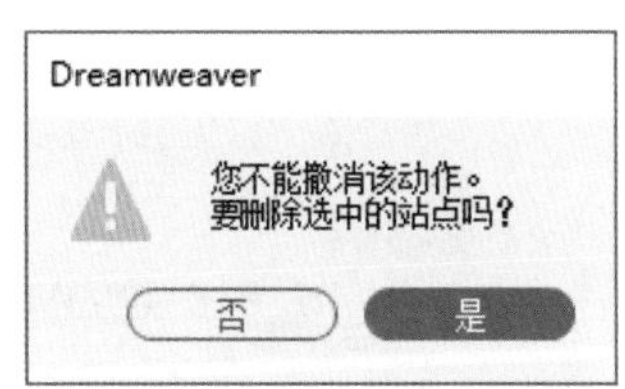

图 2-27

2.2.3　导入和导出站点

在“管理站点”对话框中，可以通过“导入站点”按钮（导入站点）和“导出当前选定的站点”按钮，实现 Internet 网络中各计算机之间站点的移动，或者与其他用户共享站点的设置。

打开“管理站点”对话框，选择要导出的站点名称，单击“导出当前选定的站点”按钮，如图 2-28 所示。打开“导出站点”对话框，在该对话框中设置保存路径等参数，如图 2-29 所示。

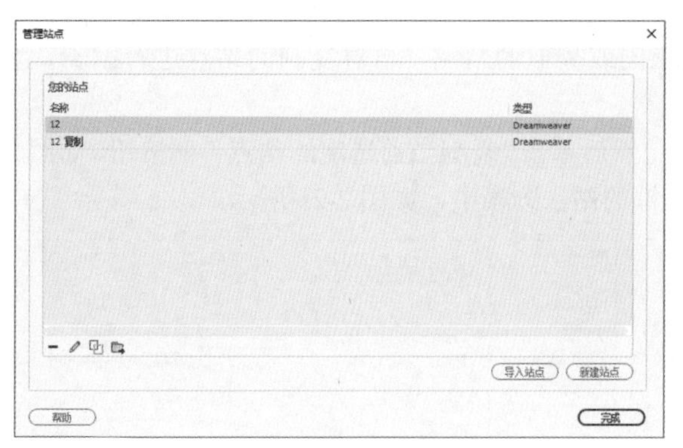

图 2-28

图 2-29

设置完成后单击“保存”按钮，返回“管理站点”对话框，单击“完成”按钮即可。

使用相同的方法，在“管理站点”对话框中单击“导入站点”按钮（导入站点），可以将站点文件重新导入到“管理站点”对话框中，如图 2-30 所示。

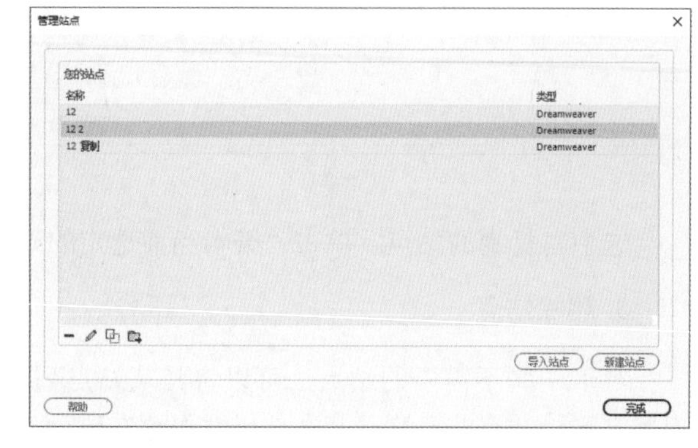

图 2-30

2.2.4　新建文件或文件夹

若要在站点中创建文件夹，执行“窗口”|“文件”命令，打开“文件”面板，选中站点，在“文件”面板中右击鼠标，在弹出的快捷菜单中选择“新建文件夹”命令，即可创建一个新文件夹，如图 2-31 所示。

选中文件夹，右击鼠标，在弹出的快捷菜单中选择“新建文件”命令，即可新建文件，如图 2-32 所示。

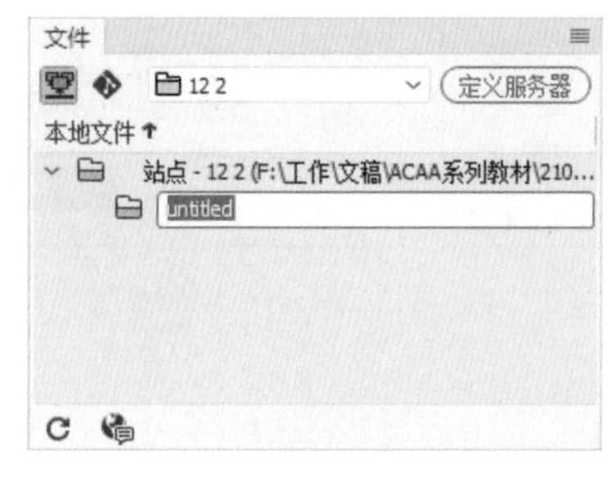

图 2-31

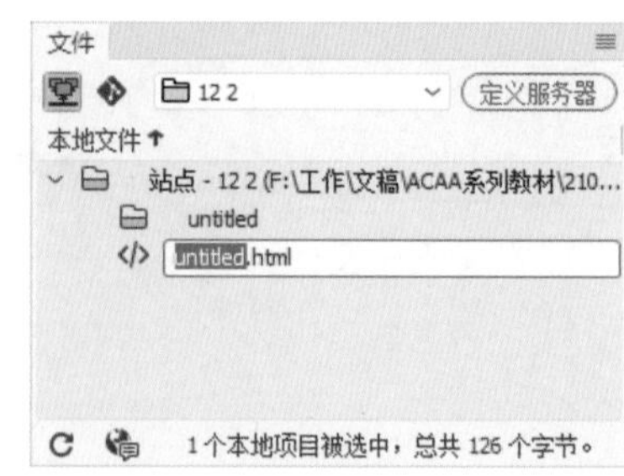

图 2-32

2.2.5 编辑文件或文件夹

在“文件”面板中，可以利用剪切、复制、粘贴等功能来编辑文件或文件夹。

执行“窗口”|“文件”命令，打开“文件”面板，选择一个本地站点的文件列表，选中要编辑的文件，右击鼠标，在弹出的快捷菜单中选择“编辑”命令，在其子菜单中可以选择“剪切”“复制”“删除”等命令，如图 2-33 所示。选择子命令，即可完成相应的操作。

图 2-33

2.3 文档的基础操作

在 Dreamweaver 软件中，可以新建文档，也可以对文档进行打开、保存等操作。本节将对这部分内容进行介绍。

2.3.1 新建文档

用户可以创建 HTML 文档，也可以创建其他类型的文档。

执行“文件”|“新建”命令，打开“新建文档”对话框，如图 2-34 所示。在该对话框中选择文档类型，单击“创建”按钮即可新建文档，如图 2-35 所示。

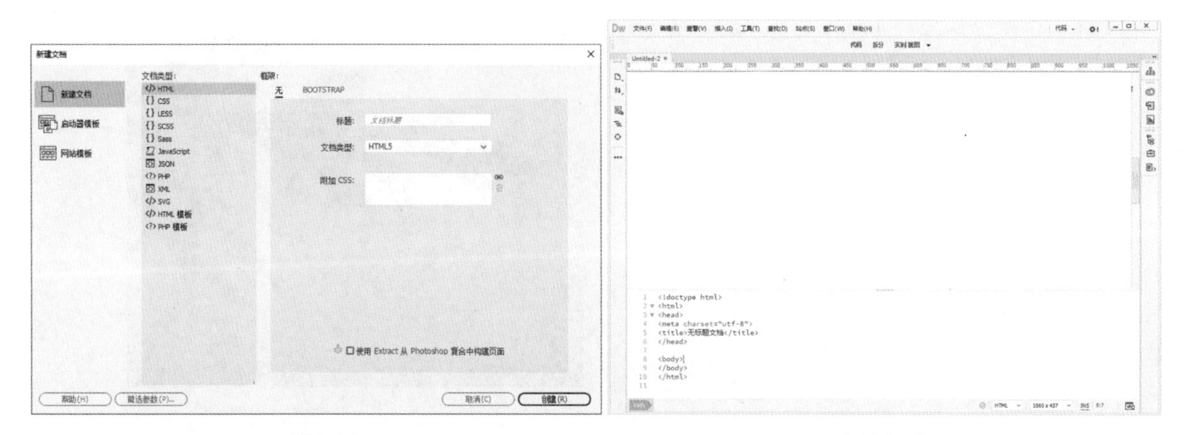

图 2-34　　图 2-35

知识拓展

打开 Dreamweaver 软件时，若在软件的“开始”界面中选择要创建的文档类型，则可以直接创建新的网页文件。

2.3.2 保存文档

在制作网页的过程中，可以及时保存文档，以避免误操作关闭文档或其他情况。

执行“文件”|“保存”命令，或按 Ctrl+S 组合键，打开“另存为”对话框，如图 2-36 所示。在该对话框中选择文档保存路径，并输入文件名称，如图 2-37 所示，然后单击“保存”按钮即可保存。

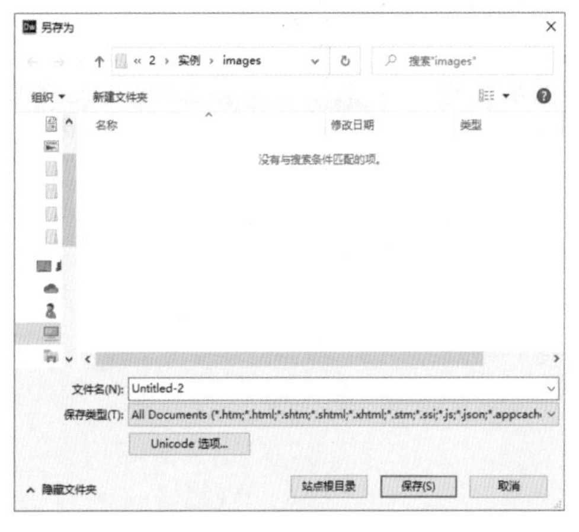

图 2-36

图 2-37

2.3.3 打开文档

Dreamweaver 可以打开 HTML、ASP、DWT、CSS 等多种格式的文档。打开文档的具体操作如下。

执行“文件”|“打开”命令，打开“打开”对话框，如图 2-38 所示。在该对话框中选择要打开的文件，单击“打开”按钮即可，如图 2-39 所示。

图 2-38

图 2-39

知识拓展

执行“文件”|“打开最近的文件”命令，在弹出的子菜单中，选择需要打开的文件，也可以打开文件。

2.3.4 插入文档

制作网页文档时，为了节省时间，可以将编辑好的文档直接插入网页中，提高工作效率。

新建网页文档，切换至设计视图，从文件夹中直接拖曳 Excel 文档或 Word 文档至文档窗口中，即可打开“插入文档”对话框，如图 2-40 所示。在该对话框中进行设置，完成后单击“确定”按钮，即可插入文档，如图 2-41 所示。

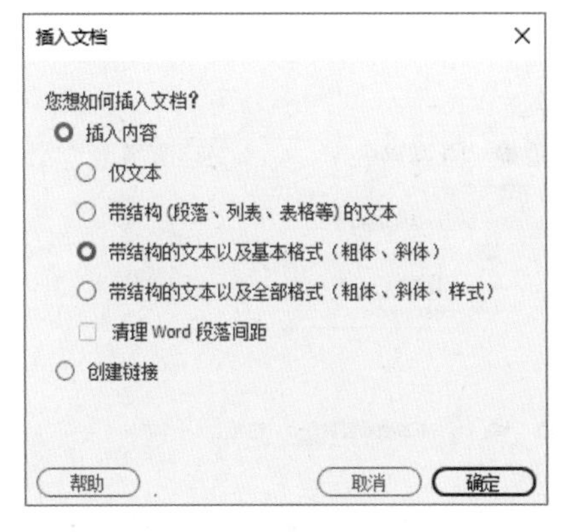

图 2-40

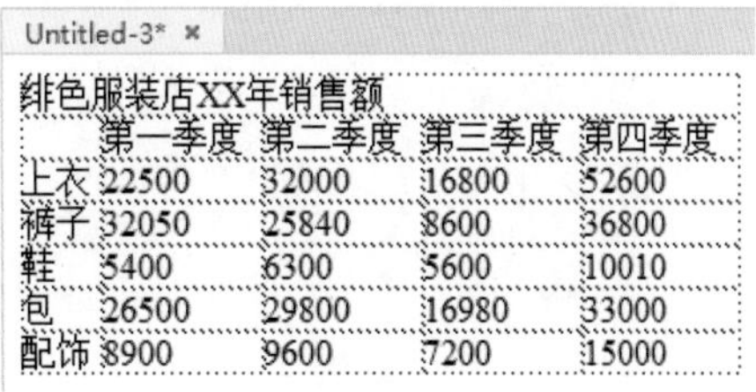

Untitled-3*

绯色服装店XX年销售额

	第一季度	第二季度	第三季度	第四季度
上衣	22500	32000	16800	52600
裤子	32050	25840	8600	36800
鞋	5400	6300	5600	10010
包	26500	29800	16980	33000
配饰	8900	9600	7200	15000

图 2-41

2.3.5 关闭文档

完成网页的制作与保存后，即可关闭网页文档。执行“文件”｜“关闭”命令，或单击文档名称后的“关闭”按钮 即可关闭当前文档。

执行“文件”｜“全部关闭”命令，将关闭软件中所有打开的文档。

2.4 课堂实战：创建我的站点

本案例将练习创建站点，涉及的知识点主要包括素材的导入、站点的创建以及文档的保存等。

Step01 执行“文件”｜“新建”命令，打开“新建文档”对话框，在该对话框中选择 HTML 文档类型，如图 2-42 所示。单击“创建”按钮，新建网页文档。

Step02 执行“站点”｜“新建站点”命令，打开“站点设置对象”对话框，设置站点名称及路径，如图 2-43 所示。完成后单击“保存”按钮。

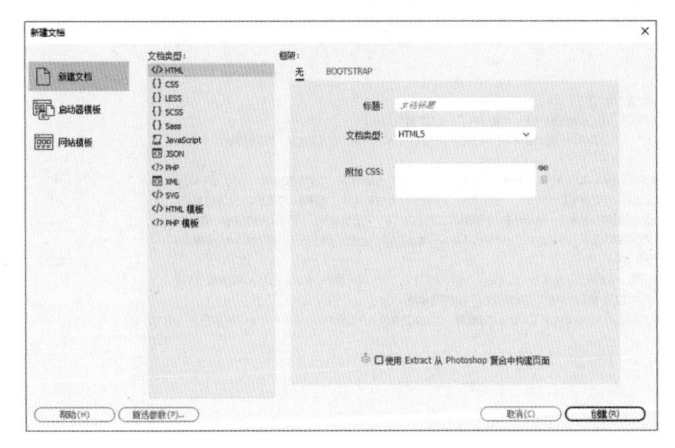

图 2-42

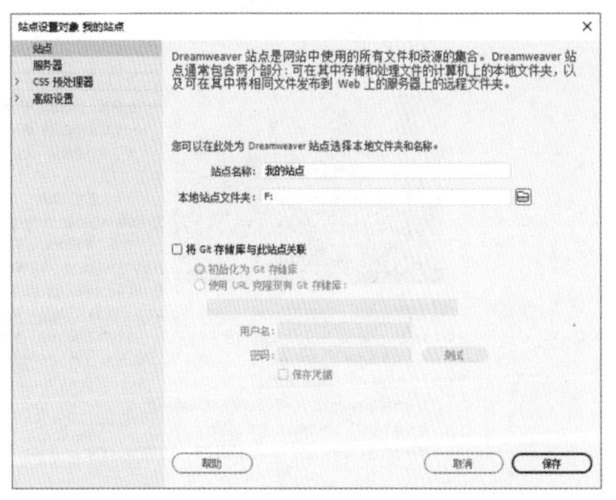

图 2-43

Step03 此时可以在“文件”面板中看到刚刚创建的站点，如图 2-44 所示。

Step04 选中站点并右击鼠标，在弹出的快捷菜单中选择“新建文件”命令，修改新文件的名称为 index.html，如图 2-45 所示。

图 2-44

图 2-45

Step05 双击 index.html 文件将其打开，进入其编辑窗口，从“文件”面板中选中 Word 文档，拖曳至文档窗口中，在弹出的“插入文档”对话框中选择合适的选项，如图 2-46 所示。完成后单击“确定”按钮，效果如图 2-47 所示。

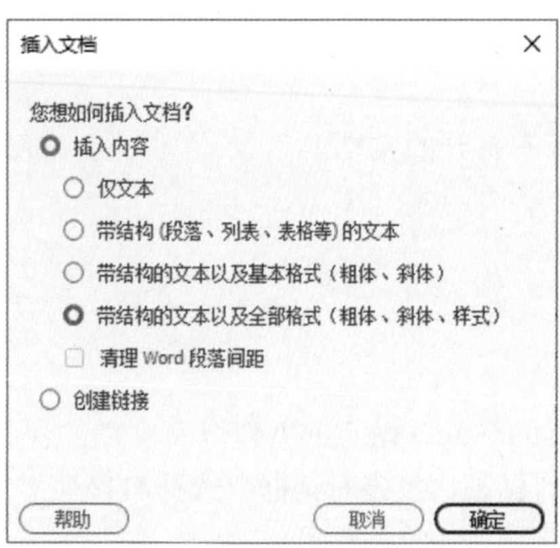

图 2-46

图 2-47

Step06 按 Ctrl+S 组合键保存文件。按 F12 键预览网页效果，如图 2-48 所示。至此，完成站点的创建。

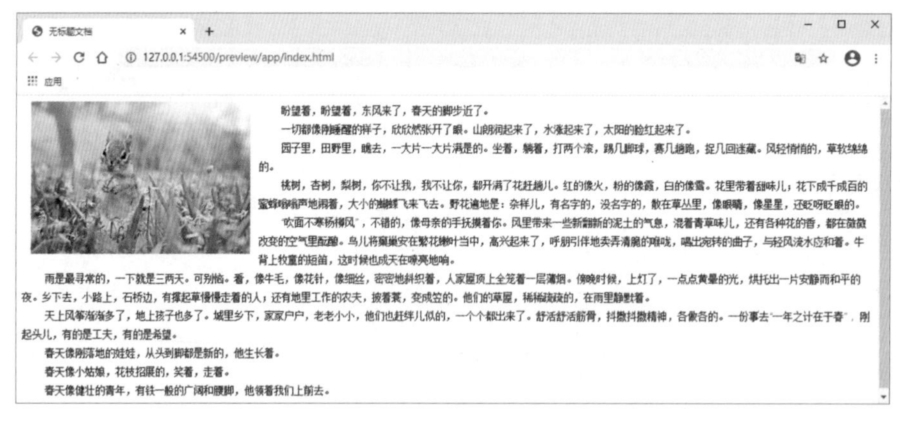

图 2-48

课后练习

一、选择题

1．下列操作中，（　）不能在 Dreamweaver 的“文件”面板中完成，而必须在站点窗口完成。

A. 创建新文件　　B. 移动文件　　C. 显示站点地图　　D. 创建新文件夹

2．保存文件的组合键是（　）。

A. Ctrl+S　　B. Shift+S　　C. Ctrl+N　　D. Ctrl+B

3．若需要在文档窗口中同时看到同一文档的代码和设计视图，可以选择（　）视图。

A. 拆分　　B. 代码　　C. 设计　　D. 实时

二、填空题

1．代码工作区布局中包括 ____________、____________、____________ 和 ____________。

2．Dreamweaver 可以打开 ________、________、________、________ 等多种格式的文档。

3．Dreamweaver 站点包括 ____________ 和 ____________ 两种。

4．如果需要创建多个结构相同或类似的站点，可以利用站点的 ____________ 来实现。

三、操作题

1. 设置历史步骤最多次数

（1）本题将练习设置历史步骤次数，主要涉及的知识点包括首选项的设置等。如图 2-49 所示为“首选项”对话框。

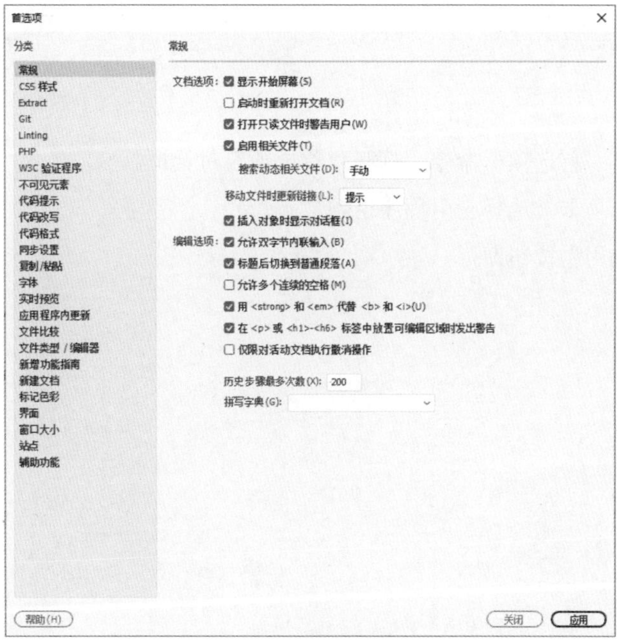

图 2-49

（2）操作思路。

Step01 执行“编辑”｜“首选项”命令，打开“首选项”对话框。

Step02 选择“常规”选项卡，设置“历史步骤最多次数”参数。

Step03 完成后单击“应用”按钮即可。

2. 设置界面颜色

（1）本题将练习设置界面颜色，主要涉及的知识点包括首选项的设置等。如图 2-50 所示为“首选项”对话框。

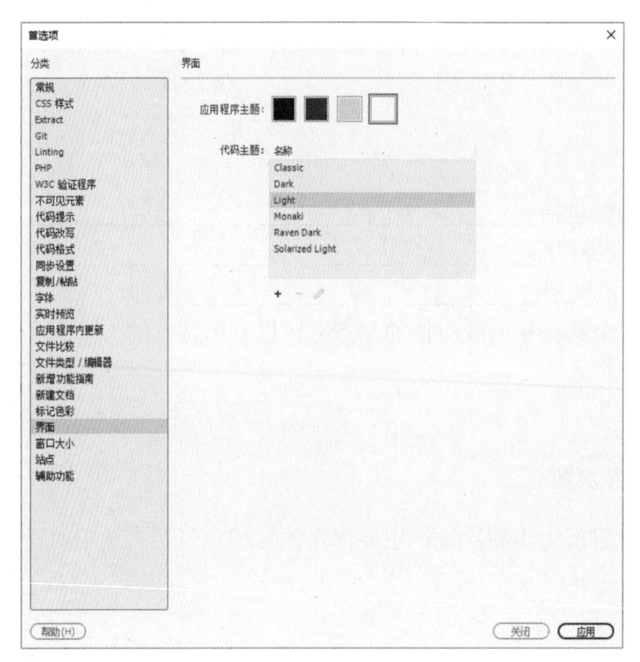

图 2-50

（2）操作思路。

Step01 执行“编辑”｜“首选项”命令，打开“首选项”对话框。

Step02 选择“界面”选项卡，选择应用程序主题。

Step03 完成后单击“应用”按钮即可。

第3章 HTML 基础

内容导读

HTML 是最基本的网页制作语言，网页的本质就是 HTML。随着 HTML 5 的出现，Web 进入了更加成熟的应用平台。本章将针对 HTML 进行详细介绍。通过本章的学习，可以帮助读者了解 HTML 的基本结构，掌握一些常用标签的应用。

学习目标

- 了解 HTML 基本结构
- 掌握基本的 HTML 标签
- 了解 HTML 语法变化
- 了解 HTML 新增的元素和属性

3.1 认识 HTML

HTML 是一种建立网页文件的语言，可以通过指令将影像、声音、图片等内容显示出来。结合使用其他的 Web 技术，可以制作出功能强大的网页。使用 HTML 描述的文件，需要通过 Web 浏览器显示出效果。本节将针对 HTML 进行介绍。

3.1.1 HTML 简介

HTML（Hyper Text Markup Language）即超文本标记语言，是目前互联网上用于编写网页的主要语言。但它并不是一种程序设计语言，只是一种排版网页中资料显示位置的标记结构语言。通过在网页文件中添加标记符，可以告诉浏览器如何显示其中的内容。

HTML 文件是一种可以用任何文本编辑器创建的 ASCII 码文档。常见的文本编辑器包括记事本、写字板等，这些文本编辑器都可以编写 HTML 文件，以 .htm 或 .html 作为文件扩展名保存即可。当使用浏览器打开这些文件时，浏览器将对其进行解释，浏览者就可以从浏览器窗口中看到页面内容。

之所以称 HTML 为超文本标记语言，是因为文本中包含了所谓的“超级链接”点。这也是 HTML 获得广泛应用的最重要的原因之一。浏览器按顺序阅读网页文件，然后根据标记符解释和显示其标记的内容，对书写出错的标记符将不指出其错误，且不停止其解释执行过程，编制者只能通过显示效果来分析出错原因和出错部位。但需要注意的是，对于不同的浏览器，对同一标记符可能会有不同的解释，因而可能会有不同的显示效果。

3.1.2 HTML 的基本结构

一般来说，HTML 文件都有一个基本的整体结构，标记符一般是成对出现，即超文本标记语言文件的开头与结尾标志和超文本标记语言的头部与实体两大部分。基本的 html 结构如下：

```
<html>
<head>
<title> 放置文章标题 </title>
<meta http-equiv= “Content-Type” content= “text/html; charset=gb2312” /> // 这里是网页编码，现在是 gb2312
<meta name= “keywords” content= “关键字” />
<meta name= “description” content= “本页描述或关键字描述” />
</head>
<body>
正文内容
</body>
</html>
```

无论是 html 还是其他后缀的动态页面，其 HTML 结构都是这样的，只是在命名网页文件时以不同的后缀结尾。

HTML 结构主要有以下 4 点。

◎ 无论是动态还是静态页面，都是以 <html> 开始，以 </html> 结尾。

◎ <html> 后接着是 <head> 页头，其在 <head> 和 </head> 中的内容是在浏览器内无法显示的，而里面 <title> 和 </title> 中放置的是网页标题。

◎ 接着 <meta name=“keywords” content=“关键字” /> 和 <meta name=“description” content=“本页描述或关键字描述” /> 这两个标签中的内容主要是展示给搜索引擎，说明本页关键字及本张网页的主要内容等。

◎ 之后是正文 <body></body> 也就是常说的 body 区，这里放置的内容可以通过浏览器呈现给用户，其内容可以是 table 表格布局格式内容，也可以是 DIV 布局的内容或直接是文字。这里也是网页最主要的区域。

以上是一个完整的、最简单的 HTML 基本结构，在这个结构中还可以添加更多的样式和内容以充实网页。

知识点拨

用户若想看更多更丰富的 HTML 结构，打开一个网站的网页，右击鼠标，在弹出的快捷菜单中选择“查看网页源代码”命令，即可看见该网页的 HTML 结构，可以根据此源代码来分析此网页的 HTML 结构与内容。

3.1.3 文件开始标签 <html>

<html> 与 </html> 标签限定了文档的开始点和结束点，在它们之间是文档的头部和主体。

语法描述如下：

```
<html>…</html>
```

3.1.4 文件头部标签 <head>

<head> 标签用于定义文档的头部，它是所有头部元素的容器。<head> 中的元素可以引用脚本、指示浏览器在哪里找到样式表、提供元信息，等等。文档的头部描述了文档的各种属性和信息，包括文档的标题、在 Web 中的位置以及和其他文档的关系等。绝大多数文档头部包含的数据都不会真正作为内容显示给读者。

语法描述如下：

```
<head>…</head>
```

3.1.5 标题标签 <title>

<title> 标签可定义文档的标题，是 head 部分中唯一必需的元素。浏览器会以特殊的方式来使用标题，并且通常把它放置在浏览器窗口的标题栏或状态栏上。当把文档加入用户的链接列表、收藏夹或书签列表时，标题将成为该文档链接的默认名称。

语法描述如下：

```
<title>…</title>
```

3.1.6　主体标签 <body>

<body> 标签定义文档的主体，包含文档的所有内容，比如文本、超链接、图像、表格和列表等。语法描述如下：

```
<body>…</body>
```

3.1.7　元信息标签 <meta>

<meta> 标签可提供有关页面的元信息（meta-information），比如针对搜索引擎和更新频度的描述和关键词。<meta> 标签位于文档的头部，不包含任何内容。<meta> 标签的属性定义了与文档相关联的名称 / 值对。

<meta> 标签永远位于 head 元素内部。name 属性提供了名称 / 值对中的名称。

语法描述如下：

```
<meta name="description/keywords" content="页面的说明或关键字" />
```

3.1.8　<!DOCTYPE> 标签

<!DOCTYPE> 声明必须是 HTML 文档的第一行，位于 <html> 标签之前。<!DOCTYPE> 声明不是 HTML 标签，它是指示 Web 浏览器关于页面使用哪个 HTML 版本进行编写的指令。

<!DOCTYPE> 声明没有结束标签，且不限制大小写。

3.2　HTML 的基本标签

HTML 标签是 HTML 中最基本的单位，是 HTML 最重要的组成部分。常见的标签包括文本标签、图像标签、表单标签等。本节将针对一些常见的 HTML 基本标签进行介绍。

3.2.1　标题文字

HTML 中设置文章标题的标签为 <h></h>。语法描述如下：

```
<h1>…</h1>
```

标题标签 <h1>~<h6> 可定义标题，<h1> 定义最大的标题，<h6> 定义最小的标题。如下所示为 <h1>~<h6> 标签的用法示例代码：

```
<html>
<head>
<title> 标题标签 </title>
</head>
<body>
<h1> 江碧鸟逾白，山青花欲燃。</h1>
<h2> 江碧鸟逾白，山青花欲燃。</h2>
```

```
<h3> 江碧鸟逾白，山青花欲燃。</h3>
<h4> 江碧鸟逾白，山青花欲燃。</h4>
<h5> 江碧鸟逾白，山青花欲燃。</h5>
<h6> 江碧鸟逾白，山青花欲燃。</h6>
</body>
</html>
```

代码的运行效果如图 3-1 所示。

图 3-1

知识点拨

不要为了使文字加粗而使用 <h> 标签，文字加粗可使用 <b> 标签。

3.2.2 文字字体

face 属性可以设置 HTML 中文字的不同字体效果。若浏览器中没有安装相应字体，设置的效果将会被浏览器中的通用字体替代。

语法描述如下：

```
<font face= "字体" > 文本内容 </font>
```

ACAA课堂笔记

实例：使用 HTML 在网页中添加文本

本案例将练习在网页文档中输入文本，并设置其参数。效果如图 3-2 所示。

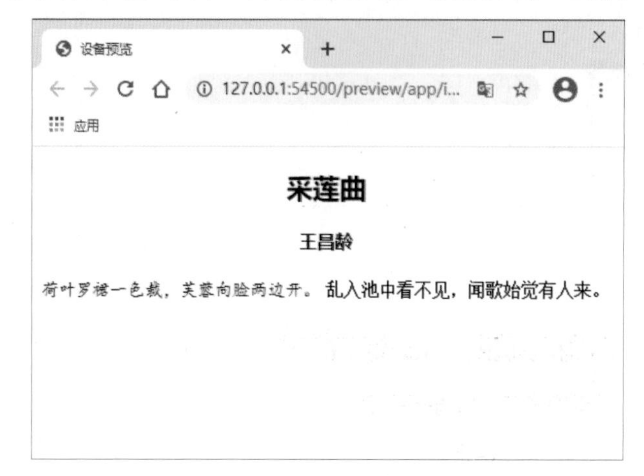

图 3-2

代码如下：

```
<!doctype html>
<html>
<head>
<meta http-equiv= "Content-Type"  content= "text/html; charset=utf-8" />
<title> </title>
</head>
<body>
<h2 align= "center" > 采莲曲 </h2>
<h4 align= "center" > 王昌龄 </h4>
<font face= "楷体" > 荷叶罗裙一色裁，芙蓉向脸两边开。</font>
<font face= "宋体" > 乱入池中看不见，闻歌始觉有人来。</font>
</body>
</html>
```

3.2.3 段落换行

换行标签
 可以为一段很长的文字设置换行，以便于浏览和阅读。
语法描述如下：

```
<br>
```


 标签的示例代码如下所示：

```
<!doctype html>
<html>
<head>
<meta http-equiv= "Content-Type"  content= "text/html; charset=utf-8" />
```

```
<title> 换行标签 </title>
</head>
<body>
<h2 align= "center" > 忆江南 </h2>
<h4 align= "center" > 白居易 </h4>
<p> 江南好，风景旧曾谙。日出江花红胜火，春来江水绿如蓝。能不忆江南？ </p>
<h2 align= "center" > 忆江南 </h2>
<h4 align= "center" > 白居易 </h4>
<p> 江南好，风景旧曾谙。<br> 日出江花红胜火，<br> 春来江水绿如蓝。<br> 能不忆江南？ </p>
</body>
</html>
```

代码的运行效果如图 3-3 所示。

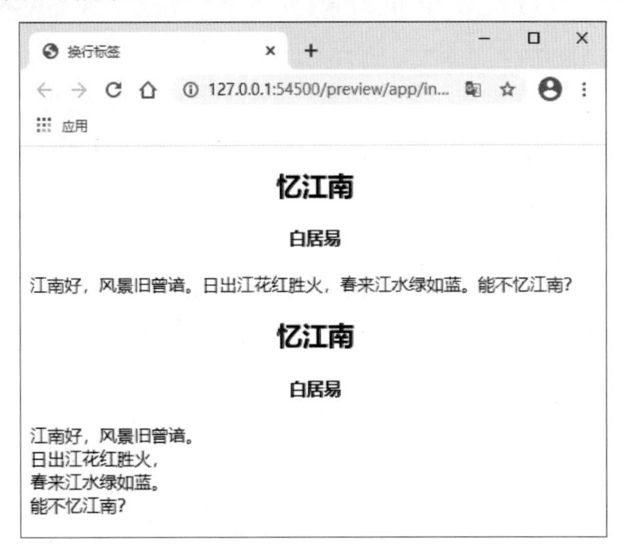

图 3-3

文字设置换行之后，表现得更具条理性。若想要从文字的后面换行，可以在想要换行的文字后面添加
 标签。

3.2.4 不换行标签

<nobr> 标签可以帮助用户解决浏览器的限制，避免自动换行。

语法描述如下：

```
<nobr> 不需换行文字 </nobr>
```

<nobr> 标签的示例代码如下所示：

```
<!doctype html>
<html>
<head>
<meta http-equiv= "Content-Type" content= "text/html; charset=utf-8" />
<title> </title>
```

```
</head>
<body>
<p> 风烟俱净，天山共色。<br> 从流飘荡，任意东西。<br> 自富阳至桐庐一百许里，<br> 奇山异水，天下独绝。</p>
<p>
<nobr>
水皆缥碧，千丈见底。游鱼细石，直视无碍。急湍甚箭，猛浪若奔。
夹岸高山，皆生寒树，负势竞上，互相轩邈，争高直指，千百成峰。泉水激石，泠泠作响；好鸟相鸣，嘤嘤成韵。蝉则千转不穷，猿则百叫无绝。鸢飞戾天者，望峰息心；经纶世务者，窥谷忘反。横柯上蔽，在昼犹昏；疏条交映，有时见日。
</nobr>
</p>
</body>
</html>
```

代码的运行效果如图 3-4 所示。

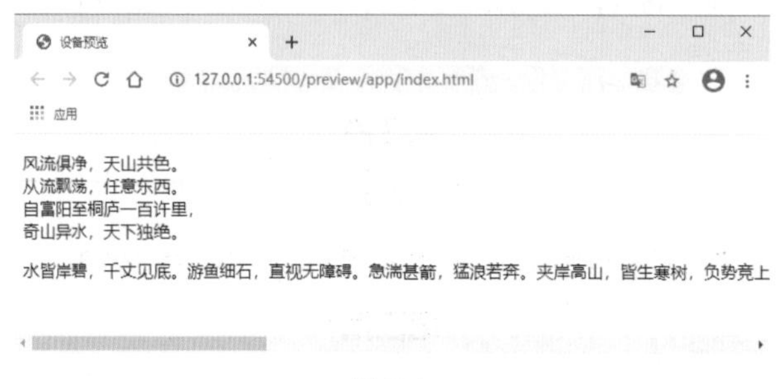

图 3-4

3.2.5 图像标签

制作网页时，插入图片可以更好地美化网页，吸引用户浏览。在 HTML 中，插入图片的标签为 <img>。语法描述如下：

```
<img src= "图片文件地址" >
```

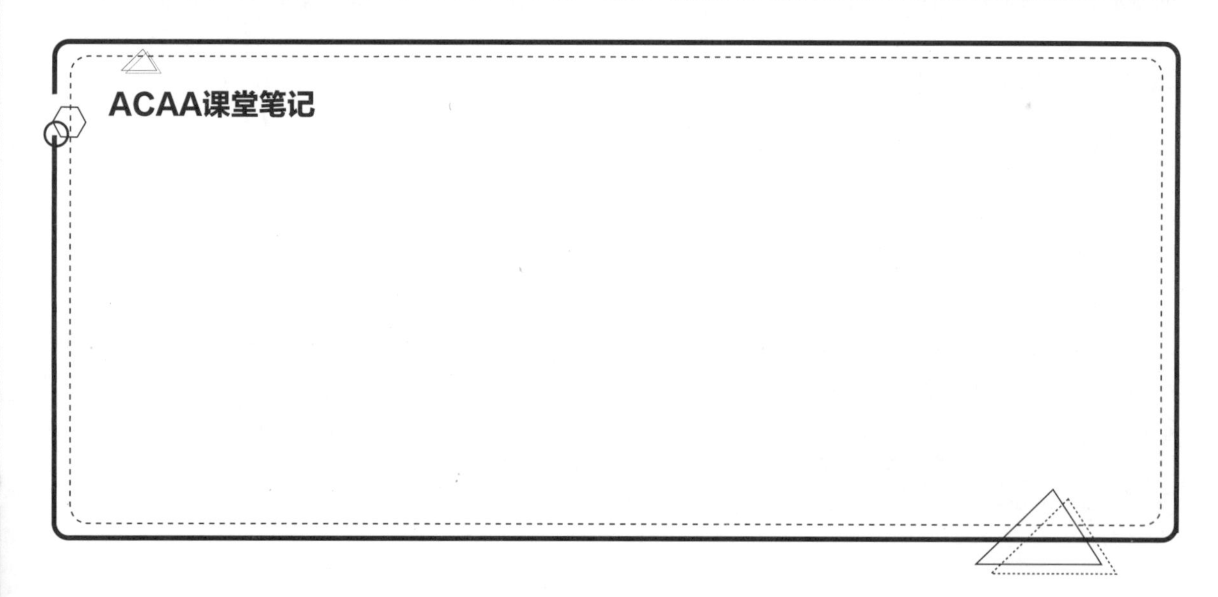

实例：插入网页图像

本案例将练习在网页中插入图像，效果如图 3-5 所示。

图 3-5

代码如下：

```
<!doctype html>
<html>
<head>
<meta http-equiv="Content-Type" content="text/html; charset=utf-8" />
<title> </title>
<body>
<p>
横看成岭侧成峰，远近高低各不同。不识庐山真面目，只缘身在此山中。
</p>
<img src="images/01.jpg">
</body>
</html>
```

知识点拨

此处图片文件地址需根据自己素材存放位置及名称进行调整。

3.2.6　超链接标签

所谓的超链接是指从一个网页指向一个目标的连接关系。通过超链接可以连接各个网页，使其构成真正的网站。下面将针对 HTML 中的超链接标签进行介绍。

1. 页面链接

在 HTML 中创建超链接需要使用 <a> 标签，具体格式是：

```
<a href="URL" target="_blank">链接</a>
```

href 属性控制链接到的文件地址，target 属性控制目标窗口，target="_blank" 表示在新窗口打开链接文件，如果不设置 target 属性则表示在原窗口打开链接文件。在 <a> 和 </a> 之间可以用任何可单击的对象作为超链接的源，如文字或图像。

常见的超链接是指向其他网页的超链接。如果超链接的目标网页位于同一站点，则可以使用相对 URL；如果超链接的目标网页位于其他位置，则需要指定绝对 URL。创建超链接的方式如下所示：

```
<a href="http://www.baidu.com">百度搜索</a>
<a href="test2.htm">网页 test2</a>
```

2. 锚记链接

建立锚记链接，可以对同一网页的不同部分进行链接。

设置锚记链接时，主要先命名页面中要跳转到的位置。命名时使用 <a> 标签的 name 属性，此处 <a> 与 </a> 之间可以包含内容，也可以不包含内容。

如，在页面开始处用以下语句进行标记：

```
<a name="top">顶部</a>
```

对页面进行标记后，可以用 <a> 标签设置指向这些标记位置的超链接。若在页面开始处标记了"top"，则可以用以下语句进行链接：

```
<a href="#top">返回顶部</a>
```

这样设置后，用户在浏览器中单击文字"返回顶部"时，将显示顶部文字所在的页面部分。

要注意的是，应用锚记链接要将其 href 的值指定为"# 锚记名称"。若将其 href 的值指定为一个单独的"#"，则表示空链接，不做任何跳转。

3. 电子邮件链接

若将 href 属性的取值指定为"mailto: 电子邮件地址"，则可以获得指向电子邮件的超链接。设置电子邮件超链接的 HTML 代码如下所示：

```
<a href=" mailto:12-00000@126.com">12-00000</a>
```

当浏览用户单击该超链接后，系统将自动启动邮件客户程序，并将指定的邮件地址填写到"收件人"栏中，用户可以编辑并发送邮件。

ACAA课堂笔记

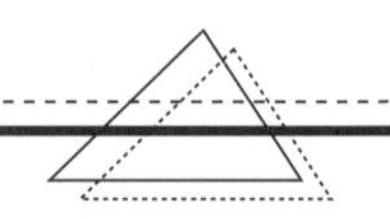

3.2.7 列表标签

在 HTML 中，列表分为有序列表和无序列表两种。有序列表是指带有序号标志（如数字）的列表;无序列表是指没有序号标志的列表。下面将对这两种列表进行介绍。

1. 有序列表

有序列表的标签是 <ol>，其列表项标签是 <li>。语法描述如下：

```
<ol type=“序号类型”>
 <li> 列表项 1 </li>
 <li> 列表项 1 </li>
 <li> 列表项 1 </li>
 </ol>
```

type 属性可取的值有以下几种。

◎ 1：序号为数字。

◎ A：序号为大写英文字母。

◎ a：序号为小写英文字母。

◎ I：序号为大写罗马字母。

◎ i：序号为小写罗马字母。

如下所示为有序列表的示例代码。

```
<!doctype html>
<html>
<head>
<meta http-equiv=“Content-Type” content=“text/html; charset=utf-8” />
<title> 有序列表 </title>
</head>
<body>
<font size=“+3” color=“#FC9725”> 时间：</font><br/><br/>
<ol type=“A”>
<li> 时 </li>
<li> 分 </li>
<li> 秒 </li>
</ol>
<font size=“+3” color=“#7CCD50”> 时间：</font><br/><br/>
<ol type=“i”>
<li> 时 </li>
<li> 分 </li>
<li> 秒 </li>
</ol>
</body>
</html>
```

代码的运行效果如图 3-6 所示。

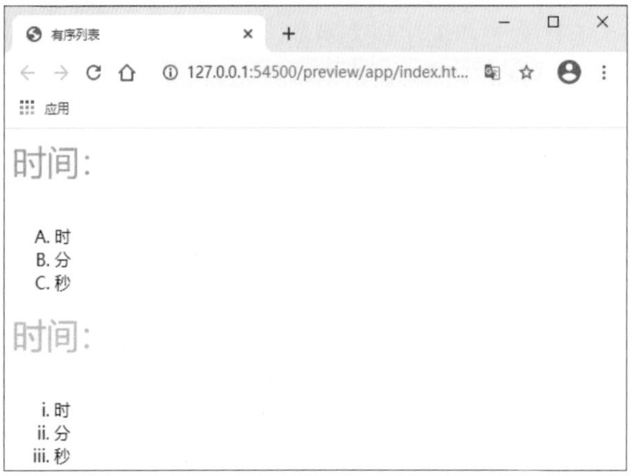

图 3-6

2. 无序列表

无序列表的标签是 <ul>，其列表项标签是 <li>。语法描述如下：

```
<ul type="符号类型">
 <li> 列表项 1 </li>
 <li> 列表项 1 </li>
 <li> 列表项 1 </li>
</ul>
```

type 属性控制的是列表在排序时所使用的字符类型，可取的值有以下几种。

◎ disc：符号为实心圆。

◎ circle：符号为空心圆。

◎ square：符号为实心方点。

如下所示为无序列表的示例代码：

```
<!doctype html>
<html>
<head>
<meta http-equiv="Content-Type" content="text/html; charset=utf-8" />
<title> 无序列表 </title>
</head>
<body>
<font size="+3" color="#1AD7C8"> 时间：</font><br/><br/>
<ul>
<li type="circle"> 时 </li>
<li type="square"> 分 </li>
<li> 秒 </li>
</ul>
</body>
</html>
```

代码的运行效果如图 3-7 所示。

图 3-7

3.2.8 表格标签

使用表格可以有效地管理网页信息，令页面布局整齐美观。表格一般由行、列、单元格三个部分组成。在网页中使用表格会用到 3 个标签，即 <table>、<tr>、<td>。<table> 标签表示表格对象，<tr> 标签表示表格中的行，<td> 标签表示单元格，<td> 标签必须包含在 <tr> 标签内。语法描述如下：

```
<table>
 <tr><td> 表项目 1</td>…<td> 表项目 n</td></tr>
…
 <tr><td> 表项目 1</td>…<td> 表项目 n</td></tr>
</table>
```

表格的属性设置包含在 <table> 标签内，如宽度、边框等。如下所示为表格的示例代码：

```
<table width= "600"  border= "3" >
  <tr>
   <td>Dreamweaver</td>
   <td>Photoshop</td>
   <td>Premiere</td>
     <td>Illustrator</td>
 </tr>
 <tr>
   <td>Illustrator</td>
   <td>Dreamweaver</td>
   <td>Photoshop</td>
     <td>Premiere</td>
 </tr>
 <tr>
   <td>Premiere</td>
   <td>Illustrator</td>
   <td>Dreamweaver</td>
     <td>Photoshop</td>
```

```
  </tr>
</table>
```

使用该代码可以在网页中创建一个 3 行、4 列，宽度为 600，边框为 3 的表格。代码的运行效果如图 3-8 所示。

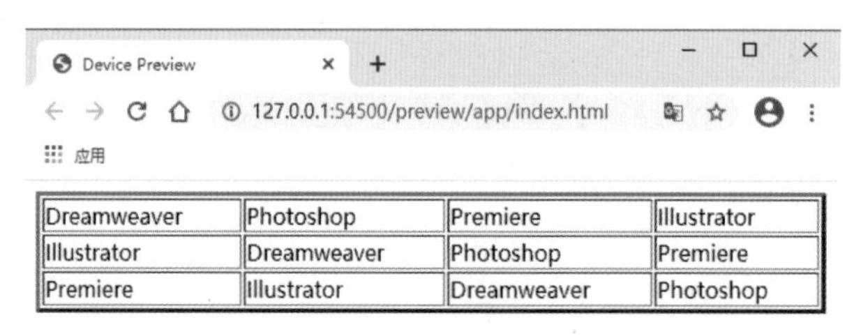

Dreamweaver	Photoshop	Premiere	Illustrator
Illustrator	Dreamweaver	Photoshop	Premiere
Premiere	Illustrator	Dreamweaver	Photoshop

图 3-8

表格最基本的标签是 <table>、<tr> 和 <td> 三种，除了这三种标签外，还有一些其他标签可用于控制表格。

1. caption

<caption> 标签用于定义表格标题。它可以为表格提供一个简短说明。把要说明的文本插入 <caption> 标签内，<caption> 标签必须包含在 <table> 标签内，可以在任何位置。显示的时候，表格标题位于表格的上方中央。

2. th

<th> 标签用于设置表格中某一表头的属性。在表格中，往往把表头部分用粗体表示，我们也可以直接使用 <th> 取代 <td> 建立表格的标题行。

制作某公司销售额的表格代码如下所示：

```
<html>
<head>
<title> 表格 </title>
</head>
<body>
<table width= "600"  border= "2" >
<caption>2021 年上半年销售额 </caption>
  <tr>
   <td> </td>
   <td>1 月 </td>
   <td>2 月 </td>
   <td>3 月 </td>
   <td>4 月 </td>
   <td>5 月 </td>
   <td>6 月 </td>
  </tr>
  <tr>
    <th> 图书 </th>
    <td>8900</td>
```

```
 <td>10580</td>
 <td>6300</td>
 <td>7200</td>
 <td>6980</td>
 <td>9700</td>
</tr>
<tr>
  <th> 文具 </th>
 <td>2600</td>
 <td>1820</td>
 <td>4680</td>
 <td>3520</td>
 <td>3200</td>
 <td>2800</td>
</tr>
</table>
```

代码的运行效果如图 3-9 所示。

	1月	2月	3月	4月	5月	6月
图书	8900	10580	6300	7200	6980	9700
文具	2600	1820	4680	3520	3200	2800

图 3-9

3.2.9 表单标签

使用表单可以增加网站与用户之间的互动，实现更多的功能，如网站登录、账户注册，等等。表单是由 <form> 标签定义的。<form> 标签声明表单，定义了采集数据的范围，也就是 <form></form> 里面包含的数据将被提交到服务器。表单的元素很多，包括常用的输入框、文本框、单选按钮、复选框和按钮等。大多数的表单元素都由 <input> 标签定义，表单的构造方法则由 type 属性声明，但下拉菜单和多行文本框这两个表单元素除外。常用的表单元素有下面几种。

◎ 文本框用于接收任何类型的文本输入，文本框的标签为 <input>，其 type 属性为 text。

◎ 复选框用于选择数据，它允许在一组选项中选择多个选项。复选框的标签也是 <input>，它的 type 属性为 checkbox。

◎ 单选按钮也是用于选择数据，不过在一组选项中只能选择一个选项。单选按钮的标签是 <input>，它的 type 属性为 radio。

◎ 提交按钮在单击后将把表单内容提交到服务器。提交按钮的标签是 <input>，它的 type 属性为 submit。除了提交按钮，预定义的还有重置按钮。另外还可以自定义按钮的其他功能。

◎ 多行文本框的标签是 <textarea>，它可以创建一个对数据的量没有限制的文本框，通过 rows

属性和 cols 属性定义多行文本框的宽和高，当输入内容超过其范围，该元素可以自动出现一个滚动条。

◎ 下拉菜单是在一个滚动列表中显示选项值，用户可以从滚动列表中选择选项。下拉菜单的标签是 <select>，它的选项内容用 option 属性定义。

3.3 HTML 5 简介

HTML 5 是 Web 中核心语言 HTML 的规范，符合现代网络发展需求。通过使用 HTML 5，可以提供更多增强网络应用的标准机，因此在互联网中被广泛应用。HTML 5 将 Web 带入一个成熟的应用平台。本小节将针对 HTML 5 的相关知识进行讲解。

3.3.1 HTML 5 的语法变化

HTML 5 中，语法发生了很大的变化。但是，HTML 5 的“语法变化”和其他编程语言的语法变更意义有所不同。以前的 HTML，遵循规范实现的 Web 浏览器几乎没有。HTML 原本是通过 SGML(Standard Generalized Markup Language)元语言来规定语法的。但是由于 SGML 的语法非常复杂，文档结构解析程序的开发也不太容易，多数 Web 浏览器不作为 SGML 解析器运行。因此，HTML 规范中虽然要求“应遵循 SGML 的语法”，但实际情况却是对于 HTML 的执行在各浏览器之间并没有一个统一的标准。

在 HTML 5 中，提高 Web 浏览器间的兼容性是 HTML 5 要实现的重大的目标。要确保兼容性，必须消除规范与实现的背离。因此，HTML 5 需要重新定义 HTML 语法，即实现规范向实现靠拢。

由于文档结构解析的算法也有着详细的记载，使得 Web 浏览器厂商可以专注于遵循规范去进行实现工作。在新版本的 FireFox 和 WebKit（Nightly Builder 版）中，已经内置了遵循 HTML 5 规范的解析器。IE（Internet Explorer）和 Opera 也为了提供兼容性更好的实现而紧锣密鼓地努力着。

3.3.2 HTML 5 中的标记方法

1. 内容类型 (ContentType)

HTML 5 的文件扩展名与内容类型保持不变。也就是说，扩展名仍然为“.html”或“.htm”，内容类型 (ContentType) 仍然为“text/html”。

2. DOCTYPE 声明

DOCTYPE 声明是 HTML 文件中必不可少的，它位于文件第一行。在 HTML 4 中，DOCTYPE 声明的方法如下：

```
<!DOCTYPE html PUBLIC“-//W3C//DTD XHTML 1.0Transitional//EN”“http：//www.w3.org/TR/xhtml1/DTD/xhtml1-transitional.dtd”>
```

在 HTML 5 中，刻意不使用版本，声明文档将会适用于所有版本的 HTML。HTML 5 中的 DOCTYPE 声明方法（不区分大小写）如下：

```
<!DOCTYPE html>
```

另外，当使用工具时，也可以在 DOCTYPE 声明方式中加入 SYSTEM 识别符，声明方法如下面的代码所示：

```
<!DOCTYPE HTML SYSTEM “about：legacy-compact”>
```

3. 字符编码的设置

字符编码的设置方法也有新的变化。在以往设置 HTML 文件的字符编码时，要用到如下 <meta> 元素：

```
<meta http-equiv= “Content-Type” content= “text/html;charset=UTF-8”>
```

在 HTML 5 中，可以使用 <meta> 元素的新属性 charset 来设置字符编码，如下面的代码所示：

```
<meta charset= “UTF-8”>
```

以上两种方法都有效。因此也可以继续使用前者的方法（通过 content 属性来设置），但要注意不能同时使用。

3.3.3 HTML 5 中新增加的元素

在 HTML 5 中，新增了以下几个元素。

1. section 元素

section 元素表示页面中如章节、页眉、页脚或页面中其他部分的一个内容区块。

语法格式如下：

```
<section>…</section>
```

示例代码如下：

```
<section>HTML 5 的使用 </section>
```

2. article 元素

article 元素用于定义外部的内容，即页面中一块与上下文不相关的独立内容，如来自外部的文章等。

语法格式如下：

```
<article> …</article>
```

示例代码如下：

```
<article>HTML 5 的使用技巧 </article>
```

3. aside 元素

aside 元素用于表示 article 元素内容之外的，并且与 article 元素的内容相关的一些辅助信息。

语法格式如下：

```
<aside>…</aside>
```

示例代码如下：

```
< aside> HTML 5 的使用 </aside >
```

4. header 元素

header 元素表示页面中一个内容区块或整个页面的标题。
语法格式如下：

```
<header>…</header>
```

示例代码如下：

```
<header> HTML 5 使用指南 </header>
```

5. hgroup 元素

hgroup 元素用于组合整个页面或页面中一个内容区块的标题。
语法格式如下：

```
<hgroup>…</hgroup>
```

示例代码如下：

```
<hgroup> 标签应用 </hgroup >
```

6. footer 元素

footer 元素表示整个页面或页面中一个内容区块的脚注。
语法格式如下：

```
<footer>…</footer>
```

示例代码如下：

```
< footer>2000<br/>
    0000000000<br />
    12-4
</footer >
```

7. nav 元素

nav 元素用于表示页面中导航链接的部分。
语法格式如下：

```
<nav>…</nav>
```

8. figure 元素

figure 元素表示一段独立的流内容，一般表示文档主体流内容中的一个独立单元。

语法格式如下：

```
<figure>…</figure>
```

示例代码如下：

```
<figure >
<figcaption>HTML 5</figcaption>
<p>HTML 5 的发展过程 </p>
</figure>
```

9. video 元素

video 元素用于定义视频，例如电影片段或其他视频流。
示例代码如下：

```
<video src=“movie.ogv”，controls=“controls”>video 元素应用示例 </video>
```

10. audio 元素

在 HTML 5 中，audio 元素用于定义音频，例如音乐或其他音频流。
示例代码如下：

```
<audio src=“someaudio.wav”>audio 元素应用示例 </audio>
```

11. embed 元素

embed 元素用来插入各种多媒体，其格式可以是 Midi、Wav、AIFF、AU 和 MP3 等。
示例代码如下：

```
<embed src=“horse.wav”/>
```

12. mark 元素

mark 元素主要用来在视觉上向用户呈现那些需要突出显示或高亮显示的文字。
语法格式如下：

```
<mark>…</mark>
```

示例代码如下：

```
<mark>HTML 5 </mark>
```

13. progress 元素

progress 元素表示运行中的进程，可以用来显示 JavaScript 中耗费时间函数的进程。
语法格式如下：

```
<progress>…</progress>
```

14. meter 元素

meter 元素表示度量衡。仅用于已知最大值和最小值的度量。

语法格式如下：

```
<meter>…</meter>
```

15. time 元素

time 元素表示日期或时间，也可以同时表示两者。

语法格式如下：

```
<time>…</time>
```

16. wbr 元素

wbr 元素表示软换行。wbr 元素与 br 元素的区别是，br 元素表示此处必须换行；而 wbr 元素的意思是浏览器窗口或父级元素的宽度足够宽时 (没必要换行时)，不进行换行，而当宽度不够时，主动在此处进行换行。wbr 元素对字符型的语言作用很大，但是对于中文却没多大用处。

示例代码如下：

```
<p> To be, or not to be—— that is the question.</p>
```

17. canvas 元素

canvas 元素用于表示图形，例如图表和其他图像。这个元素本身没有行为，仅提供一块画布，但它把一个绘图 API 展现给客户端 JavaScript，以使脚本能够把想绘制的图像绘制到画布上。

示例代码如下：

```
<canvas id= “myCanvas” width= “400” height= “500” ></canvas>
```

18. command 元素

command 元素表示命令按钮，例如单选按钮或复选框。

示例代码如下：

```
<command onclick= “cut()” label= “cut” >
```

19. details 元素

details 元素通常与 summary 元素配合使用，表示用户要求得到并且可以得到的细节信息。summary 元素提供标题或图例。标题是可见的，用户单击标题时，会显示出细节信息。summary 元素是 details 元素的第一个子元素。

语法格式如下：

```
<details>…</details>
```

示例代码如下：

```
<details>
```

```
<summary>HTML 5 技术要点 </summary>
如何应用 HTML 5
</details>
```

20. datalist 元素

datalist 元素用于表示可选数据的列表，通常与 input 元素配合使用，可以制作出具有输入值的下拉列表。

语法格式如下：

```
<datalist>…</datalist>
```

除了以上这些之外，还有 datagrid、keygen、output、source、menu 等新增元素。

3.3.4　HTML 5 中新增加的属性元素

在 HTML 5 中，还新增加了很多的属性，下面简单介绍一些新增的属性。

1. 与表单相关的属性

在 HTML 5 中，新增的与表单相关的属性如下所示。

◎ autofocus 属性，该属性可以用在 input(type=text)、select、textarea 与 button 元素中。autofocus 属性可以让元素在打开画面时自动获得焦点。

◎ placeholder 属性，该属性可以用在 input 元素 (type=text) 和 textarea 元素中，使用该属性会对用户的输入进行提示，通常用于提示用户可以输入的内容。

◎ form 属性，该属性用在 input、output、select、textarea、button 和 rieldset 元素中。

◎ required 属性，该属性用在 input 元素 (type=text) 和 textarea 元素中。该属性表示在用户提交的时候，检查该元素内一定要有输入内容。

◎ 在 input 元素与 button 元素中增加了新属性 formaction、formenctype、formmethod、formnovalidate 与 formtarget，这些属性可以重载 form 元素的 action、enctype、method、novalidate 与 target 属性。

◎ 在 input 元素、button 元素和 form 元素中增加了 novalidate 属性，该属性可以取消提交时进行的有关检查，表单可以被无条件地提交。

2. 与链接相关的属性

在 HTML 5 中，新增的与链接相关的属性如下所示。

◎ 在 a 与 area 元素中增加了 media 属性，该属性规定目标 URL 是什么类型的媒介进行优化的。

◎ 在 area 元素中增加了 hreflang 属性与 rel 属性，以保持与 a 元素、link 元素的一致。

◎ 在 link 元素中增加了 sizes 属性。该属性用于指定关联图标 (icon 元素) 的大小，通常可以与 icon 元素结合使用。

◎ 在 base 元素中增加了 target 属性，主要目的是保持与 a 元素的一致性。

3. 其他属性

◎ 在 meta 元素增加了 charset 属性，该属性为文档的字符编码的指定提供了一种良好的方式。

◎ 在 meta 元素中增加了 type 和 label 两个属性。label 属性为菜单定义一个可见的标注，type 属性让菜单可以以上下文菜单、工具条与列表菜单的三种形式出现。

◎ 在 style 元素中增加 scoped 属性，用来规定样式的作用范围。

◎ 在 script 元素中增加 async 属性，用于定义脚本是否异步执行。

为了方便读者学习，特意将 HTML 的标签及其含义制作成了表格，如表 3-1 所示。

表 3-1

标　签	描　述
<!--...-->	定义注释
<!DOCTYPE>	定义文档类型
<a>	定义超链接
<abbr>	定义缩写
<address>	定义地址元素
<area>	定义图像映射中的区域
<article>	定义 article
<aside>	定义页面内容之外的内容
<audio>	定义声音内容
<b>	定义粗体文本
<base>	定义页面中所有链接的基准 URL
<bdo>	定义文本显示的方向
<blockquote>	定义长的引用
<body>	定义 body 元素
 	插入换行符
<button>	定义按钮
<canvas>	定义图形
<caption>	定义表格标题
<cite>	定义引用
<code>	定义计算机代码文本
<col>	定义表格列的属性
<colgroup>	定义表格列的分组
<command>	定义命令按钮
<datagrid>	定义树列表 (tree-list) 中的数据
<datalist>	定义下拉列表
<datatemplate>	定义数据模板
<del>	定义删除文本
<details>	定义元素的细节
<dialog>	定义对话（会话）
<div>	定义文档中的一个部分

（续表）

标　签	描　述
<dfn>	定义自定义项目，斜体显示
<dl>	定义自定义列表
<dt>	定义自定义的项目
<dd>	定义自定义的描述
<em>	定义强调文本
<embed>	定义外部交互内容或插件
<event-source>	为服务器发送的事件定义目标
<fieldset>	定义 fieldset
<figure>	定义媒介内容的分组，以及它们的标题
<footer>	定义 section 或 page 的页脚
<form>	定义表单
<h1>~<h6>	定义标题 1 ~ 标题 6
<head>	定义关于文档的信息
<header>	定义 section 或 page 的页眉
<hr>	定义水平线
<html>	定义 html 文档
<i>	定义斜体文本
<iframe>	定义行内的子窗口（框架）
<img>	定义图像
<input>	定义输入域
<ins>	定义插入文本
<kbd>	定义键盘文本
<label>	定义表单控件的标注
<legend>	定义 fieldset 中的标题
<li>	定义列表的项目
<link>	定义资源引用
<m>	定义有记号的文本
<map>	定义图像映射
<menu>	定义菜单列表
<meta>	定义元信息
<meter>	定义预定义范围内的度量
<nav>	定义导航链接
<nest>	定义数据模板中的嵌套点
<object>	定义嵌入对象
<ol>	定义有序列表

（续表）

标　签	描　述
<optgroup>	定义选项组
<option>	定义下拉列表中的选项
<output>	定义输出的一些类型
<p>	定义段落
<param>	为对象定义参数
<pre>	定义预格式化文本
<progress>	定义任何类型的任务的进度
<q>	定义短的引用
<rule>	为升级模板定义规则
<samp>	定义样本计算机代码
<script>	定义脚本
<section>	定义 section
<select>	定义可选列表
<small>	定义小号文本
<source>	定义媒介源
<span>	定义文档中的 section
<strong>	定义强调文本
<style>	定义样式定义
<sub>	定义上标文本
<sup>	定义下标文本
<table>	定义表格
<thead>	定义表头，用于组合 HTML 表格的表头内容
<tbody>	定义表格的主体
<tr>	定义表格行
<th>	定义表头，th 元素内部的文本通常会呈现为居中的粗体文本
<td>	定义表格单元
<tfoot>	定义表格的脚注
<textarea>	定义 textarea
<time>	定义日期 / 时间
<title>	定义文档的标题
<ul>	定义无序列表
<var>	定义变量
<video>	定义视频

3.4 课堂实战：制作简单的网页布局

本案例将练习制作简单的网页布局，涉及的知识点包括 HTML 结构代码的编写以及标签的应用，制作完成后运行效果如图 3-10 所示。

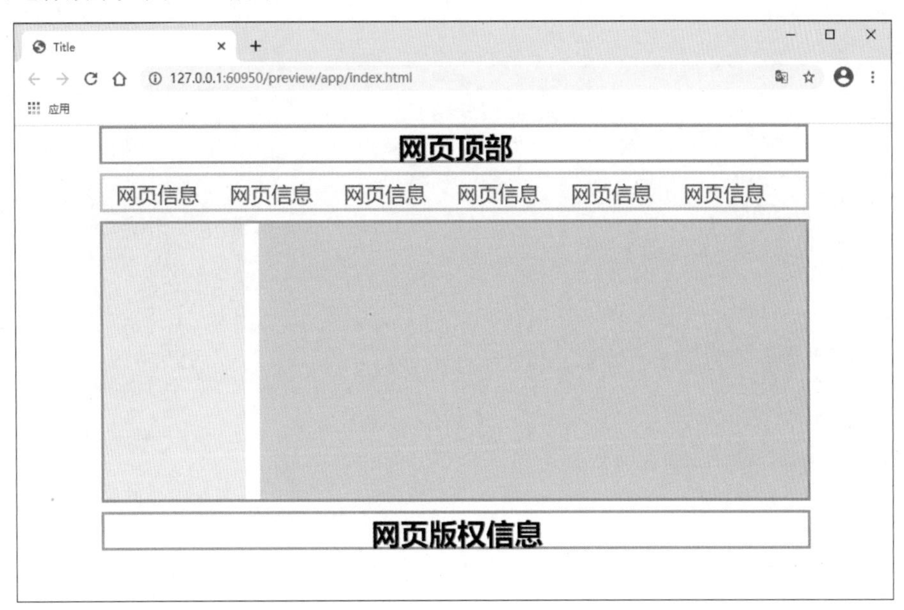

图 3-10

代码如下：

```
<!DOCTYPE html>
<html lang= “en” >
<head>
  <meta charset= “UTF-8” >
  <title>Title</title>
  <style>
    *{
      padding: 0px;
      margin: 0px;
    }
    header{
      width: 80%;
      height: 36px;
      margin: 0px auto;
      border: 3px solid #E38486;// 设置顶部边框
    }
    nav{
      width: 80%;
      margin: 10px auto;
```

```
        height: 36px;
        border: 3px solid #78D7B5;// 设置第 2 行边框
    }
    nav a{
        text-decoration: none;
        line-height: 40px;
        font-size: 23px;
        color: brown;
        padding: 0px 15px;// 设置超链接字体样式
    }
    #main{
        width: 80%;
        height: 300px;
        margin: 10px auto;
        border: 3px solid #6397E5;// 设置主页边框
    }
    #main aside{
        background-color: #FFE9B3;
        width: 20%;
        height: 100%;
        float: left;// 设置侧边栏样式
    }
    #main .flash{
        float: right;
        width: 78%;
        height: 100%;
        background-color: #9FDADD;
    }
    footer{
        width: 80%;
        margin: 10px auto;
        height: 36px;
        border: 3px solid darkorange;// 设置底部边框
    }
</style>
</head>
<body>
<header>
  <h1 align="center"> 网页顶部 </h1>
</header>
<nav>
```

```
    <a href= “ ” > 网页信息 </a>
    <a href= “ ” > 网页信息 </a>
    <a href= “ ” > 网页信息 </a>
    <a href= “ ” > 网页信息 </a>
    <a href= “ ” > 网页信息 </a>
    <a href= “ ” > 网页信息 </a>
  </nav>
  <div id= “main” >
  <aside>
  </aside>
  <div class= “flash” >
  </div>
  </div>
  <footer>
   <h1 align= “center” > 网页版权信息 </h1>
  </footer>
  </body>
  </html>
```

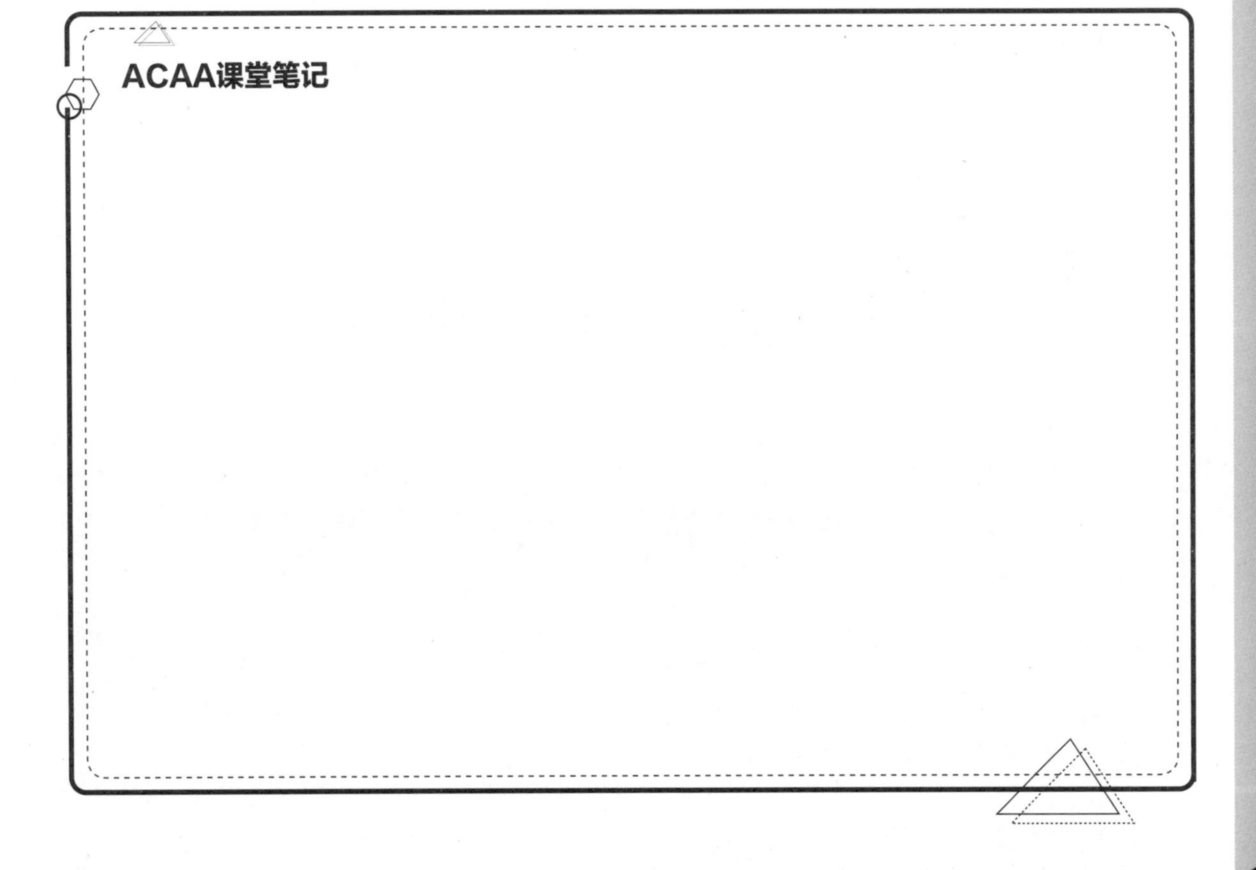

3.5 课后练习

一、选择题

1．（　）标签定义文档的主体，包含文档的所有内容，比如文本、超链接、图像、表格和列表等。

A．<body>　　B．<title>　　C．<head>　　D．<main>

2．表格中用不到下面哪个标签？（　　）

A．<table>　　B．<td>　　C．<tr>　　D．< meta >

3．head 部分中唯一必需的元素是（　　）。

A．<p>　　B．<a>　　C．<title>　　D. <table>

二、填空题

1．HTML 结构包括 ________ 和 ________ 两大部分。

2．在 HTML 中创建超链接需要使用 ________ 标记。

3．HTML 中有序列表的标签是 ________，其列表项标签是 ________。

三、操作题

1. 制作个人信息登记表

（1）本案例将练习制作个人信息登记表，涉及的知识点主要包括 <table>、<td>、<tr> 等标签的应用，效果如图 3-11 所示。

个人信息登记表

姓名		性别		出生年月		籍贯	
民族		身高		体重		健康状况	
政治面貌		婚姻状况		学历		学历	

图 3-11

（2）操作思路。

该案例代码如下。

```
<!doctype html>
<html>
<head>
<title> 个人信息登记表 </title>
</head>
<body>
<table width="800" border="2" >
<caption>
个人信息登记表
</caption>
 <tr>
  <td width="100" align="center" bgcolor="#AFCCED" > 姓名 </td>
```

```
<td width= “100” > </td>
<td width= “100”  align= “center”  bgcolor= “#AFCCED” > 性别 </td>
<td width= “100” > </td>
<td width= “100”  align= “center”  bgcolor= “#AFCCED” > 出生年月 </td>
<td width= “100” > </td>
<td width= “100”  align= “center”  bgcolor= “#AFCCED” > 籍贯 </td>
  <td width= “100” > </td>
</tr>
<tr>
 <td width= “100”  align= “center”  bgcolor= “#AFCCED” > 民族 </td>
 <td width= “100” > </td>
 <td width= “100”  align= “center”  bgcolor= “#AFCCED” > 身高 </td>
 <td width= “100” > </td>
 <td width= “100”  align= “center”  bgcolor= “#AFCCED” > 体重 </td>
 <td width= “100” > </td>
 <td width= “100”  align= “center”  bgcolor= “#AFCCED” > 健康状况 </td>
    <td width= “100” > </td>
</tr>
<tr>
  <td width= “100”  align= “center”  bgcolor= “#AFCCED” > 政治面貌 </td>
 <td width= “100” > </td>
 <td width= “100”  align= “center”  bgcolor= “#AFCCED” > 婚姻状况 </td>
 <td width= “100” > </td>
 <td width= “100”  align= “center”  bgcolor= “#AFCCED” > 学历 </td>
 <td width= “100” > </td>
 <td width= “100”  align= “center”  bgcolor= “#AFCCED” > 学历 </td>
    <td width= “100” > </td>
</tr>
</table>
</body>
</html>
```

2. 标记段落中的文本

（1）本案例将练习标记段落中的文本，涉及的知识点主要包括 <p>、<mark> 等标签的应用，效果如图 3-12 所示。

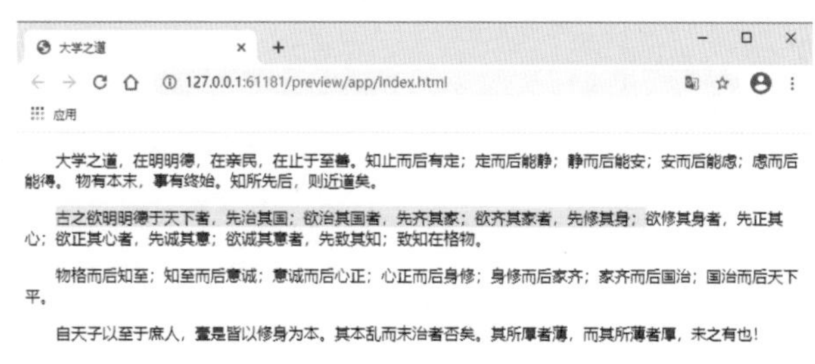

图 3-12

（2）操作思路。

该案例代码如下。

```
<!doctype html>
<html>
<head>
<meta charset="utf-8">
<title>大学之道</title>
</head>
<body>
<p style="text-indent: 2em">大学之道，在明明德，在亲民，在止于至善。知止而后有定；定而后能静；静而后能安；安而后能虑；虑而后能得。物有本末，事有终始。知所先后，则近道矣。</p>
<p style="text-indent: 2em"><mark>古之欲明明德于天下者，先治其国；欲治其国者，先齐其家；欲齐其家者，先修其身；</mark>欲修其身者，先正其心；欲正其心者，先诚其意；欲诚其意者，先致其知；致知在格物。</p>
<p style="text-indent: 2em">物格而后知至；知至而后意诚；意诚而后心正；心正而后身修；身修而后家齐；家齐而后国治；国治而后天下平。</p>
<p style="text-indent: 2em">自天子以至于庶人，壹是皆以修身为本。其本乱而末治者否矣。其所厚者薄，而其所薄者厚，未之有也！</p>
</body>
</html>
```

知识点拨

style="text-indent: 2em"定义了段落缩进2字符，<mark></mark>标签定义了高亮字段。

第4章 文本的应用

内容导读

文本是网页中最常见的元素，一般包括标题文字、段落文字、特殊符号、水平线等。网页中的文本可以包含大量信息，与图像结合使用可以制作出丰富的网页效果。本章将针对文本的创建、属性设置、特殊元素的创建等方面进行讲解。

学习目标

- 学会创建文本
- 学会设置文本属性
- 学会插入特殊符号
- 学会插入水平线

4.1 创建文本

文本是网页设计中必不可少的元素，通过文本，可以准确地传达信息，展示网页内容。在制作网页的过程中，合理的文本格式，可以极大地提高网页的美观性。本节将针对在网页中插入文本的方式进行介绍。

4.1.1 直接输入文本

在 Dreamweaver 软件中创建文本非常简单。用户可以选择直接在文档中输入文本。移动光标至需要输入文本的地方，输入文字即可，如图 4-1 所示。

图 4-1

4.1.2 通过“导入”命令导入文本

除了直接输入文本外，用户还可以通过导入文档素材添加文本信息。

打开需要导入文本的网页文件，执行“窗口”|“文件”命令，在弹出的“文件”面板中选中 Word 文档，拖曳至文档窗口中，在弹出的“插入文档”对话框中设置参数，如图 4-2 所示，完成后单击“确定”按钮，即可插入文档，如图 4-3 所示。

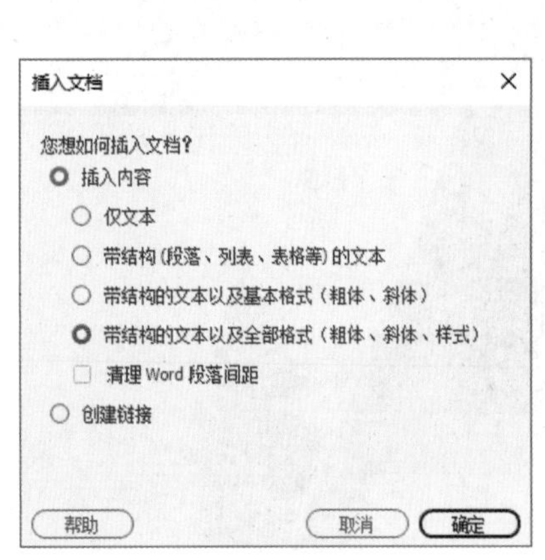

图 4-2

图 4-3

知识点拨

在设计网页过程中，建议用于正文的文字不要太大，字体颜色也不要使用过多，否则其效果会让人眼花缭乱。通常将字体大小设置为 9 磅或 12 像素，颜色不超过 3 种即可。

■ 实例：制作古诗文网页

本案例将练习制作古诗文网页，涉及的知识点包括文本的导入、网页背景的设置、水平线的插入等。

Step01 新建网页文档，并保存。执行“窗口”|“属性”命令，打开“属性”面板，单击该面板中的“页面属性”按钮 页面属性... ，打开“页面属性”对话框，如图 4-4 所示。

Step02 单击该对话框中“背景图像”右侧的“浏览”按钮，打开“选择图像源文件”对话框，选择要设为背景的图像，如图 4-5 所示。

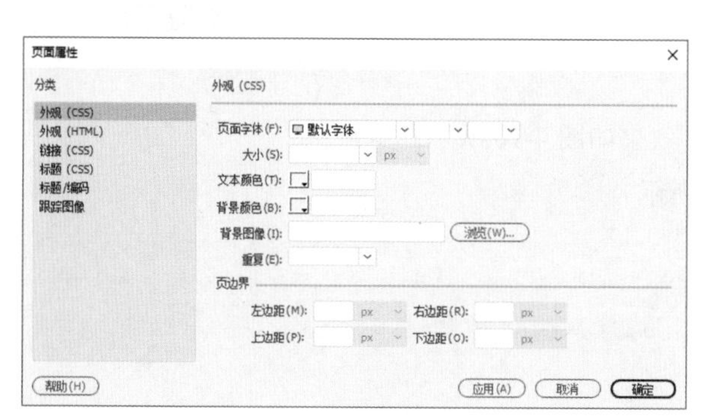

图 4-4

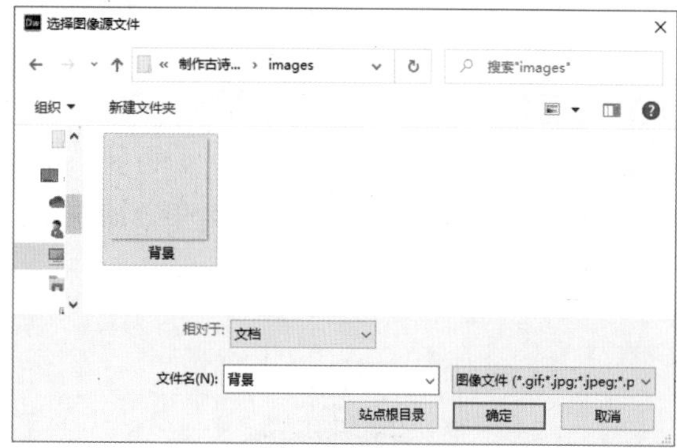

图 4-5

Step03 单击“确定”按钮，返回“页面属性”对话框，设置“背景颜色”为 #E4DECB，单击“应用”按钮和“确定”按钮，添加页面背景，如图 4-6 所示。

Step04 移动光标至文档窗口中，输入文字，如图 4-7 所示。

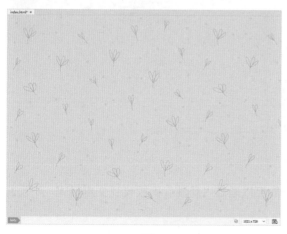

图 4-6

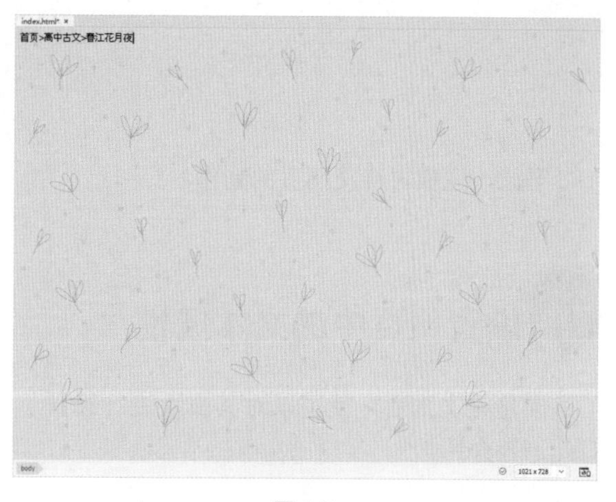

图 4-7

Step05 按 Enter 键换行，执行“插入”｜HTML｜“水平线”命令，在网页中插入水平线，如图 4-8 所示。

Step06 按 Enter 键换行，从文件夹中拖曳本章素材文件至网页文档窗口中，打开“插入文档”对话框，在该对话框中进行设置，如图 4-9 所示。

图 4-8

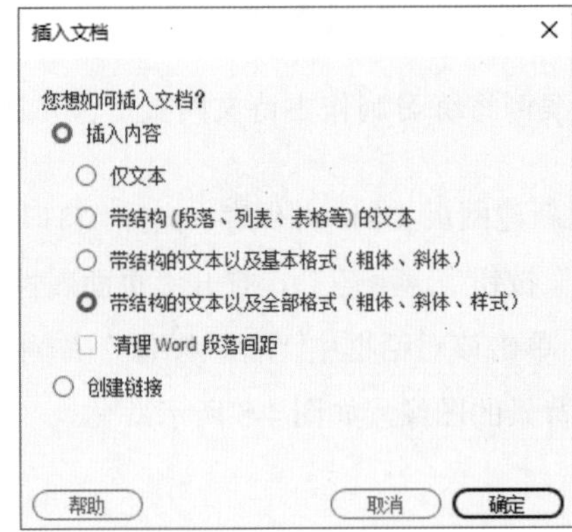

图 4-9

Step07 完成后单击“确定”按钮，即可导入文本，效果如图 4-10 所示。

Step08 保存文件，按 F12 键预览效果，如图 4-11 所示。

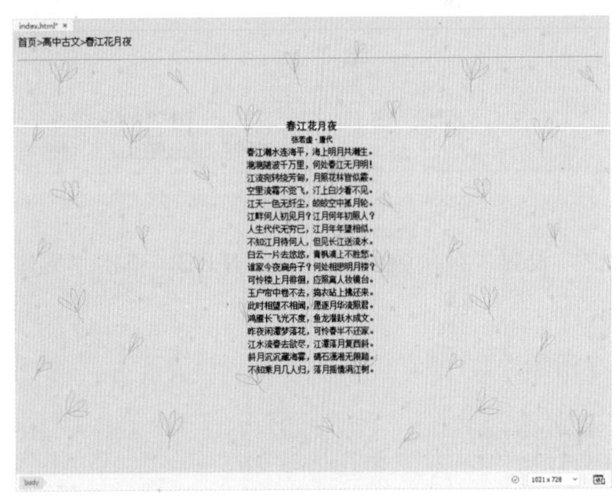

图 4-10

图 4-11

至此，完成古诗文网页的制作。

4.2 设置网页中的文本属性

创建完文本后，就可以对其属性进行设置。一般可以通过“属性”面板设置文本样式，下面将对此进行介绍。

4.2.1 “属性”面板

“属性”面板包括HTML属性检查器和CSS属性检查器两部分。本小节将针对这两部分进行介绍。

1. HTML 属性检查器

在 HTML 属性检查器中可以设置文本的字体、大小、颜色、边距等，如图 4-12 所示为 HTML 属性检查器。

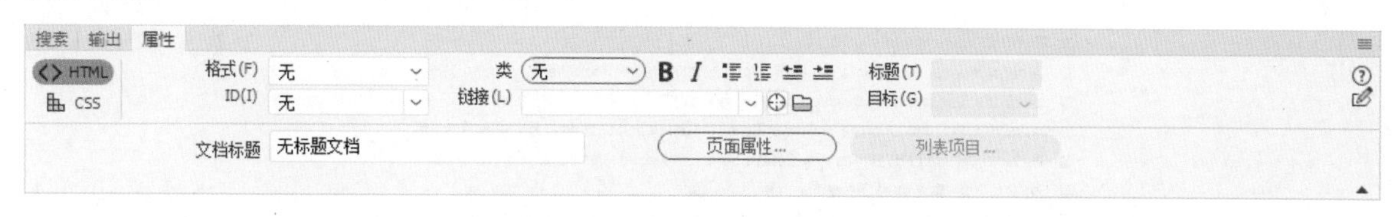

图 4-12

HTML 属性检查器中的部分选项作用如下。

◎ 格式：设置所选文本或段落格式，该选项包含多种格式，其中有段落格式、标题格式及预先格式化等，用户可根据需要进行选择。

◎ ID：用于设置所选内容的 ID。

◎ 类：显示当前应用于所选文本的类样式。

◎ 链接：用于为所选文本创建超文本链接。

◎ 目标：用于指定准备加载链接文档的方式。

◎ 页面属性：单击该按钮，即可打开“页面属性”对话框，在该对话框中可对页面的外观、标题、链接等属性进行设置。

◎ 列表项目：为所选的文本创建项目、编号列表。

2. CSS 属性检查器

使用 CSS 属性检查器时，Dreamweaver 使用层叠样式表 (CSS) 设置文本格式。如图 4-13 所示为 CSS 属性检查器。

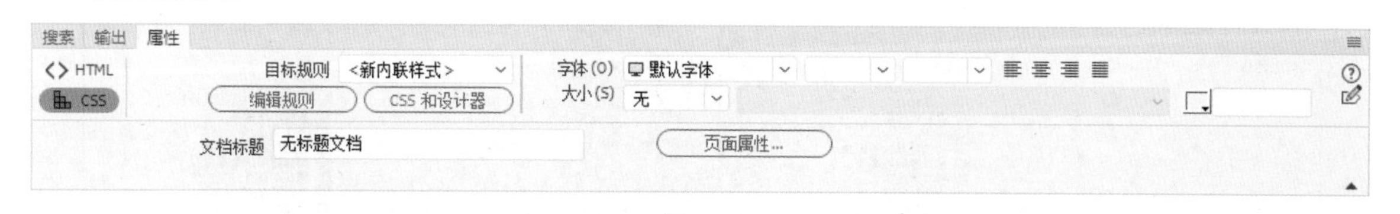

图 4-13

CSS 属性检查器中部分选项作用如下。

◎ 大小：用于设置选中文本的文字大小。

◎ 字体：用于设置选中文本的字体。

◎ 颜色：用于设置选中文本的颜色。

4.2.2 设置文本格式

在“属性”面板中，可以对所选文本的字体、颜色、大小等格式进行设置或更改。下面将对此进行介绍。

1. 设置字体

在制作网页时，一般使用宋体或黑体这两种字体。宋体和黑体是大多数计算机系统中默认安装的字体，采用这两种字体，可以避免浏览网页的计算机中没有安装特殊字体，而导致网页页面不美观的问题。

选中要设置字体的文字，在“属性”面板中单击“字体”右侧的下拉按钮，在弹出的字体列表中选择字体即可，如图 4-14 所示。

图 4-14

若需要选择其他字体，可以选择字体列表中的“管理字体”选项，打开“管理字体”对话框，如图 4-15 所示。在“可用字体”列表框中选择要使用的字体，单击 按钮，即可将选中字体放置到左侧的“选择的字体”列表框中，如图 4-16 所示。单击“完成”按钮，即可在字体列表中找到添加的字体。

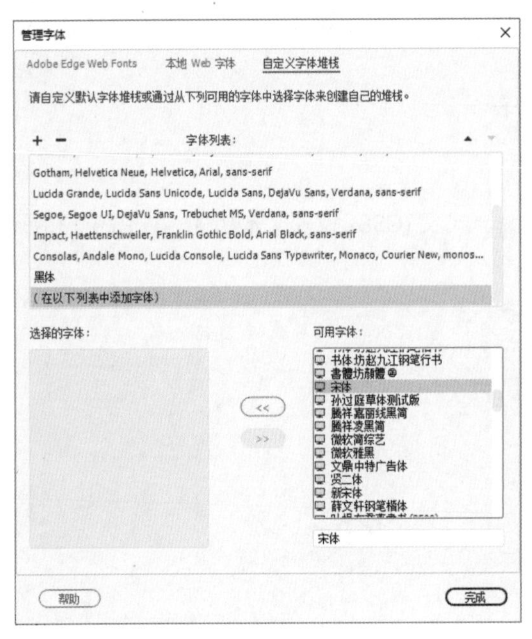

图 4-15

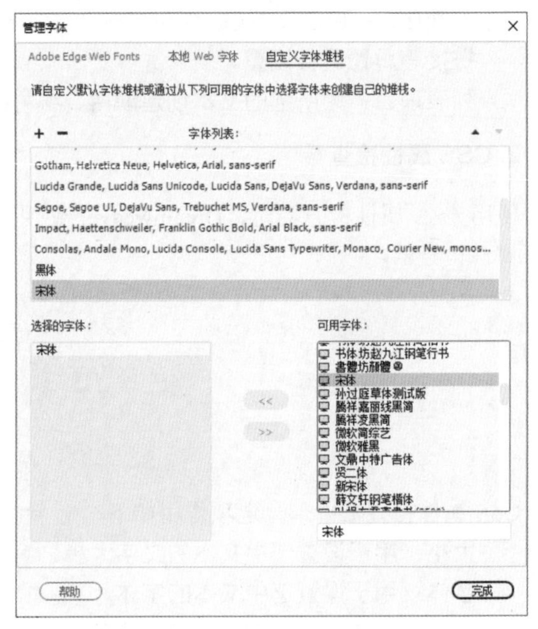

图 4-16

2. 设置字体颜色

为文本设置颜色，可以突出文本信息，增强网页的表现力。

选中网页文档中要设置字体颜色的文本，在“属性”面板中单击颜色按钮，在弹出的颜色选择器中选取颜色，或直接输入十六进制颜色数值，如图 4-17 所示，效果如图 4-18 所示。

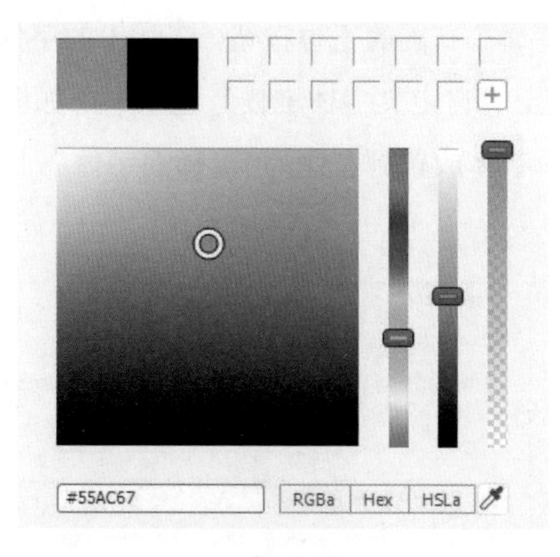

Untitled-2*

长歌行

李白 · 唐代

桃李待日开，荣华照当年。
东风动百物，草木尽欲言。
枯枝无丑叶，涸水吐清泉。
大力运天地，羲和无停鞭。
功名不早著，竹帛将何宣。
桃李务青春，谁能贳白日。
富贵与神仙，蹉跎成两失。
金石犹销铄，风霜无久质。
畏落日月后，强欢歌与酒。
秋霜不惜人，倏忽侵蒲柳。

图 4-17　　图 4-18

3. 设置字号

字号是指文字的大小，用户可以在“属性”面板中设置文字字号。一般来说，网页中的正文字体不要太大，12~14px 即可。

选中网页文档中要设置文字字号的文本，在“属性”面板中单击“字号”右侧的下拉按钮，在弹出的下拉列表中选择字号即可，如图 4-19 所示，效果如图 4-20 所示。

图 4-19　　图 4-20

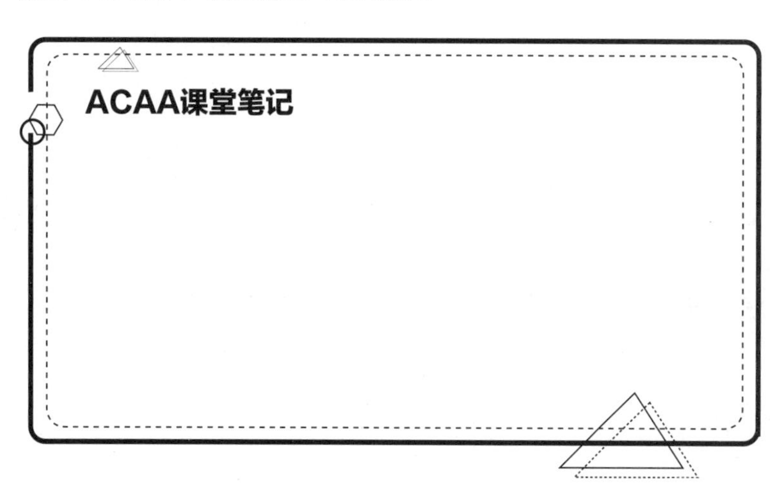

■ 实例：添加文字字体

本案例将练习添加文字字体，涉及的知识点包括文字的创建、“管理字体”对话框的应用等。

Step01 新建网页文档，并保存文件。在文档中输入文本，如图 4-21 所示。

Step02 移动光标至标题和作者名称中，单击 CSS 属性检查器中的“居中对齐”按钮，设置段落对齐，在 <p> 北冥有鱼……</p> 标签中添加 style=“text-indent: 2em”，设置首行缩进 2 字符，效果如图 4-22 所示。

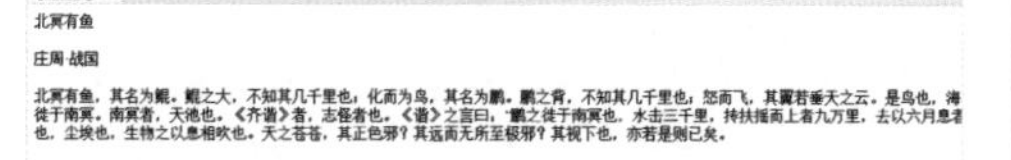

图 4-21

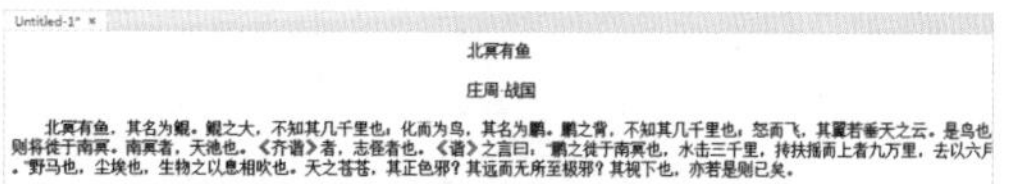

图 4-22

Step03 选中所有文字，在“属性”面板中单击“字体”右侧的下拉按钮，在弹出的字体列表中选择“管理字体”选项，打开“管理字体”对话框，切换至“自定义字体堆栈”选项卡，如图 4-23 所示。

Step04 找到要添加的字体，单击 << 按钮，将选中字体放置到左侧的“选择的字体”列表框中，如图 4-24 所示。完成后单击“完成”按钮。

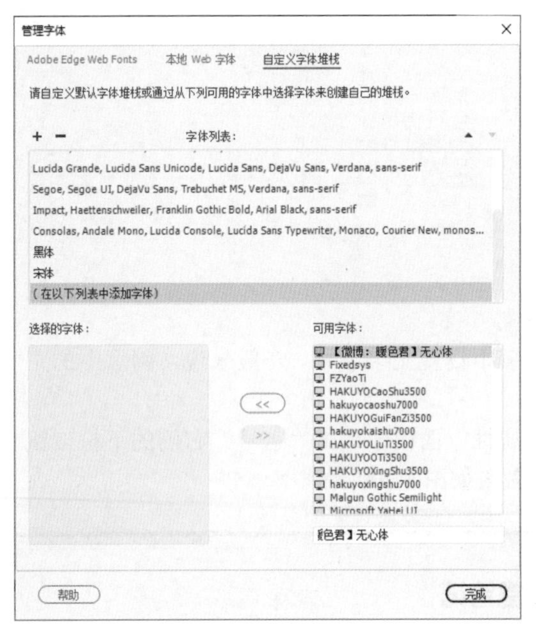

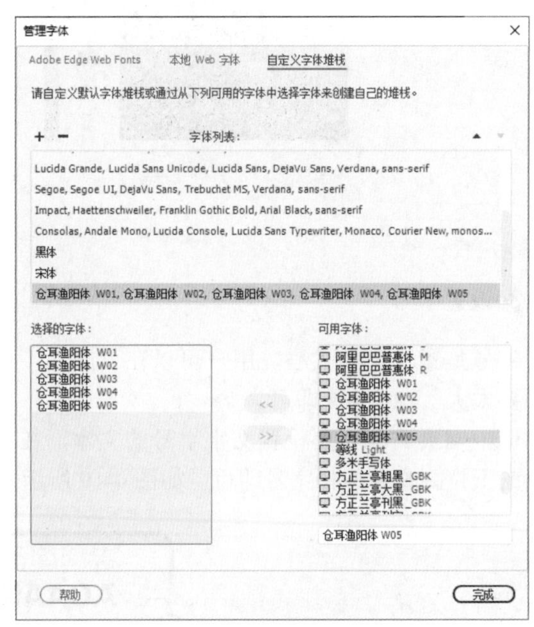

图 4-23　　图 4-24

Step05 在“属性”面板中单击“字体”右侧的下拉按钮，在弹出的字体列表中选择添加的字体，即可更改字体效果，如图 4-25 所示。

Step06 保存文件，按 F12 键测试效果，如图 4-26 所示。

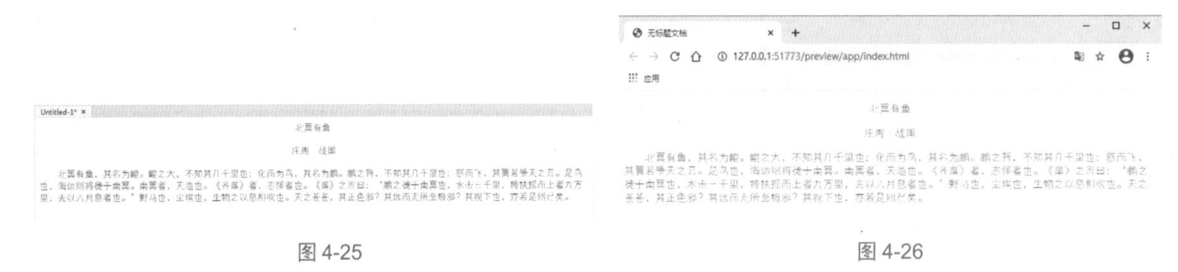

图 4-25　　图 4-26

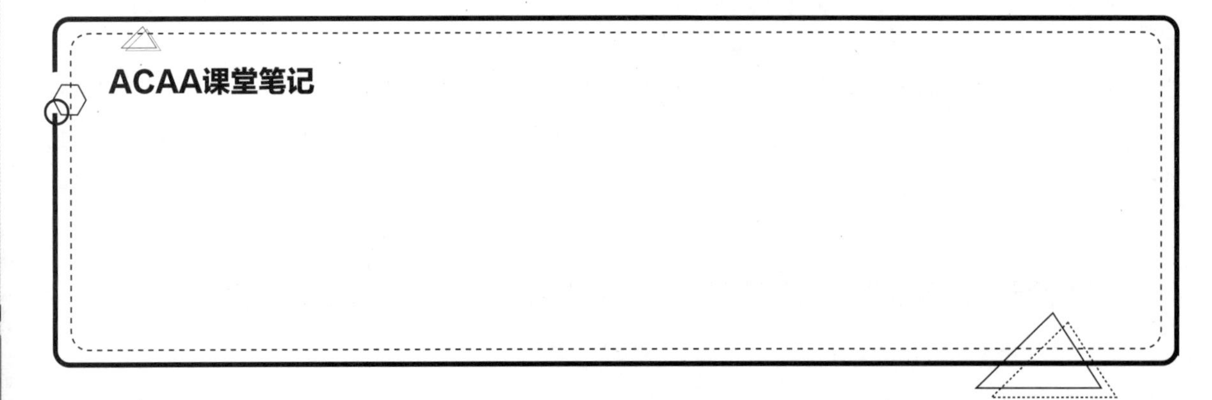

4.2.3 设置段落格式

在文档窗口中输入一段文字，按 Enter 键会形成段落。用户可以对段落的格式、对齐方式、缩进等进行设置。

1. 设置段落格式

选中文本段落，在 HTML 属性检查器中单击“格式”右侧的下拉按钮，在弹出的列表中选择格式即可设置段落格式，如图 4-27 所示。效果如图 4-28 所示。

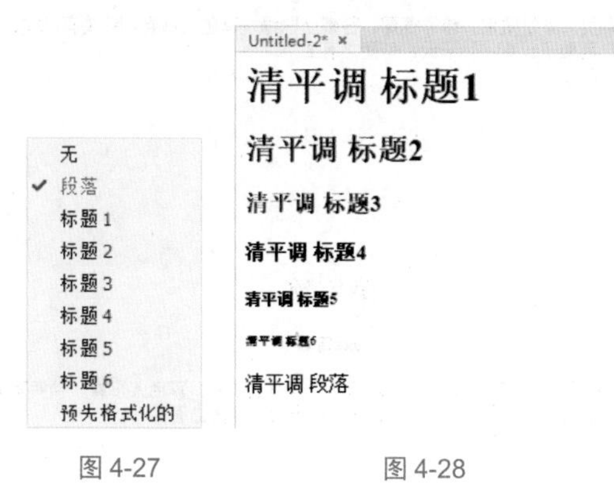

图 4-27　　　　图 4-28

2. 设置段落对齐方式

段落对齐方式是指段落相对于文件窗口（或浏览器窗口）在水平位置的对齐方式，包括“左对齐”、“居中对齐”、“右对齐”和“两端对齐”4 种。

移动光标至要设置段落对齐方式的段落中，单击 CSS 属性检查器中的“居中对齐”按钮，即可设置该段段落与文档窗口水平居中对齐，前后效果如图 4-29、图 4-30 所示。

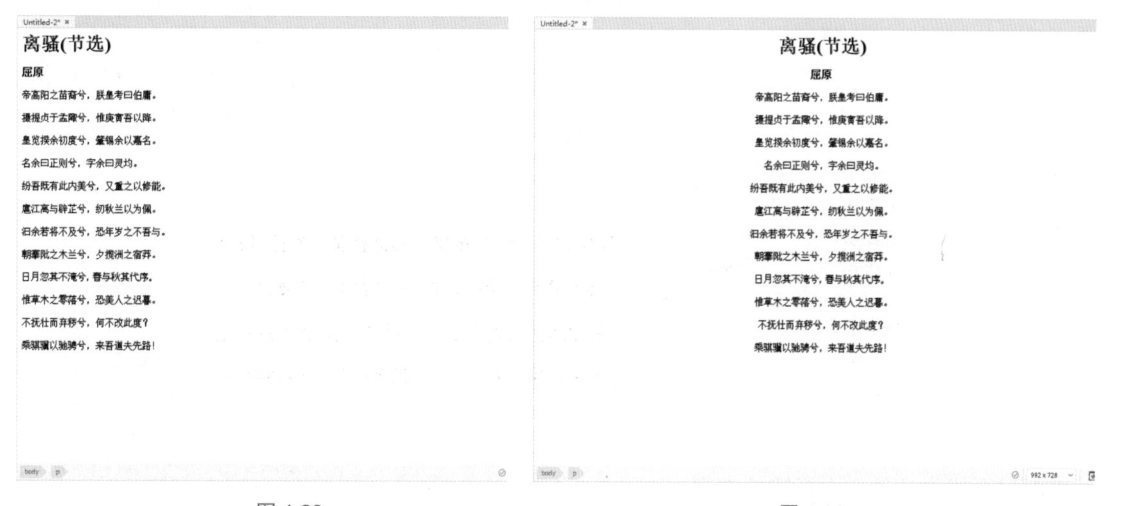

图 4-29　　　　图 4-30

这 4 种对齐方式的作用如下。

◎ “左对齐”：设置段落相对文档窗口左对齐。

◎ “居中对齐”：设置段落相对文档窗口居中对齐。

◎ “右对齐”：设置段落相对文档窗口右对齐。

◎ “两端对齐”：设置段落相对文档窗口两端对齐。

3. 设置段落缩进

缩进是指文档内容相对于文档窗口（或浏览器窗口）左端产生的间距。

移动光标至要设置段落缩进的段落中，执行“编辑”|“文本”|“缩进”命令，即可设置当前段落的缩进，如图 4-31 所示。

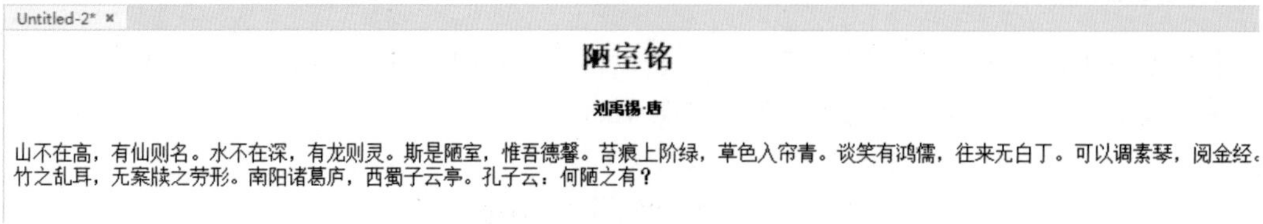

图 4-31

此时，即可实现当前段落的缩进，如图 4-32 所示。

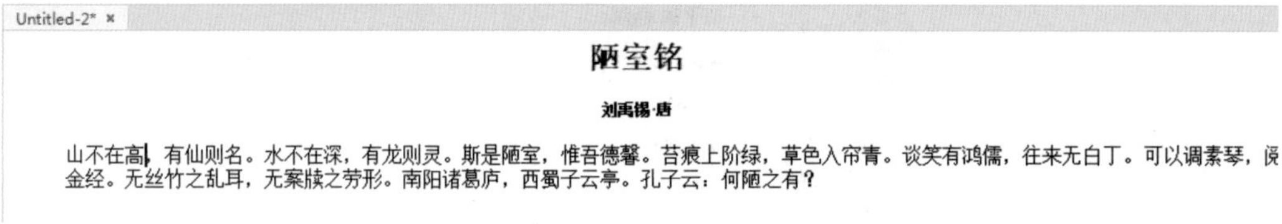

图 4-32

用户也可以单击“属性”面板 HTML 属性检查器中的“内缩区块”按钮 或按 Ctrl+Alt+] 组合键设置缩进。

4.2.4 设置文本样式

文本样式是指文本的外观显示样式，包括文本的粗体、斜体、下划线和删除线等。本小节将针对文本样式的设置进行介绍。

选中文本，执行“编辑”|“文本”命令，在弹出的子菜单中选择合适的命令，即可为选中对象设置样式。如图 4-33 所示为“文本”命令的子菜单。应用样式效果如图 4-34 所示。

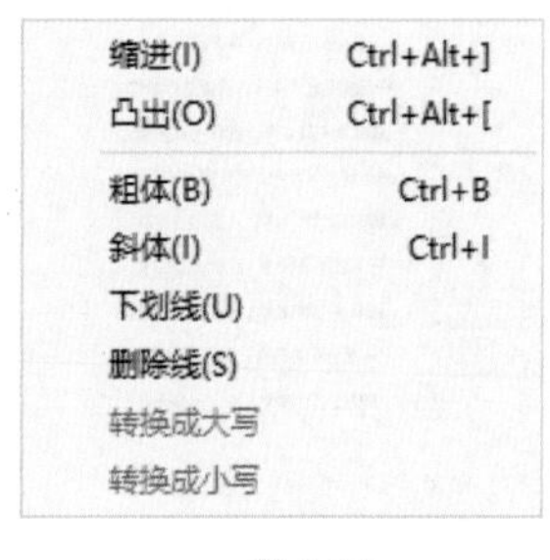

图 4-33

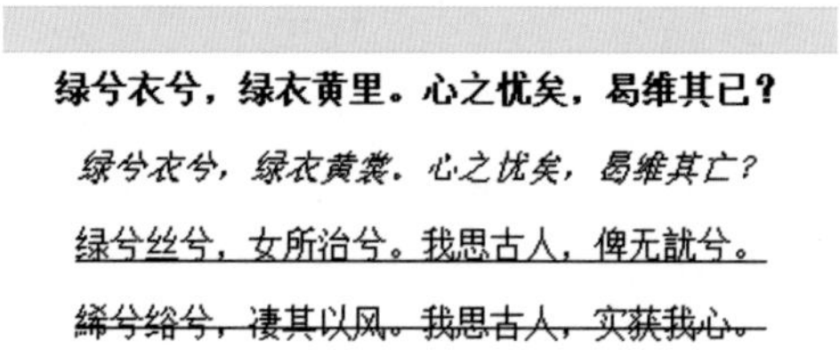

图 4-34

下面将介绍这几种文本样式的作用。

◎ “粗体”：用于设置文本加粗显示。

◎ “斜体”：用于设置文本斜体样式显示。

◎ “下划线”：用于设置文本的下方显示一条下划线。

◎ “删除线”：用于设置在文本的中部显示一条横线，表示文本被删除。

4.2.5　使用段落列表

在文档中使用列表可以令文本结构更加清晰明了。用户可以为现有文本或新文本添加编号列表、项目列表和定义列表。本小节将针对这 3 种列表进行介绍。

1. 项目列表

项目列表常应用于列举类型的文本中。

移动光标到需要设置项目列表的文档中，执行“编辑”｜“列表”｜“项目列表”命令，即可为该段落添加项目列表，如图 4-35 所示。使用相同的方法，设置其他文本的项目列表，如图 4-36 所示。

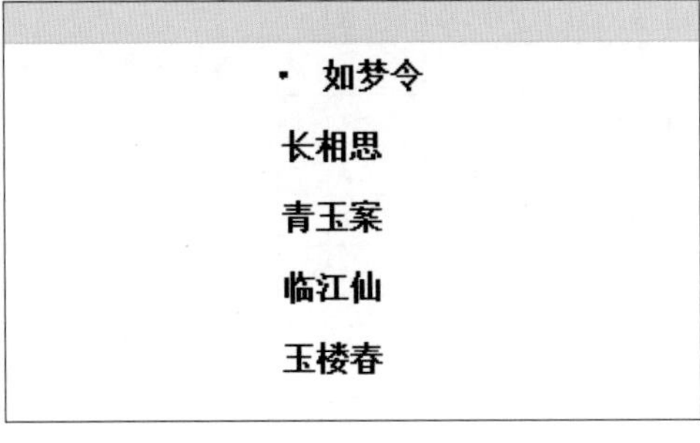

图 4-35

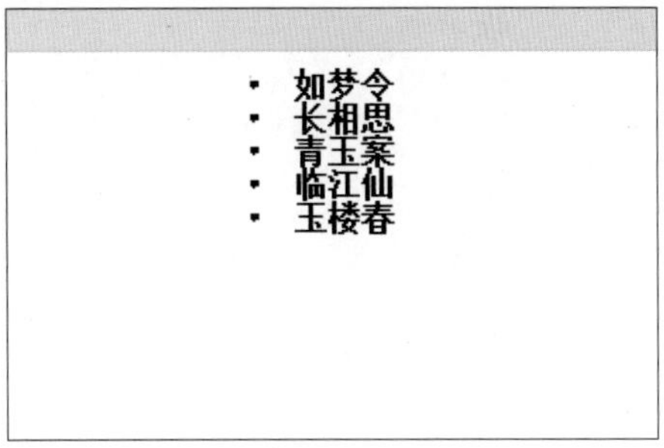

图 4-36

2. 编号列表

编号列表常应用于条款类型的文本中。

移动光标到需要设置编号列表的文档中，执行“编辑”｜“列表”｜“编号列表”命令，即可为该段落添加编号列表，如图 4-37 所示。使用相同的方法，设置其他文本的编号列表，如图 4-38 所示。

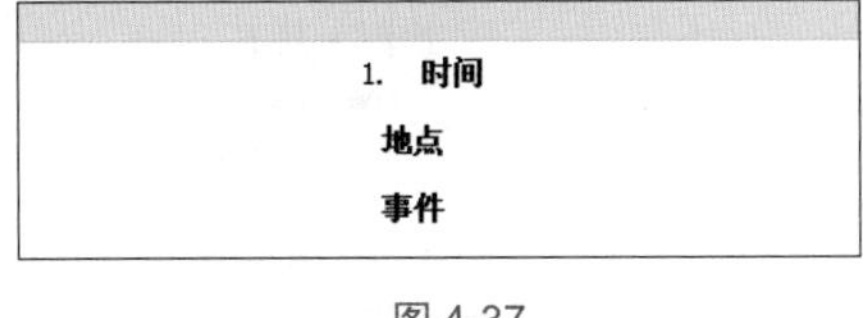

图 4-37

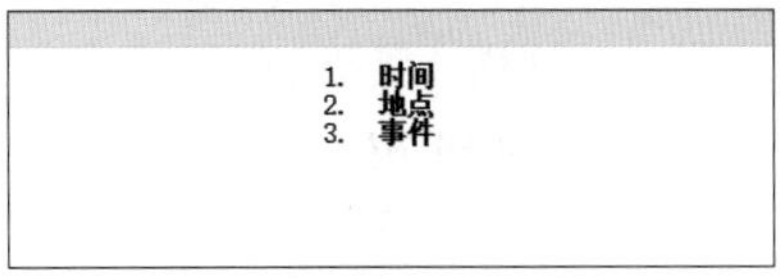

图 4-38

3. 定义列表

定义列表不使用项目符号或数字等前缀符，通常用于词汇表或说明中。

4.3 在网页中插入特殊元素

除了插入文字，在制作网页的过程中，网页设计者还可以根据需要插入特殊符号、水平线等元素。本节将对此进行介绍。

4.3.1　插入特殊符号

除了常规的字母、字符、数字外，在网页中还可以插入特殊的符号，如商标符、版权符等。下面将对其插入方式进行介绍。

移动光标至要插入特殊符号的位置，执行“插入”|“HTML”|“字符”命令，在其子菜单中选择命令即可，如图4-39所示为“字符”命令的子菜单。若选择其中的“其他字符”选项，即可打开“插入其他字符”对话框，如图4-40所示。在“插入其他字符”对话框中，选择需要的字符符号即可。

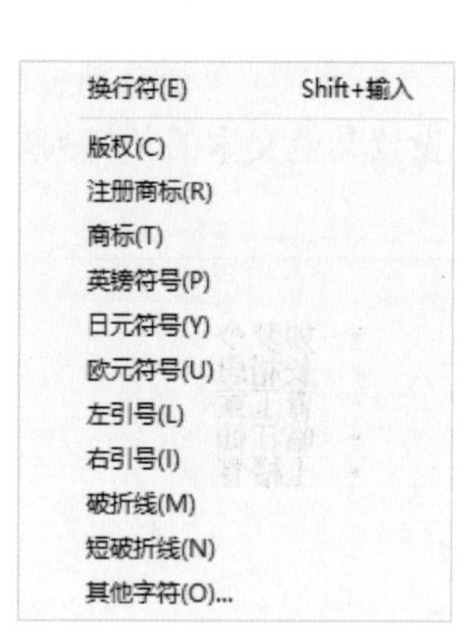

图 4-39

图 4-40

4.3.2 插入水平线

水平线可以帮助浏览者区分文章标题和正文，是网页中常用的元素。在网页中插入水平线的方法非常简单。执行“插入”|HTML|“水平线”命令，即可在网页中插入水平线，如图4-41、图4-42所示。

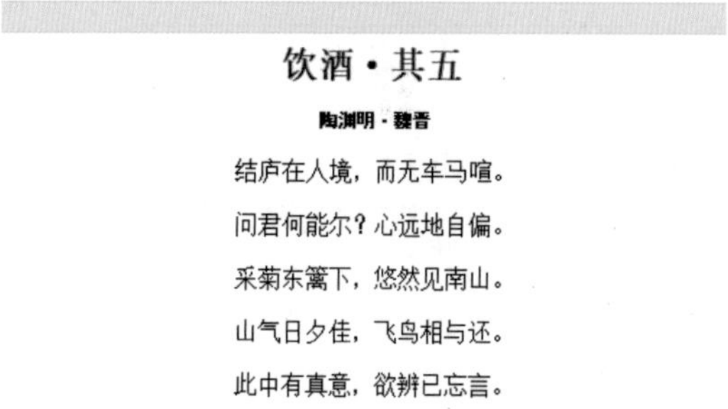

图 4-41

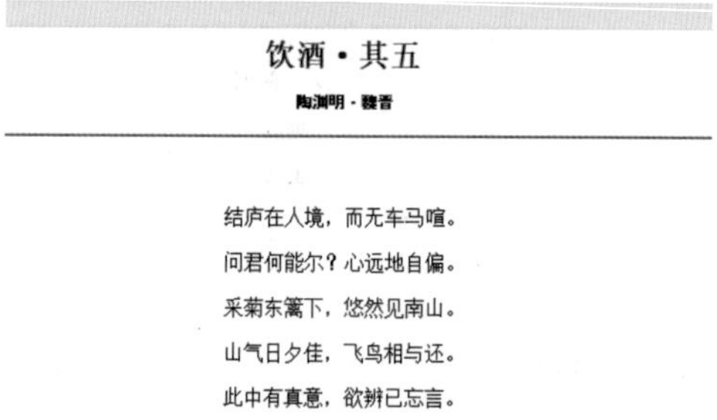

图 4-42

4.4 课堂实战：制作文字标签

本案例将练习设置网页文字格式，涉及的知识点主要包括设置文本格式、设置段落格式、设置文本样式等。

Step01 打开本章素材文件，如图4-43所示。保存文件。

Step02 在表格单元格中输入文字，如图4-44所示。

图 4-43

陋室铭
刘禹锡·唐
山不在高，有仙则名。水不在深，有龙则灵。斯是陋室，
吾德馨。苔痕上阶绿，草色入帘青。谈笑有鸿儒，往来无
丁。可以调素琴，阅金经。无丝竹之乱耳，无案牍之劳形
南阳诸葛庐，西蜀子云亭。孔子云：何陋之有？

图 4-44

Step03 选中文字标题部分，在 <h2></h2> 标签中添加 align=“center”，设置其居中对齐。在 HTML 属性检查器中单击“格式”右侧的下拉按钮，在弹出的列表中选择“标题 2”，效果如图 4-45 所示。

知识点拨

此处完整代码如下：

```
<h2 align=“center”> 陋室铭 </h2>
```

Step04 选中作者名称，在 <p></p> 标签中添加 align=“center”，设置其居中对齐，执行“编辑”|“文本”|“斜体”命令，设置文字样式，效果如图 4-46 所示。

知识点拨

此处完整代码如下：

```
<p align=“center”><em> 刘禹锡·唐 </em></p>
```

陋室铭
刘禹锡·唐
山不在高，有仙则名。水不在深，有龙则灵。斯是陋室，
吾德馨。苔痕上阶绿，草色入帘青。谈笑有鸿儒，往来无
丁。可以调素琴，阅金经。无丝竹之乱耳，无案牍之劳形
南阳诸葛庐，西蜀子云亭。孔子云：何陋之有？

图 4-45

陋室铭
刘禹锡·唐
山不在高，有仙则名。水不在深，有龙则灵。斯是陋室，
吾德馨。苔痕上阶绿，草色入帘青。谈笑有鸿儒，往来无
丁。可以调素琴，阅金经。无丝竹之乱耳，无案牍之劳形
南阳诸葛庐，西蜀子云亭。孔子云：何陋之有？

图 4-46

Step05 移动光标至正文部分，执行“编辑”|“文本”|“缩进”命令，设置段落缩进，效果如图 4-47 所示。

Step06 在正文部分代码中添加 style=“text-indent: 2em”，设置首行缩进 2 字符，如图 4-48 所示。

知识点拨

此处完整代码如下：

```
<p style=“text-indent: 2em”> 山不在高，有仙则名。水不在深，有龙则灵。斯是 <em> 陋室 </em>，惟吾德馨。苔痕上阶绿，草色入帘青。谈笑有鸿儒，往来无白丁。可以调素琴，阅金经。无丝竹之乱耳，无案牍之劳形。南阳诸葛庐，西蜀子云亭。孔子云：何陋之有？</p>
```

图 4-47

图 4-48

Step07 移动光标至“山不在高”段落之前，执行“插入”| HTML |“水平线”命令，插入水平线，如图 4-49 所示。

Step08 保存文件，按 F12 键测试效果，如图 4-50 所示。

图 4-49

图 4-50

至此，完成文字标签的制作。

4.5 课后练习

一、选择题

1．在网页中，可用的中文字体（　　）。

A. 由浏览者的操作系统决定

B. 由服务器操作系统决定

C. 在安装程序中指定

D. 在“编辑”菜单中选择“首选参数”命令进行设置

2．若需要在网页中插入特殊符号，应在 Dreamweaver 软件中的“插入”面板中的哪个组中查找？（　　）

A. 表单　　B. 模板　　C. Bootstrap 组件　　D.HTML

3. 在“属性”面板中，无法直接修改水平线的（　　）属性。

A. 宽高　　B. 阴影　　C. 对齐　　D. 颜色

二、填空题

1. Dreamweaver 中的“属性”面板包括 ______________ 和 ______________ 两部分。

2. 在制作网页时，一般使用 ________ 或 ________ 这两种字体。

3. 网页中常使用 ________ 帮助浏览者区分文章标题和正文。

三、操作题

1. 制作散文网页

（1）本案例将练习制作散文网页，涉及的知识点包括文字的输入、文字格式的设置、段落格式的设置、水平线的插入等。制作完成后的效果如图 4-51 所示。

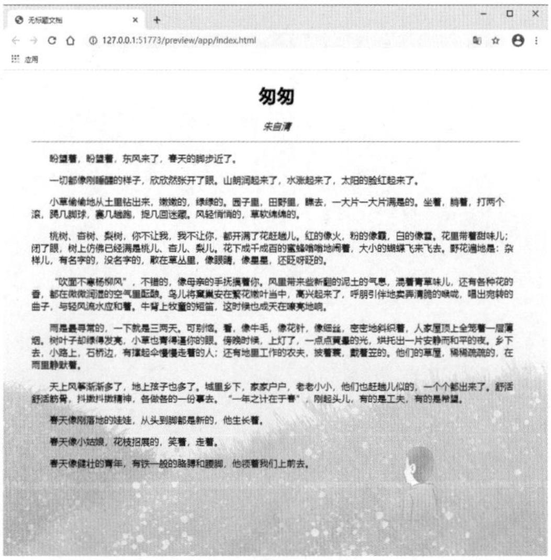

图 4-51

（2）操作思路。

Step01 新建网页文档，设置页面背景；

Step02 输入文字，插入水平线；

Step03 设置文字格式与段落格式，调整代码；

Step04 保存文件，测试效果。

2. 制作网页信息栏

（1）本案例将练习制作网页信息栏，涉及的知识点包括文本的输入、列表的应用等。制作完成前后效果如图 4-52、图 4-53 所示。

图 4-52

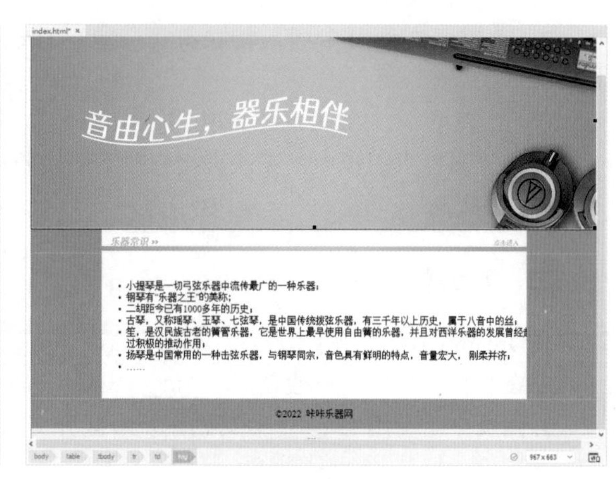

图 4-53

（2）操作思路。

Step01 打开本章素材文件，在空白部位输入文字；

Step02 选中输入文字，设置列表。

图像元素的应用

内容导读

图像在网页中有着不可替代的作用，通过使用图像，可以使网页更加生动美观，从而提高浏览量。本章将针对图像在网页中的应用进行介绍。通过本章的学习，可以帮助读者了解图像的相关知识，掌握插入图像、编辑图像的方法与技巧。

学习目标

- 了解图像常见格式
- 学会设置图像
- 学会设置网页背景
- 学会编辑图像

5.1 在网页中插入图像

图像是网页中非常重要的元素之一，通过使用图像，可以增加网页的美感，使其更具吸引力。本节将针对在网页中的图像进行介绍。

5.1.1 网页中图像的常见格式

网页中常用的图像格式有 GIF、JPEG 和 PNG 这 3 种。大部分浏览器支持显示 GIF 和 JPEG 文件格式。而 PNG 文件虽然具有较大的灵活性且文件较小，但是 Microsoft Internet Explorer 和 Netscape Navigator 只能部分支持 PNG 图像的显示。

（1）GIF 格式。

GIF 是英文 Graphics Interchange Format 的缩写，即图像交换格式。GIF 文件最高支持 256 种颜色，比较适用于色彩较少的图片，例如导航条、按钮、图标、徽标或其他具有统一色彩和色调的图像等。

GIF 格式最大的优点就是制作动态图像，它可以将数张静态文件串联起来，创建动态效果；GIF 格式的另一优点是可以将图像以交错的方式在网页中呈现，即当图像尚未下载完成时，浏览器会先以马赛克的形式将图像慢慢显示，让浏览者可以大略看出下载图像的雏形。

（2）JPEG 格式。

JPEG 即 Joint Photographic Experts Group 的缩写，是用于连续色调静态图像压缩的一种标准，是最常用的图像文件格式。JPEG 格式的图像支持 24 位真彩色，可以用有损压缩的方式减少图像文件大小，但能保留较好的色彩信息，适用于互联网。

（3）PNG 格式。

PNG 是 Portable Network Graphic 的缩写，即便携式网络图形。该文件格式采用无损压缩，体积小，并且支持索引色、灰度、真彩色图像以及 Alpha 透明通道等。PNG 文件可保留所有原始层、矢量、颜色和效果信息，并且在任何时候所有元素都是可以完全编辑的。文件必须具有 .png 文件扩展名才能被 Dreamweaver 识别为 PNG 文件。

5.1.2 插入图像

用户可以使用“插入”命令添加图像，改善网页视觉效果，吸引用户目光。

新建网页文档，执行“插入” | Image 命令，或按 Ctrl+Alt+I 组合键，打开“选择图像源文件”对话框，如图 5-1 所示。在该对话框中选择要插入的图像，单击“确定”按钮即可在网页中插入图像，如图 5-2 所示。

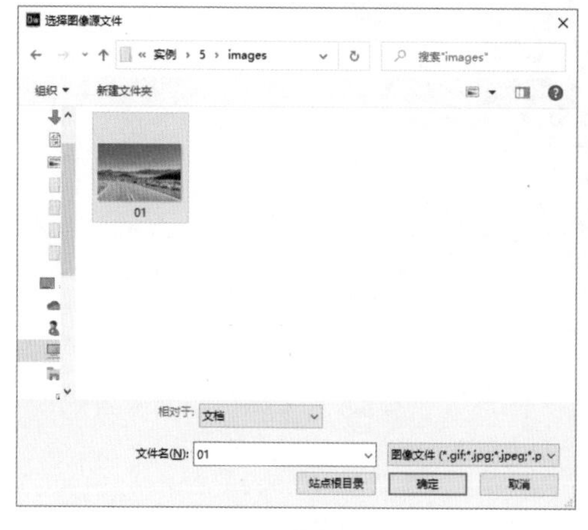

图 5-1

图 5-2

5.1.3 图像的属性设置

在“属性”面板中可以设置插入图像的属性。执行“窗口” | “属性”命令，或按 Ctrl+F3 组合键，打开“属性”面板。选中要设置的图像，即可在“属性”面板中设置其参数，如图 5-3 所示。

图 5-3

该面板中的选项作用如下。

（1）宽 / 高。

Dreamweaver 软件中，图像的宽度和高度单位为像素。插入图像时，Dreamweaver 会自动根据图像的原始尺寸更新“属性”面板中的“宽”和“高”的尺寸。如需恢复原始值，可以单击“宽”和“高”文本框标签，或单击“宽”和“高”文本框右侧的“重置为原始大小”按钮⊘。

若设置的“宽”和“高”值与图像的实际宽度和高度不相符，则该图像在浏览器中可能不会正确显示。

（2）图像源文件 Src。

用于指定图像的源文件。单击该选项后的“浏览文件”按钮🗁将打开“选择图像源文件”对话框，可以重新选择文件。

（3）链接。

用于指定图像的超链接。单击该选项后的“浏览文件”按钮🗁将打开“选择文件”对话框，如图 5-4

所示。选择对象后单击“确定”按钮，即可建立超链接。按 F12 键测试后，单击原图像将跳转至链接对象，如图 5-5 所示。

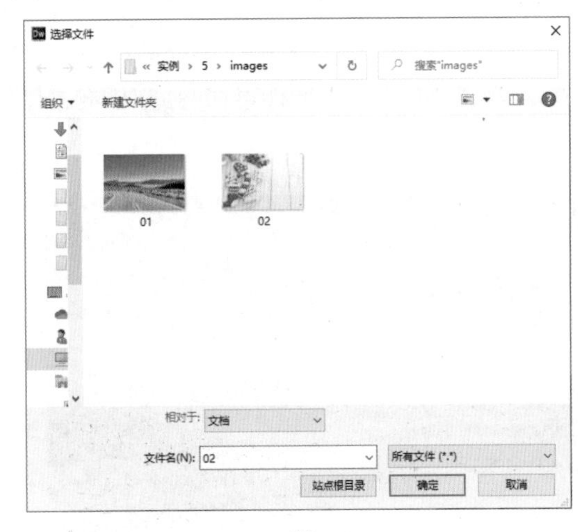

图 5-4

图 5-5

（4）替换。

指定在只显示文本的浏览器或已设置为手动下载图像的浏览器中代替图像显示的替代文本。如果用户的浏览器不能正常显示图像，替换文字代替图像给用户以提示。对于使用语音合成器（用于只显示文本的浏览器）的有视觉障碍的用户，将大声读出该文本。在某些浏览器中，当鼠标指针滑过图像时也会显示该文本。

（5）地图名称和热点工具。

允许标注和创建客户端图像地图。

（6）目标。

指定链接的页应加载到的框架或窗口（当图像没有链接到其他文件时，此选项不可用）。当前框架集中所有框架的名称都显示在“目标”列表中，也可选用下列保留目标名。

- ◎ _blank：将链接的文件加载到一个未命名的新浏览器窗口中。
- ◎ _parent：将链接的文件加载到含有该链接的框架的父框架集或父窗口中。如果包含链接的框架不是嵌套的，则链接文件加载到整个浏览器窗口中。
- ◎ _self：将链接的文件加载到该链接所在的同一框架或窗口中。此目标是默认的，所以通常不需要指定它。
- ◎ _top：将链接的文件加载到整个浏览器窗口中，因而会删除所有框架。

（7）编辑。

启动在“外部编辑器”首选参数中指定的图像编辑器并打开选定的图像。

（8）从原始更新。

若 Web 图像（即 Dreamweaver 页面上的图像）与原始 Photoshop 文件不同步，则表明 Dreamweaver 检测到原始文件已经更新，并以红色显示智能对象图标的一个箭头。当在设计视图中选择该 Web 图像并在“属性”面板中单击“从原始更新”按钮时，该图像将自动更新，以反映用户对原始 Photoshop 文件所做的任何更改。

（9）编辑图像设置。

打开“图像优化”对话框并优化图像。

（10）裁剪。

裁切图像的大小，从所选图像中删除不需要的区域。

（11）重新取样。

对已调整大小的图像进行重新取样，提高图片在新的大小和形状下的品质。

（12）亮度和对比度。

调整图像的亮度和对比度设置。

（13）锐化。

调整图像的锐度。

5.1.4 图像的对齐方式

用户可以设置插入图像的对齐方式，以使页面整齐。可以设置图像与同一行中的文本、图像、插件或其他元素对齐，也可以设置图像的水平对齐方式。

选中图像，右击鼠标，在弹出的快捷菜单中选择“对齐”命令，即可选择其子命令设置对齐，如图5-6所示。

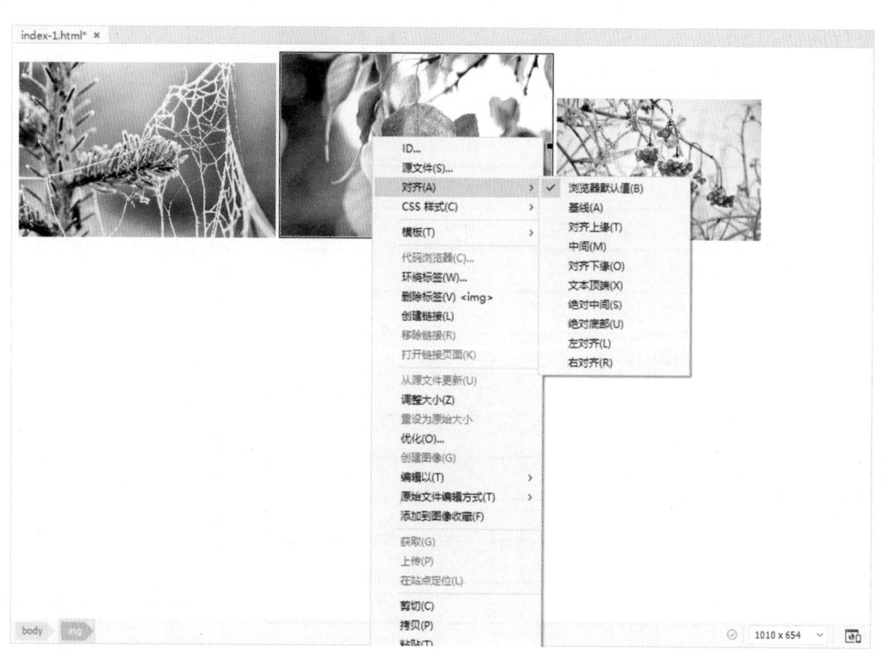

图 5-6

Dreamweaver 中包括 10 种图像和文字的对齐方式，下面将分别对其进行介绍。

◎ 浏览器默认值：设置图像与文本的默认对齐方式。

◎ 基线：将文本的基线与选定对象的底部对齐，其效果与默认值基本相同。

◎ 对齐上缘：将页面第 1 行中的文字与图像的上边缘对齐，其他行不变。

◎ 中间：将第 1 行中的文字与图像的中间位置对齐，其他行不变。

◎ 对齐下缘：将文本（或同一段落中的其他元素）的基线与选定对象的底部对齐，与默认值的效果类似。

◎ 文本顶端：将图像的顶端与文本行中最高字符的顶端对齐，与顶端的效果类似。

◎ 绝对中间：将图像的中部与当前行中文本的中部对齐，与居中的效果类似。

◎ 绝对底部：将图像的底部与文本行的底部对齐，与底部的效果类似。

◎ 左对齐：图片将基于全部文本的左边对齐，如果文本内容的行数超过了图片的高度，则超出的内容再次基于页面的左边对齐。

◎ 右对齐：与“左对齐”相对应，图片将基于全部文本的右边对齐。

5.1.5 运用 HTML 代码设置图像属性

除了使用“插入”命令外，用户还可以使用 HTML 标签 <img> 在网页上插入图片。通过设置标签属性可以控制图片的路径、尺寸和替换文字等。默认情况下，页面中图像的显示大小就是图片默认的宽度和高度，width 和 height 属性分别用于自定义图片的宽度和高度。src 属性用来指定图像源文件所在的路径，它是图像必不可少的属性。如下所示为设置图像宽 550 像素和高 333 像素的代码示例：

```
<img src="images/06.jpg" width="500" height="333" >
```

若想通过 HTML 代码设置图像属性，可以打开网页文档，选择需要修改的图像，然后进入代码视图状态修改代码即可。

<img> 标签的相关属性如表 5-1 所示。

表 5-1

属　性	描　述
src	规定显示图像的 URL
alt	规定图像的替代文字
width	规定图像的宽度
height	规定图像的高度
border	边框
vspace	规定垂直间距
hspace	规定水平间距
align	规定对齐方式
lowsrc	设定低分辨率图片
usemap	映像地图

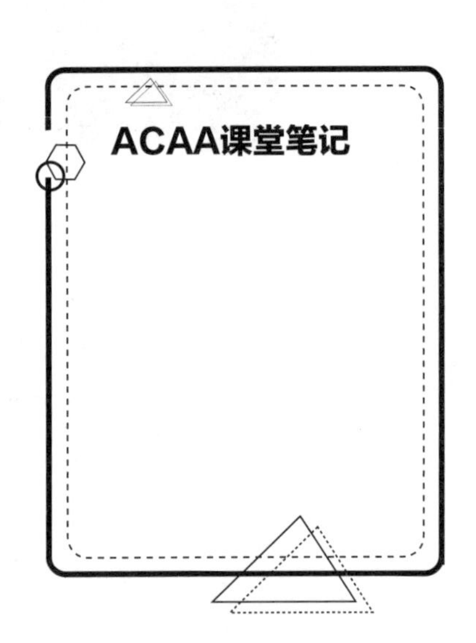

实例：为文档添加图像

本案例将练习在文档中添加图像素材，并对其进行编辑，涉及的知识点主要包括图像的插入、图像编辑、代码设置等。

Step01 执行“文件”｜“打开”命令，打开本章素材文件，如图 5-7 所示。

Step02 移动光标至合适位置，执行“插入”｜Image 命令，打开“选择图像源文件”对话框，如图 5-8 所示。

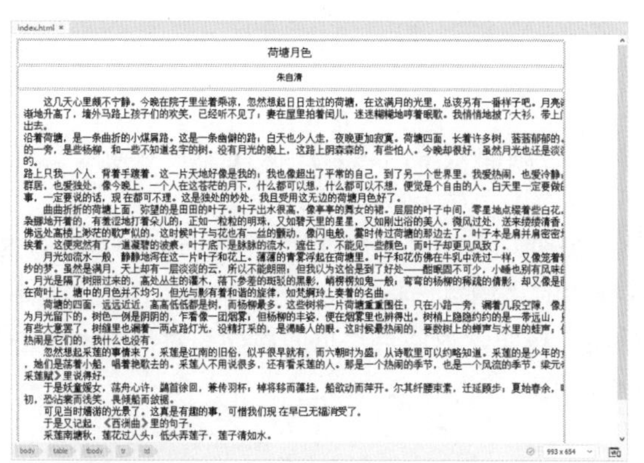

图 5-7

图 5-8

Step03 在该对话框中选择要插入的图像，单击“确定”按钮在网页中插入图像，如图 5-9 所示。

Step04 选中插入的图像，在“属性”面板中设置“宽”为 600，效果如图 5-10 所示。

图 5-9

图 5-10

Step05 选中图像，右击鼠标，在弹出的快捷菜单中选择“对齐” | “右对齐”命令，调整图像对齐方式，效果如图 5-11 所示。

Step06 保存文件，按 F12 键预览效果，如图 5-12 所示。

图 5-11

图 5-12

至此，完成添加图像的操作。

5.1.6 设置网页背景图像

除了插入图像外，用户还可以添加背景图像，丰富画面效果。背景图像既不影响输入文本，也不影响插入普通图像。

打开网页文档，单击“属性”面板中的“页面属性”按钮，打开“页面属性”对话框，选择“外观（CSS）”选项卡，如图 5-13 所示。单击“背景图像”文本框后的“浏览”按钮，打开“选择图像源文件”对话框，在该对话框中选择要打开的图像，单击“确定”按钮，返回至“页面属性”对话框，单击“确定”按钮即可。如图 5-14 所示为添加背景图像后的效果。

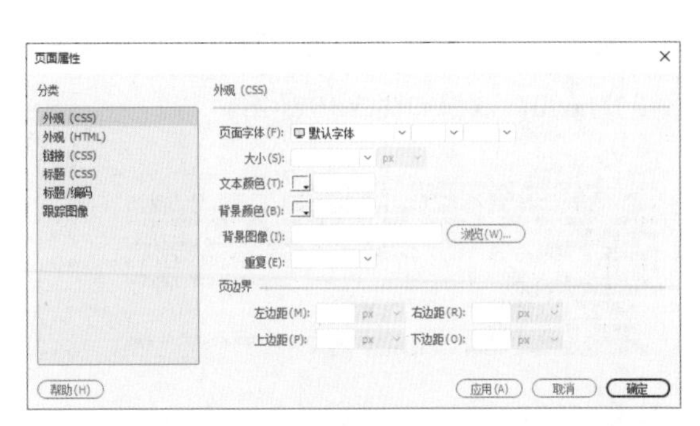

图 5-13

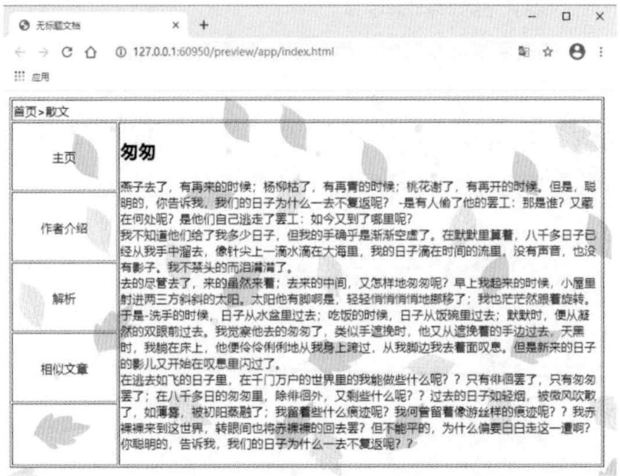

图 5-14

“页面属性”对话框中部分常用参数作用如下。

◎ 背景颜色：设置页面的背景颜色。

◎ 背景图像：设置页面的背景图像。单击“浏览”按钮，在弹出的对话框中选择图像，也可以直接输入图像路径。

◎ 重复：设置背景图像在水平或垂直方向是否重复。包括 no-repeat（图像不重复）、repeat（重复）、repeat-x（横向重复）和 repeat-y（纵向重复）。

实例：添加网页背景

本案例将练习为网页添加背景效果，涉及的知识点包括“页面属性”对话框的设置、背景图像的添加等。

Step01 打开本章素材文件，如图 5-15 所示。

Step02 单击“属性”面板中的“页面属性”按钮，打开“页面属性”对话框，选择“外观（CSS）”选项卡，如图 5-16 所示。

Step03 在该对话框中设置文本颜色为白色，单击“背景图像”文本框右侧的“浏览”按钮，打开“选择图像源文件”对话框，选中要打开的素材图像，如图 5-17 所示。单击“确定”按钮，返回“页面属性”对话框。

Step04 设置“重复”为 repeat-x，如图 5-18 所示。

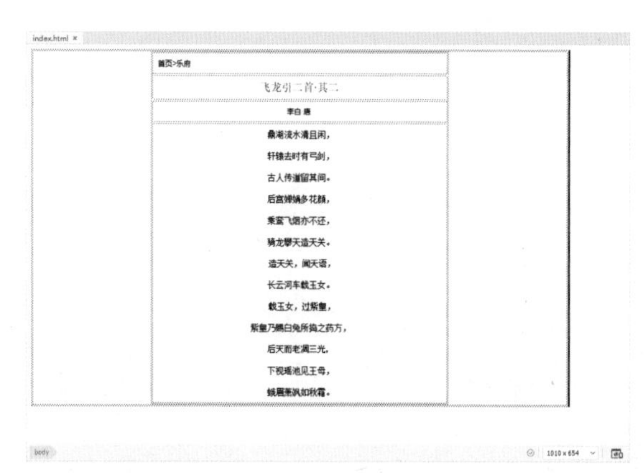

图 5-15

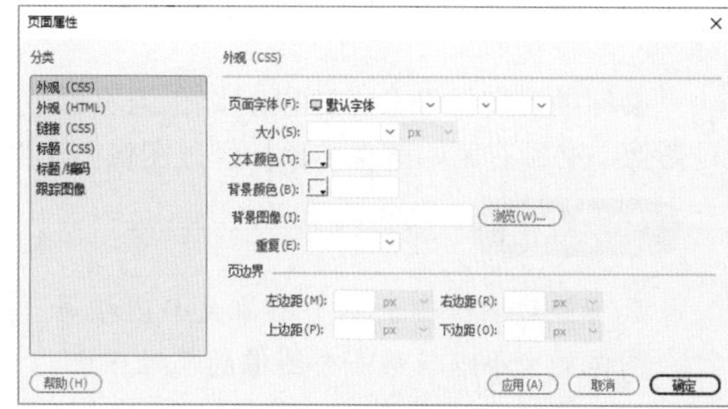

图 5-16

图 5-17

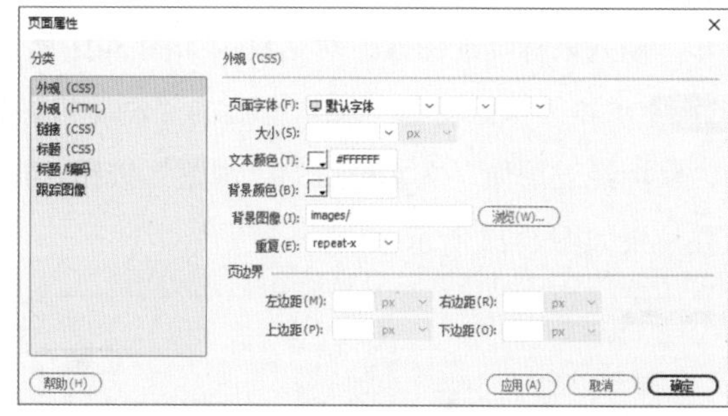

图 5-18

Step05 设置完成后单击“应用”按钮和“确定”按钮，效果如图 5-19 所示。

Step06 保存文件，按 F12 键在浏览器中预览效果，如图 5-20 所示。

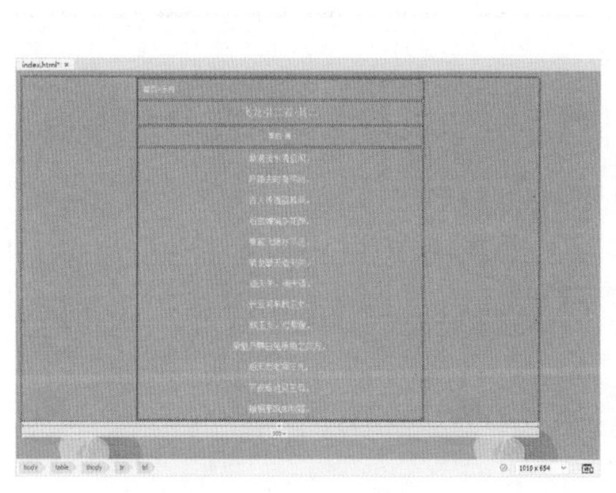

图 5-19

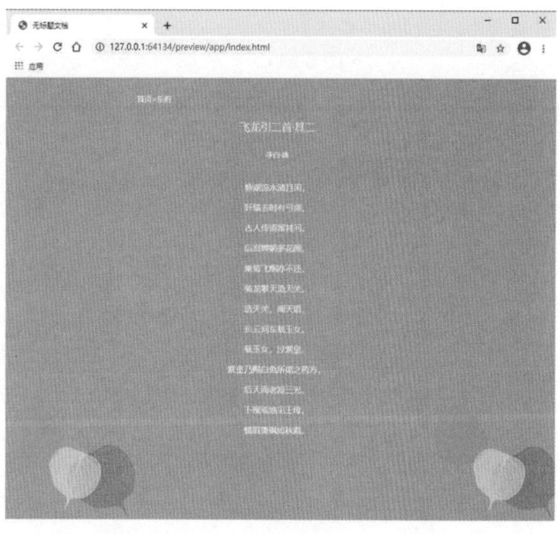

图 5-20

至此，完成网页背景的添加。

5.1.7 鼠标经过图像

“鼠标经过图像”命令可以制作在浏览器中查看并使用鼠标经过时发生变化的图像。创建鼠标经过图像，必须有原始图像和鼠标经过图像两个图像。

知识点拨

鼠标经过图像中的两个图像大小应相等。若这两个图像大小不同，Dreamweaver 将调整第二个图像的大小以与第一个图像的属性匹配。

实例 制作鼠标经过图像效果

本案例将练习制作鼠标经过图像的效果，涉及的知识点主要包括“鼠标经过图像”命令的应用。通过本实例，可以帮助读者更好地理解这一命令。

Step01 新建网页文档，定位鼠标至要插入图像的位置，执行“插入”| HTML |“鼠标经过图像”命令，打开“插入鼠标经过图像”对话框，如图 5-21 所示。

Step02 单击“原始图像”文本框后的“浏览”按钮，打开“原始图像”对话框，选择原始图像；单击“鼠标经过图像”文本框后的“浏览”按钮，打开“鼠标经过图像”对话框，选择鼠标经过图像，设置效果如图 5-22 所示。

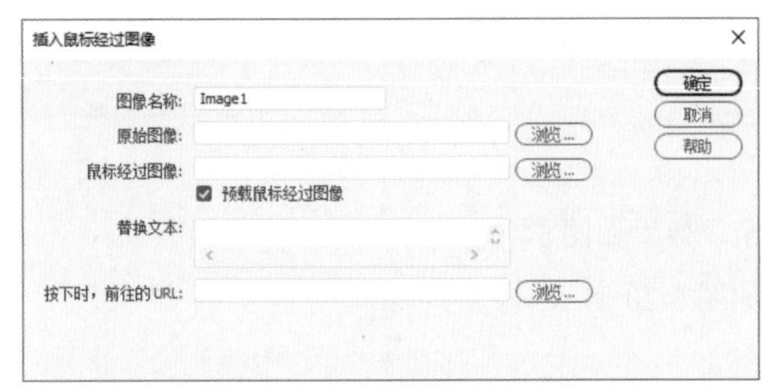

图 5-21

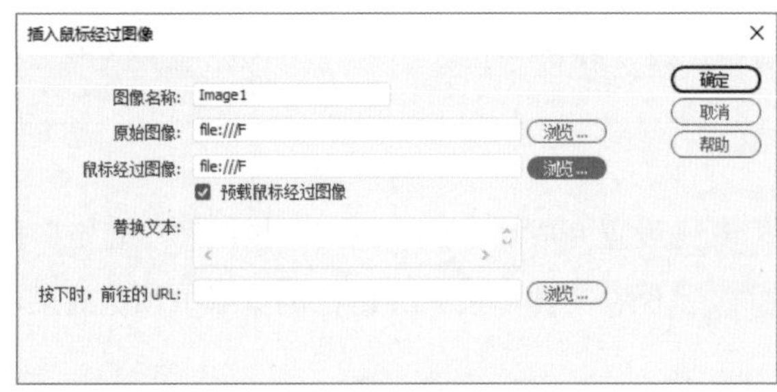

图 5-22

Step03 单击“确定”按钮即可，保存文件，按 F12 键预览效果，鼠标经过前后效果如图 5-23、图 5-24 所示。

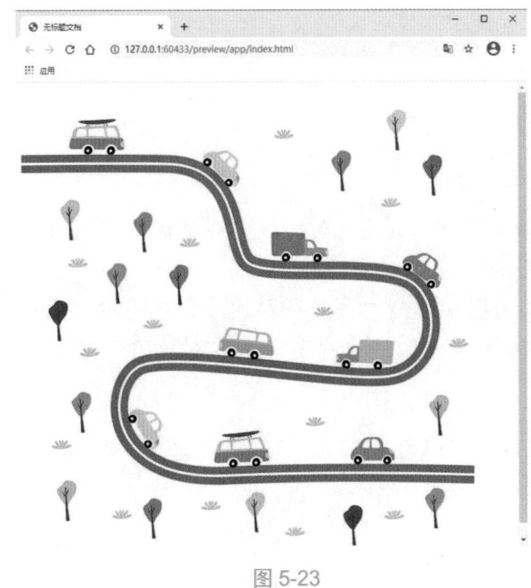

图 5-23

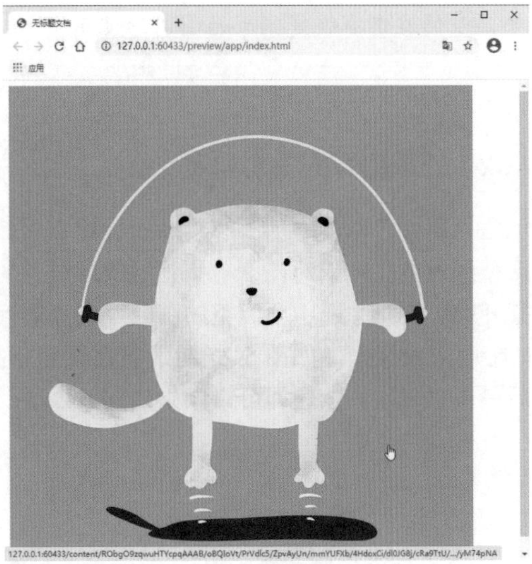

图 5-24

至此，完成鼠标经过图像效果的制作。

5.2 编辑图像

用户可以使用“属性”面板中的工具重新取样、裁剪、优化和锐化图像，还可以调整图像的亮度和对比度。

5.2.1 裁剪图像

裁剪图像可以减小图像区域，删除不需要的部分，也可以强调图像主题，使其与网页整体契合，达到需要的效果。

打开网页文档，选中要裁剪的图像，在“属性”面板中单击“裁剪”按钮，移动光标至图像上，选择适合的大小，如图 5-25 所示。双击即可裁剪图像，如图 5-26 所示。

图 5-25

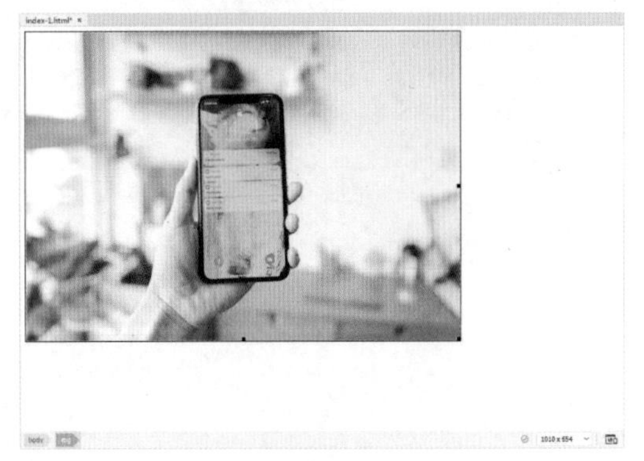

图 5-26

知识点拨

使用 Dreamweaver 裁剪图像时，会一并更改磁盘上的源图像文件大小，因此需要备份图像文件，以便在需要恢复到原始图像时使用。

5.2.2 调整图像的亮度和对比度

单击“属性”面板中的“亮度和对比度”按钮◑，打开“亮度 / 对比度”对话框，在该对话框中可以调整图像的亮度或对比度，修正过暗或过亮的图像。

打开网页文档并选中要调整的图像，在“属性”面板中单击“亮度和对比度”按钮◑，打开“亮度 / 对比度”对话框，如图 5-27 所示。在该对话框中设置图像的“亮度”和“对比度”参数，设置完成后单击“确定”按钮即可，效果如图 5-28 所示。

图 5-27

图 5-28

5.2.3 锐化图像

锐化功能可以通过增加对象边缘像素的对比度而增加图像的清晰度或锐度。

打开网页文档并选中要调整的图像，在“属性”面板中单击“锐化”按钮▲，打开“锐化”对话框，如图 5-29 所示。在该对话框中调整“锐化”参数，设置完成后单击“确定”按钮即可，效果如图 5-30 所示。

图 5-29

图 5-30

课堂实战：制作鼠标经过图像效果

本案例将练习添加图像并设置鼠标经过图像效果，涉及的知识点主要包括图像的设置及鼠标经过图像效果的制作等。

Step01 打开本章素材文件，如图 5-31 所示。

Step02 移动光标至合适位置，执行“插入”｜HTML｜“鼠标经过图像”命令，打开“插入鼠标经过图像”对话框，如图 5-32 所示。

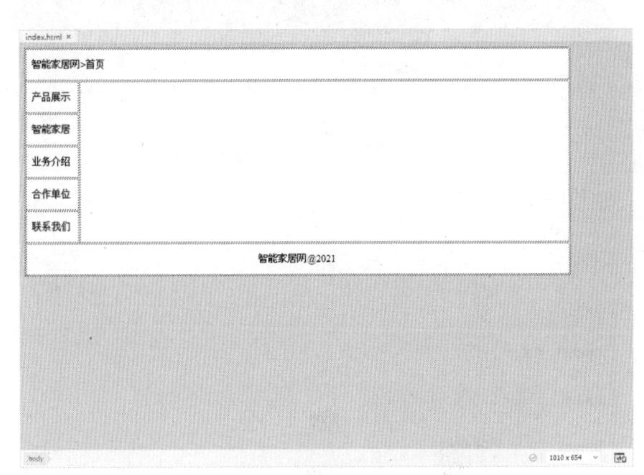

图 5-31

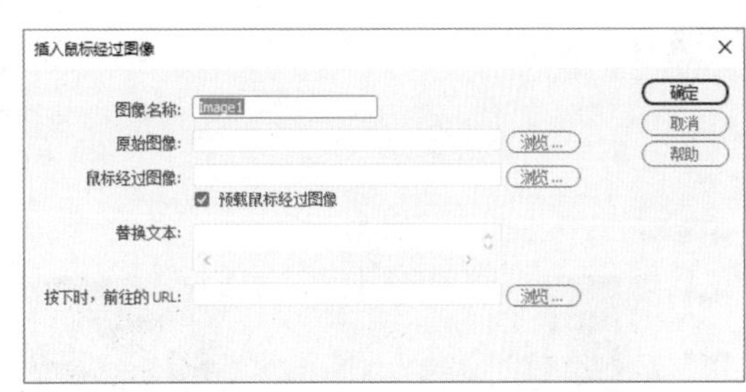

图 5-32

Step03 单击“原始图像”文本框后的“浏览”按钮，打开“原始图像：”对话框，选择原始图像，如图 5-33 所示。

Step04 单击“鼠标经过图像”文本框后的“浏览”按钮，打开“鼠标经过图像：”对话框，选择鼠标经过图像，如图 5-34 所示。

图 5-33

图 5-34

Step05 返回至“插入鼠标经过图像”对话框，在“替换文本”文本框中输入文字，如图 5-35 所示。

Step06 单击“确定”按钮，即可插入鼠标经过图像，如图 5-36 所示。

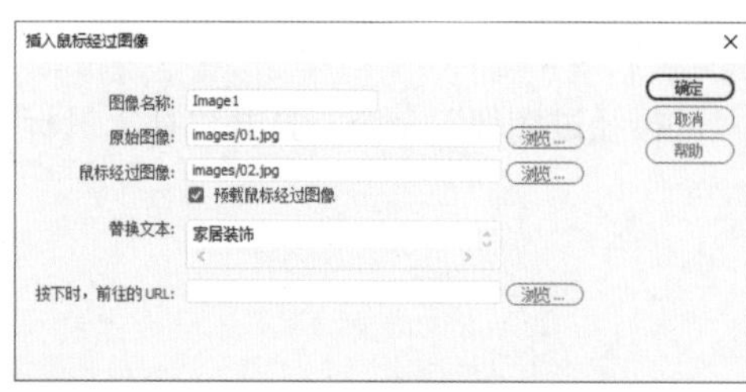

图 5-35

图 5-36

Step07 保存文件，按 F12 键在浏览器中预览效果，如图 5-37、图 5-38 所示。

图 5-37

图 5-38

至此，完成鼠标经过图像效果的制作。

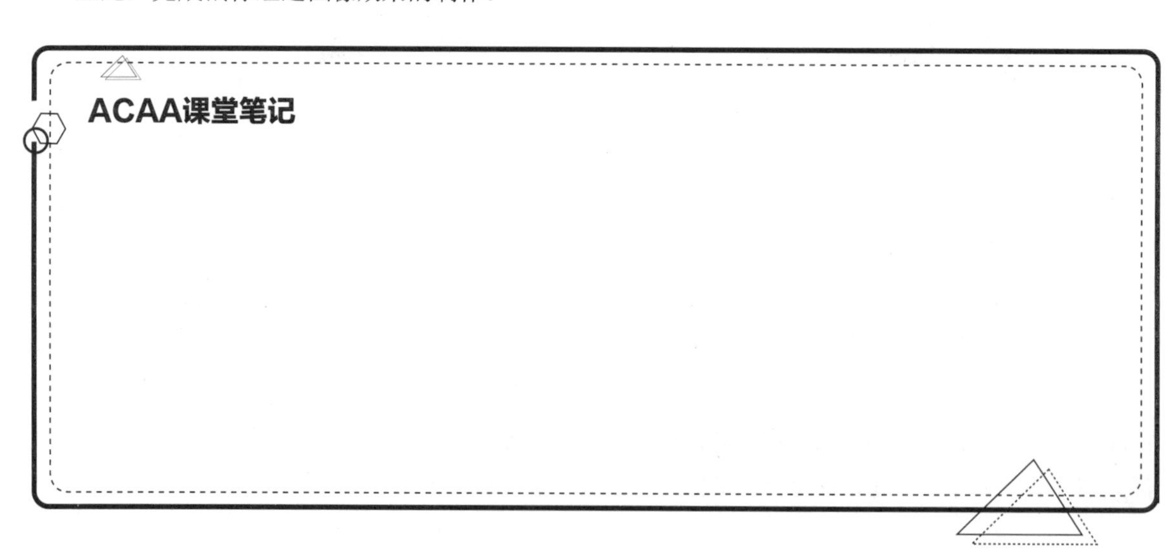

5.4 课后练习

一、选择题

1. 插入图像的快捷键是（　　）。

A. Ctrl+Alt+B　　B. Ctrl+Alt+I　　C. Ctrl+Shift+I　　D. Ctrl+I

2. （　　）文件格式采用无损压缩，体积小，并且支持索引色、灰度、真彩色图像以及 Alpha 透明通道等。

A. PNG　　B. JPEG　　C. GIF　　D. TIFF

3. 通过 HTML 标签（　　）也可以在网页上插入图片。

A. <table>　　B. <jpg>　　C. <png>　　D. <img>

二、填空题

1. 创建鼠标经过图像必须有 ___________ 和 ___________ 两个图像。
2. _______ 将链接的文件加载到该链接所在的同一框架或窗口中。
3. _______ 是用于连续色调静态图像压缩的一种标准，是最常用的图像文件格式。
4. 网页中常用的图像格式有 _______、_______ 和 _______ 这 3 种。

三、操作题

1. 调整主页效果

（1）本案例将练习调整主页效果。涉及的知识点包括调整图像亮度和对比度等，制作完成后效果如图 5-39、图 5-40 所示。

图 5-39

图 5-40

（2）操作思路。

Step01 打开本章素材文件，调整图像亮度 / 对比度效果；

Step02 调整锐化效果；

Step03 保存文件，测试效果。

2. 制作图像网页

（1）本案例将练习制作图像网页。涉及的知识点包括表格的应用、图像的插入等，制作完成后效果如图 5-41 所示。

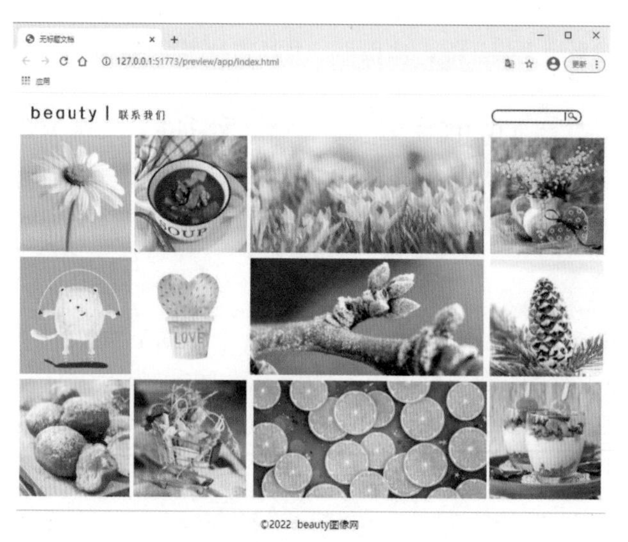

图 5-41

（2）操作思路。

Step01 新建网页文档，插入表格；

Step02 插入图像素材，并设置尺寸；

Step03 保存文档，测试效果。

第6章 超链接的应用

内容导读

超链接即网页与其他网页或站点之间链接，可以唯一指向另一个Web信息页面。本章将针对超链接的相关知识进行介绍，包括超级链接的概念、管理、应用等。通过对这些内容的学习，可以深入了解网页的设计知识，对网页的应用有更全面的认识。

学习目标

» 了解超链接概念

» 学会管理超链接

» 学会应用超链接

6.1 超级链接的概念

超链接是网页中非常重要的元素之一，是网站的灵魂。通过超链接，可以链接网页，在网页和网页之间创建关联。超链接广泛地存在于网页中，本节将针对超链接的相关知识进行介绍。

6.1.1 相对路径

相对路径包括文档相对路径和站点根目录相对路径两种。

文档相对路径对于有多个站点的本地链接来说，是最合适的路径。在当前文档与所链接的文档处于同一文件夹内时，且可能保持这种状态的情况下，文档相对路径特别有用。文档相对路径还可用来链接到其他文件夹中的文档，其方法是利用文件夹层次结构，指定从当前文档到所链接的文档的路径。文档相对路径的基本思想是省略掉对于当前文档和所链接的文档都相同的绝对路径部分，而只提供不同的路径部分。

站点根目录相对路径指从站点的根文件夹到文档的路径，一般只在处理使用多个服务器的大型 Web 站点或在使用承载多个站点的服务器时使用这种路径。移动包含站点根目录相对链接的文档时，不需要更改这些链接，因为链接是相对于站点根目录的，而不是文档本身。但是，如果移动或重命名由站点根目录相对路径所指向的文档，则即使文档之间的相对路径没有改变，也必须更新这些链接。

6.1.2 绝对路径

绝对路径是指包括服务器规范在内的完全路径，通常使用 http:// 来表示。与相对路径相比，采用绝对路径的优点在于它同链接的源端点无关。只要网站的地址不变，无论文档在站点中如何移动，都可以正常实现跳转。

采用绝对路径的缺点在于这种方式的链接不利于测试。如果在站点中使用绝对地址，要想测试链接是否有效，必须在 Internet 服务器端对链接进行测试。

6.2 管理网页超链接

添加超链接后，通过管理超链接，可以相应地管理网页。本节将针对自动更新链接及检查站点中的链接错误等知识进行介绍。

6.2.1 自动更新链接

当本地站点中的文档发生移动或重命名后， Dreamweaver 可更新来自和指向该文档的链接，直到将本地文件放在远程服务器上或将其存回远程服务器后才更改远程文件夹中的文件。因此该功能适用于将整个站点（或其中完全独立的一个部分）存储在本地磁盘上的情况。

为了加快更新过程，Dreamweaver 可创建一个缓存文件，用以存储有关本地文件夹中所有链接的信息。在添加、更改或删除指向本地站点上的文件的链接时，该缓存文件以不可见的方式进行更新。

执行“编辑” | “首选项”命令，打开“首选项”对话框。选择“常规”选项卡，在“文档选项”选项组“移动文件时更新链接”下拉列表中可以选择“总是”“提示”或“从不”，如图 6-1 所示。

这 3 种选项的作用如下。

◎ 总是：选择该选项，当移动或重命名选定的文档时，Dreamweaver 将自动更新起自和指向该文档的所有链接。

◎ 提示：选择该选项，在移动文档时，Dreamweaver 将显示一个对话框提示是否进行更新，在该对话框中列出了此更改影响到的所有文件。单击“更新”按钮将更新这些文件中的链接。

◎ 从不：选择该选项，在移动或重命名选定文档时，Dreamweaver 不自动更新起自和指向该文档的所有连接。

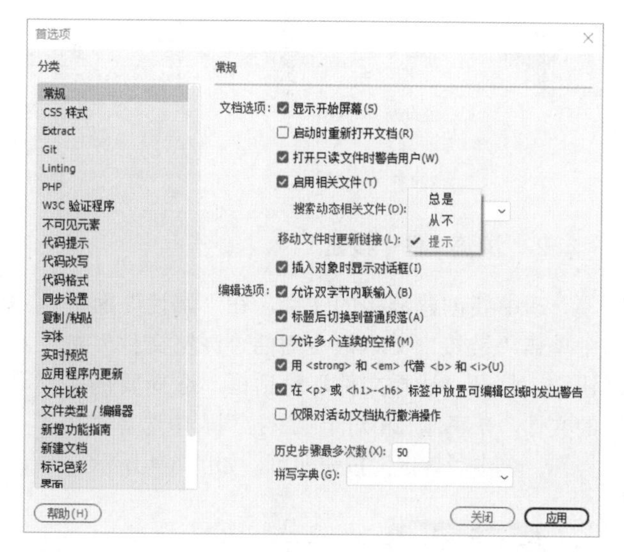

图 6-1

6.2.2 检查站点中的链接错误

在发布网页前需要对网站中成千上万个超链接进行测试。若对每个链接都进行手工测试，会浪费很多时间，Dreamweaver 中的“链接检查器”面板就提供了对整个站点的链接进行快速检查的功能。通过这一功能，可以找出断掉的链接、错误的代码和未使用的孤立文件等，以便进行纠正和处理。

打开网页文档，执行“站点”|“站点选项”|“检查站点范围的链接”命令，打开“链接检查器”面板，如图 6-2 所示。

以孤立的文件为例，用户可以在“链接检查器”面板中设置显示“孤立的文件”，即没有在网页中使用但存放在网站文件夹中的文件。选中检测出的文件，按 Delete 键删除即可。删除孤立的文件可以防止其占用有效空间。

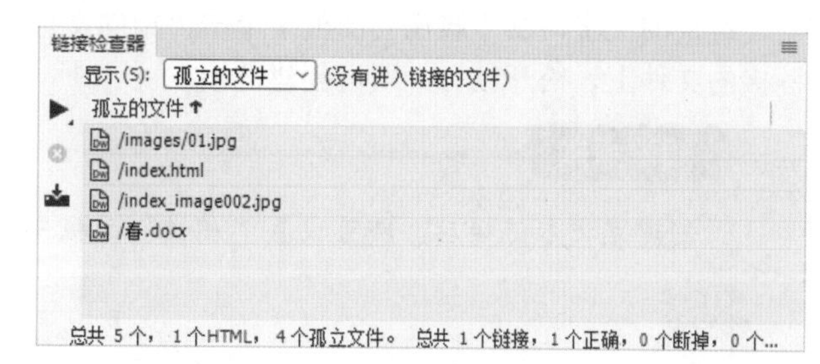

图 6-2

6.3 在文本中应用链接

文本链接是网页中最常用的一种超链接。通过文本链接，可以实现文本跳转的相关操作。下面将对此进行介绍。

6.3.1 文本链接

在 Dreamweaver 软件中，有 3 种方法创建文本链接。

1. 直接输入链接路径

在文档窗口中选中要创建链接的文字，在“属性”面板的“链接”文本框中输入要链接的文件的路径，如图 6-3 所示，即可创建文本链接。

图 6-3

2.“浏览文件”按钮

选中要创建链接的文字，在“属性”面板中单击“链接”文本框右侧的“浏览文件”按钮，打开“选择文件”对话框，选择要链接的文件，在底部“相对于”下拉列表中选择“文档”，单击“确定”按钮即可，如图 6-4 所示。

图 6-4

知识点拨

在“选择文件”对话框中，“文档”表示使用文件相对路径来链接；“站点根目录”表示使用站点根目录相对路径来链接。

3.“指向文件”按钮

除了以上两种方法，用户还可以通过“属性”面板中的“指向文件”按钮创建超链接。选中要创建链接的文字，在“属性”面板中单击“指向文件”按钮，按住鼠标并拖曳至“文件”面板中要链接的文件上，松开鼠标，即可创建链接。

知识点拨

创建完文本链接后，即可设置“属性”面板中的“目标”参数，如图 6-5 所示。

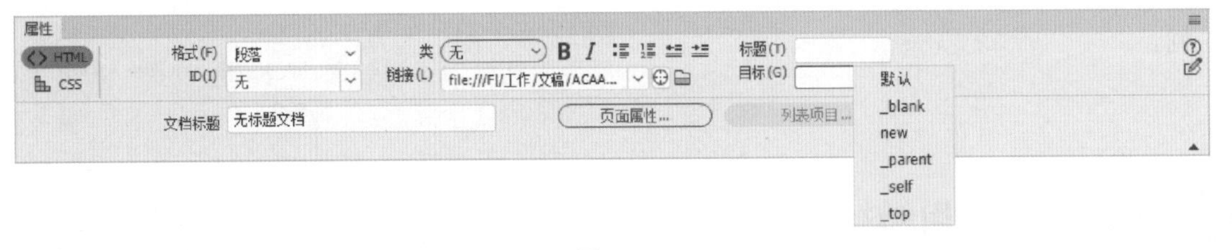

图 6-5

其中，这 5 种参数作用如下。

◎ _blank：在新窗口打开目标链接。

◎ new：在名为“链接文件名称”的窗口中打开目标链接。

◎ _parent：在上一级窗口中打开目标链接。

◎ _self：在同一个窗口中打开目标链接。

◎ _top：在浏览器整个窗口中打开目标链接。

■ 实例：制作电子邮件链接

本案例将练习制作电子邮件链接，涉及的知识点主要包括超链接的创建等。

Step01 打开本章素材文件，如图 6-6 所示。

图 6-6

Step02 选中“联系我们”，在“属性”面板的“链接”文本框中输入电子邮件链接，如图 6-7 所示。

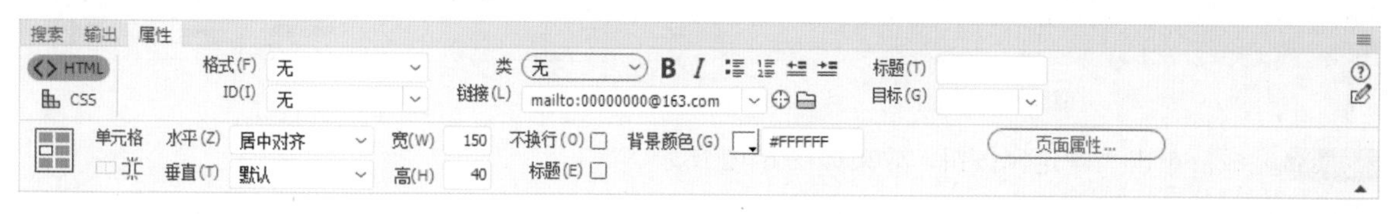

图 6-7

Step03 设置完成后，效果如图 6-8 所示。

Step04 保存文件，按 F12 键测试效果，单击链接文字即可打开电子邮件界面，如图 6-9 所示。

图 6-8

图 6-9

至此，完成电子邮件链接的制作。

■ 6.3.2 下载链接

创建下载链接的步骤与创建文本链接一致，区别只在于下载链接的文件不是网页文件，而是 EXE、Doc 等类型的其他文件。

实例：下载电子文档

本案例将练习制作可供下载的电子文档，涉及的知识点包括链接的创建等。

Step01 打开本章素材文件，如图 6-10 所示。

Step02 选中底部的文字“下载”，单击“属性”面板中的“浏览文件”按钮，打开“选择文件”对话框，选择要链接的文件，如图 6-11 所示。

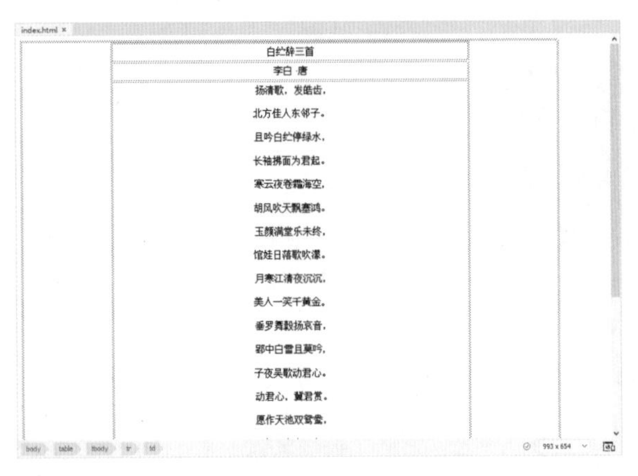

图 6-10

图 6-11

Step03 完成后单击“确定”按钮，效果如图 6-12 所示。

Step04 保存文件，按 F12 键测试效果，单击“下载”文字即可打开“另存为”对话框，设置存储位置，如图 6-13 所示。

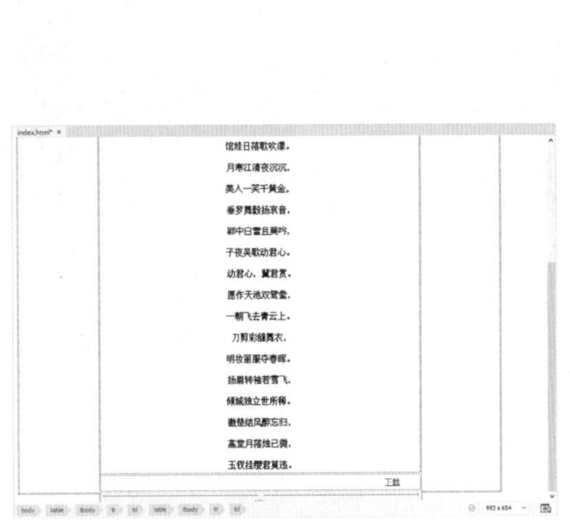

图 6-12

图 6-13

至此，完成电子文档的下载。

6.4 在图像中应用链接

和文本链接一样，图像链接也是网页中最基本、最常用的链接。创建图像链接后，当在浏览器中单击该图像时，将打开链接的对象。

6.4.1 图像链接

创建图像链接的方法与创建文本链接类似。选中要创建链接的图像，在“属性”面板中单击“浏览文件”按钮，打开“查找文件”对话框进行设置即可。

6.4.2 图像热点链接

图像地图指已被分为多个区域（热点）的图像。在一个图像上，可以创建多个图像热点链接，当用户单击某个热点时，即可打开链接的文件。

图像热点是一个非常实用的功能。图像映射是将整张图片作为链接的载体，将图片的整个部分或某一部分设置为链接。热点链接的原理就是利用 HTML 在图片上定义一定形状的区域，然后给这些区域加上链接，这些区域被称为热点。

常见热点工具包括以下 3 种。

◎ 矩形热点工具：单击“属性”面板中的“矩形热点工具”按钮，在图像上拖动鼠标左键，即可绘制出矩形热区。

◎ 圆形热点工具：单击“属性”面板中的“圆形热点工具”按钮，在图上拖动鼠标左键，即可绘制出圆形热区。

◎ 多边形热点工具：单击“属性”面板中的“多边形热点工具”按钮，在图上多边形的每个端点位置上单击鼠标左键，即可绘制出多边形热区。

绘制完热点后，在“属性”面板的“链接”文本框中输入路径或单击“浏览文件”按钮，打开“查找文件”对话框进行设置即可。

若想选中绘制完成的热点，在“属性”面板中选中“指针热点工具”，即可选中热点，并对其进行调整。

6.5 课堂实战：制作书店网页

本案例将练习制作书店网页，涉及的知识点包括图像热点链接的创建等。

Step01 打开本章素材文件，如图 6-14 所示。

Step02 选中图像，在“属性”面板中单击“矩形热点工具”按钮，在“首页”文字上方绘制矩形，如图 6-15 所示。

Step03 在“属性”面板中单击“链接”文本框后的“浏览文件”按钮，打开“选择文件”对话框，选择链接对象，如图 6-16 所示。单击“确定”按钮创建链接。

Step04 使用相同的方法，在“主营范围”文字上方创建矩形热点，并设置链接，如图 6-17 所示。

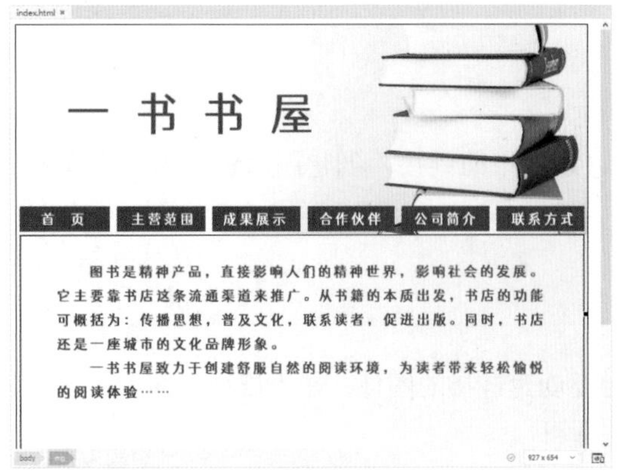

图 6-14

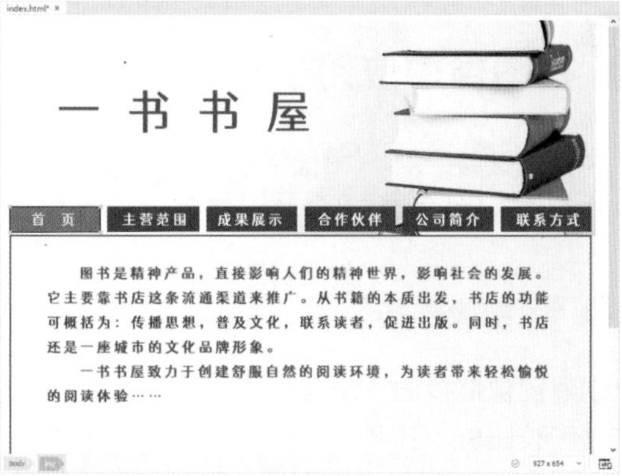

图 6-15

图 6-16

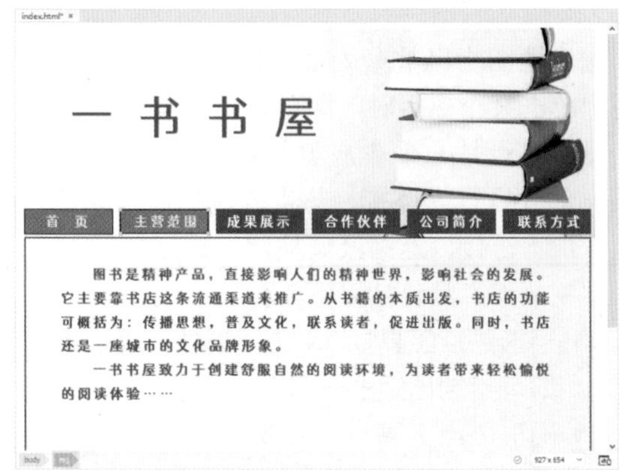

图 6-17

Step05 保存文件，按 F12 键在浏览器中测试效果，如图 6-18、图 6-19 所示。

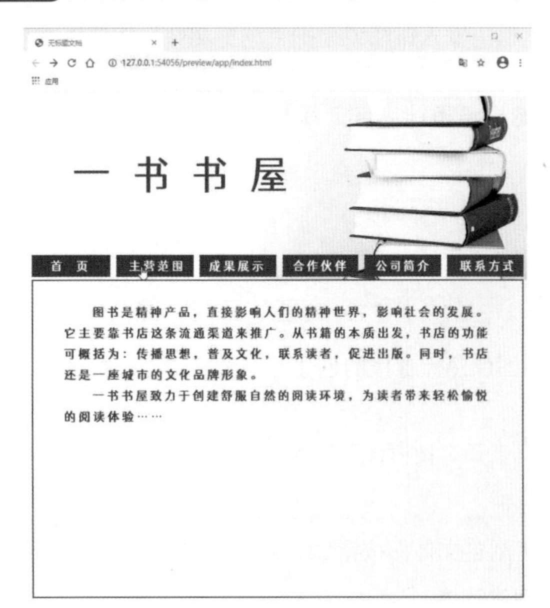

图 6-18

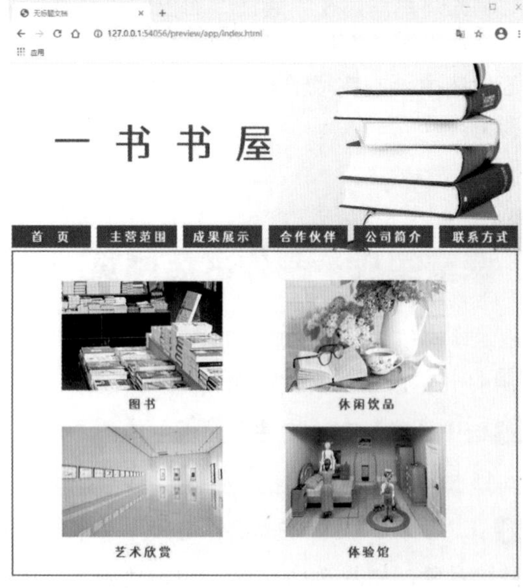

图 6-19

至此，完成书店网页的制作。

6.6 课后练习

一、选择题

1. 为链接定义目标窗口时，_blank 表示的是（　　）。

A. 在上一级窗口中打开　　B. 在新窗口中打开

C. 在同一窗口中打开　　D. 在浏览器的整个窗口中打开

2. 下列说法错误的是（　　）。

A. 使用矩形热点工具、圆形热点工具和多边形热点工具，分别可以创建不同形状的热点

B. 选中热点之后，可在“属性”面板中为其设置链接

C. 热点一旦创建，便无法再修改其形状，必须删除后重新创建

D. 使用热点工具可以为一张图片设置多个链接

3. 绝对路径是指包括服务器规范在内的完全路径，通常使用（　　）来表示。

A. http://　　B.html　　C.www　　D.css

二、填空题

1. 热点链接的原理就是利用 ____________ 在图片上定义一定形状的区域，然后给这些区域加上链接，这些区域被称为热点。

2. 使用 ____________ 可以对绘制的热点区域进行调整。

3. 站点根目录相对路径指从 ________ 的根文件夹到文档的路径。

4. ____________ 的链接不利于测试。如果在站点中使用 ____________，要想测试链接是否有效，必须在 Internet 服务器端对链接进行测试。

三、操作题

1. 制作图像链接

（1）本案例将练习制作图像下载链接，涉及的知识点包括图像链接的应用等。制作完成后效果如图 6-20、图 6-21 所示。

图 6-20

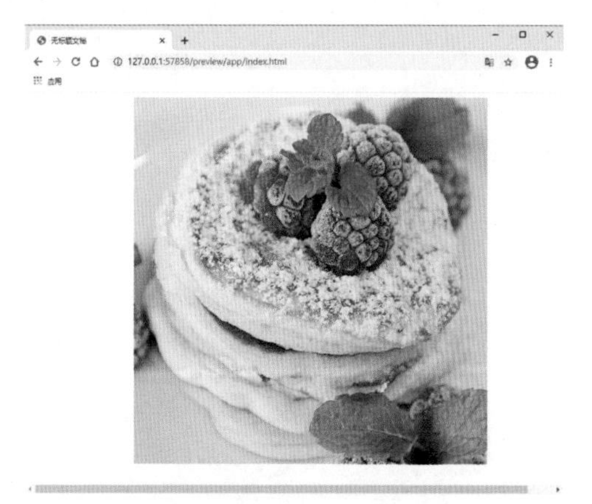

图 6-21

（2）操作思路。

Step01 打开本章素材文件，选中要制作链接的图像；

Step02 在“属性”面板中设置链接路径；

Step03 保存文件，测试效果即可。

2. 制作古诗阅读网页

（1）本案例将练习制作古诗阅读网页，涉及的知识点主要包括文本链接的应用、代码的设置等。制作完成后效果如图 6-22、图 6-23 所示。

图 6-22

图 6-23

（2）操作思路。

Step01 新建网页文档，插入表格以及嵌套表格；

Step02 插入图像素材，输入文字；

Step03 创建文本链接，设置代码；

Step04 保存文件，测试效果即可。

第 7 章 表格的应用

内容导读

在设计网页时，合理地应用表格，可以制作出效果丰富的网页。本章将对表格的插入、表格属性的设置、表格的编辑等方面进行介绍。通过本章的学习，读者可以全面了解表格的应用，并掌握使用表格布局网页这一技术。

Dreamweaver CC

学习目标

- 学会插入表格
- 学会设置表格
- 学会选择表格
- 学会编辑表格

7.1 插入表格

表格可在页面中显示表格式数据，对文本和图形进行布局，从而使网页整齐美观。下面将针对表格的相关知识进行介绍。

7.1.1　与表格有关的术语

表格一般由单元格组成，多个单元格连接组成了表格的行和列，下面将针对表格各部分名称进行介绍。

◎ 行 / 列：表格中的横向叫行，纵向叫列。
◎ 单元格：行列交叉部分就叫作单元格。
◎ 边距：单元格中的内容和边框之间的距离叫边距。
◎ 间距：单元格和单元格之间的距离叫间距。
◎ 边框：整张表格的边缘叫作边框。

7.1.2　插入表格

一个或多个单元格组成行；一行或多行组成表格。用户可以插入列、行或单元格，在单元格中，还可以添加文字、图像等网页元素。下面将介绍如何插入表格。

在网页文档中将光标移动至要插入表格的位置，执行“插入”|Table 命令，或按 Ctrl+Alt+T 组合键，打开 Table 对话框，如图 7-1 所示。在该对话框中设置参数后，单击“确定”按钮即可插入表格，如图 7-2 所示。

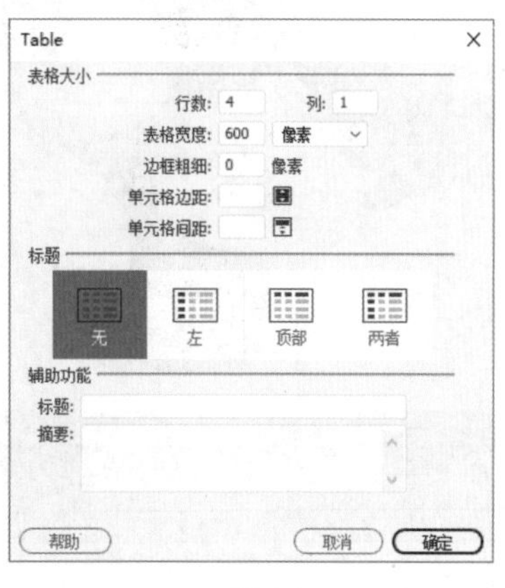

图 7-1

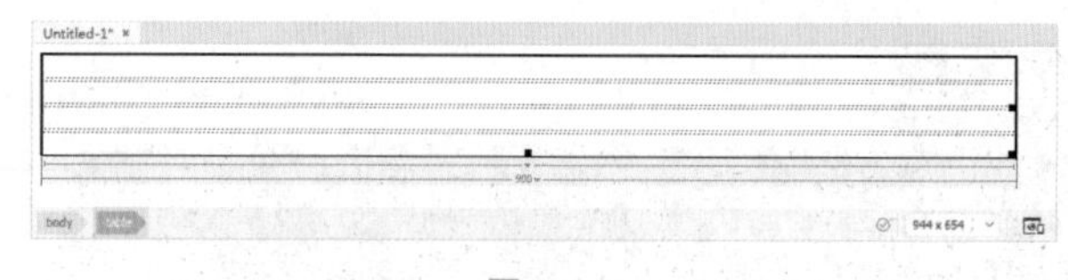

图 7-2

Table 对话框中部分常用选项作用如下。

◎ 行数 / 列：用于设置表格行数和列数。
◎ 表格宽度：用于设置表格的宽度。右侧的下拉列表中包含“百分比”和“像素”。
◎ 边框粗细：用于设置表格边框的宽度。若设置为 0，浏览时看不到表格的边框。
◎ 单元格边距：用于设置单元格内容和单元格边界之间的像素数。
◎ 单元格间距：用于设置单元格之间的像素数。
◎ 标题：用于定义表头样式。

7.1.3 表格的基本代码

除了使用“Table”命令插入表格外，还可以使用 HTML 标签编写代码制作表格。常用的表格标签有以下 4 种。

◎ <table>：用于定义一个表格。每一个表格只有一对 <table> 和 </table>。一个网页中可以有多个表格。

◎ <tr>：用于定义表格的行。一对 <tr> 和 </tr> 代表一行。一个表格中可以有多个行，所以 <tr> 和 </tr> 可以在 <table> 和 </table> 之间出现多次。

◎ <td>：用于定义表格中的单元格。一对 <td> 和 </td> 代表一个单元格。每行中可以出现多个单元格，即 <tr> 和 </tr> 之间可以存在多个 <td> 和 </td>。在 <td> 和 </td> 之间，将显示表格每一个单元格中的具体内容。

◎ <th>：用于定义表格的表头。一对 <th> 和 </th> 代表一个表头。表头是一种特殊的单元格，在其中添加的文本，默认为居中并加粗（实际中并不常用）。

表格标签在使用时需要成对出现，基本的表格代码结构如下：

```
<table border=“1”>
  <tr>
<td> 表格 </td>
  </tr>
  <tr>
<td> 标签 </td>
</tr>
</table>
```

代码运行结构如图 7-3 所示。

图 7-3

实例：制作活动信息表

本案例将练习制作活动信息表，涉及的知识点包括插入表格、编写代码等。

Step01 新建文档，并将其保存。执行 “插入” | Table 命令，打开 Table 对话框，并进行设置，如图 7-4 所示。

Step02 设置完成后，单击“确定”按钮，插入表格，如图 7-5 所示。

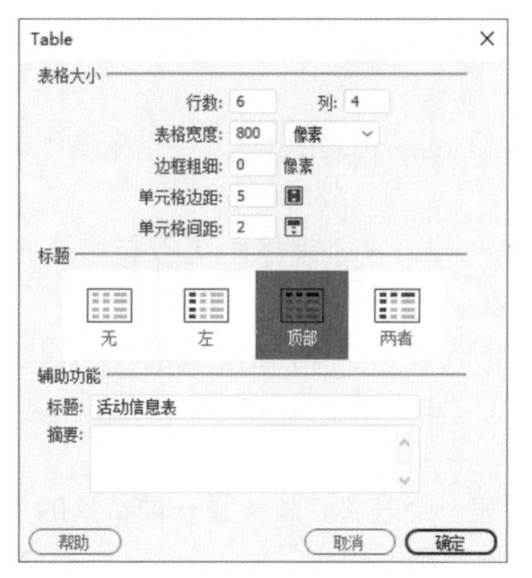

图 7-4

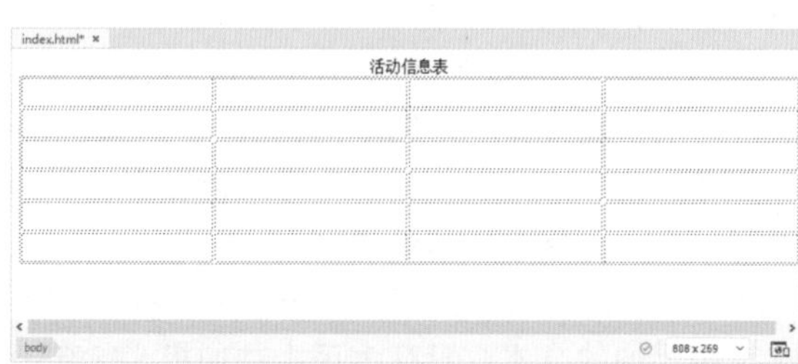

图 7-5

Step03 在插入的表格中输入文字，如图 7-6 所示。

Step04 选中除第一行以外的所有单元格，在“属性”面板中设置“水平”为“居中对齐”，效果如图 7-7 所示。

活动信息表

主题	时间	地点	观众人数
【专题讲座】元曲知识	4.17 周六 10:00-11:00	1号会议厅	100
【艺术鉴赏】两汉书法展览	4.17 周六 09:00-17:00	活动中心	50
【专题讲座】青铜器	4.17 周六 15:00-16:00	1号会议厅	100
【专题讲座】唐代诗词解析	4.18 周日 10:00-12:00	1号会议厅	100
【知识竞赛】图书知识竞赛	4.18 周日 15:00-16:00	活动中心	50

图 7-6

活动信息表

主题	时间	地点	观众人数
【专题讲座】元曲知识	4.17 周六 10:00-11:00	1号会议厅	100
【艺术鉴赏】两汉书法展览	4.17 周六 09:00-17:00	活动中心	50
【专题讲座】青铜器	4.17 周六 15:00-16:00	1号会议厅	100
【专题讲座】唐代诗词解析	4.18 周日 10:00-12:00	1号会议厅	100
【知识竞赛】图书知识竞赛	4.18 周日 15:00-16:00	活动中心	50

图 7-7

Step05 切换至拆分视图，在 <table> 标签中添加代码，设置背景颜色，效果如图 7-8 所示。

<table> 和 </table> 标签中的完整代码如下：

```
<table width=“800” border=“0” cellspacing=“2” cellpadding=“5” bgcolor=“#CCB1A3”>
 <caption>
  活动信息表
 </caption>
 <tbody>
  <tr>
   <th scope=“col”>主题</th>
   <th scope=“col”>时间</th>
   <th scope=“col”>地点</th>
   <th scope=“col”>观众人数</th>
  </tr>
  <tr>
   <td align=“center”>【专题讲座】元曲知识</td>
   <td align=“center”>4.17 周六 10：00-11：00</td>
   <td align=“center”>1 号会议厅</td>
```

```
    <td align= “center” >100</td>
  </tr>
  <tr>
    <td align= “center” >【艺术鉴赏】两汉书法展览 </td>
    <td align= “center” >4.17 周六 09：00-17：:00</td>
    <td align= “center” > 活动中心 </td>
    <td align= “center” >50</td>
  </tr>
  <tr>
    <td align= “center” >【专题讲座】青铜器 </td>
    <td align= “center” >4.17 周六 15：00-16：00</td>
    <td align= “center” >1 号会议厅 </td>
    <td align= “center” >100</td>
  </tr>
  <tr>
    <td align= “center” >【专题讲座】唐代诗词解析 </td>
    <td align= “center” >4.18 周日 10：00-12：00</td>
    <td align= “center” >1 号会议厅 </td>
    <td align= “center” >100</td>
  </tr>
  <tr>
    <td align= “center” >【知识竞赛】图书知识竞赛 </td>
    <td align= “center” >4.18 周日 15：00-16：00</td>
    <td align= “center” > 活动中心 </td>
    <td align= “center” >50</td>
  </tr>
 </tbody>
</table>
```

Step06 保存文件，按 F12 键预览效果，如图 7-9 所示。

图 7-8

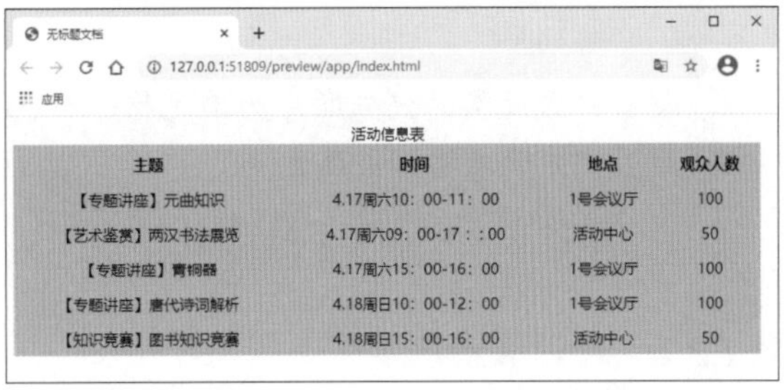

图 7-9

至此，完成活动信息表的制作。

ACAA课堂笔记

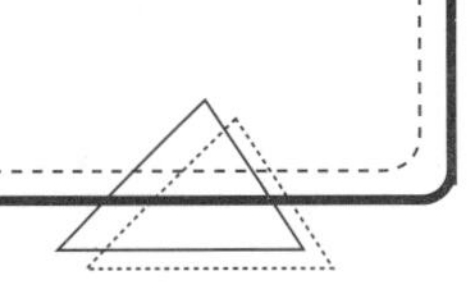

7.2 表格属性

创建完表格后，可以对表格的属性进行设置，如添加表格颜色、设置单元格颜色等使表格更加美观、醒目。下面将对此进行介绍。

7.2.1 设置表格属性

选中整个表格，在“属性”面板中即可设置表格属性，如图 7-10 所示为选中表格的“属性”面板。

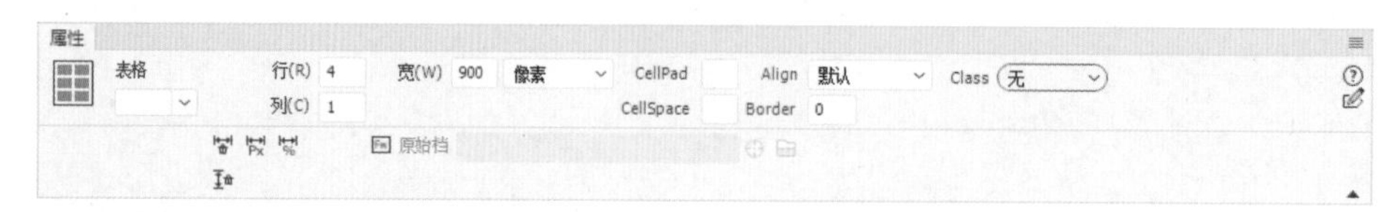

图 7-10

表格“属性”面板中各选项作用如下。

◎ 表格：用于设置表格的 ID。
◎ 行 / 列：用于设置表格中行和列的数量。
◎ Align：用于设置表格的对齐方式。包括“默认”“左对齐”“居中对齐”和“右对齐”4 个选项。
◎ CellPad：用于设置单元格内容和单元格边界之间的像素数。
◎ CellSpace：用于设置相邻的表格单元格间的像素数。
◎ Border：用于设置表格边框的宽度。
◎ Class：用于设置表格 CSS 类。
◎ 清除列宽：用于清除列宽。
◎ 将表格宽度转换成像素：将表格宽度由百分比转为像素。
◎ 将表格宽度转换成百分比：将表格宽度由像素转换为百分比。
◎ 清除行高：用于清除行高。

知识点拨

表格格式设置的优先顺序为单元格、行、表格。即单元格格式设置优先于行格式设置，行格式设置优先于表格格式设置。

7.2.2 设置单元格属性

选中某单元格，在“属性”面板中即可设置该单元格的属性。单元格“属性”面板如图 7-11 所示。

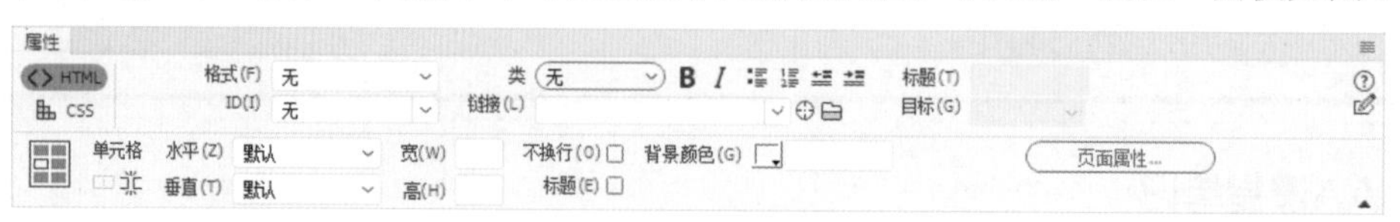

图 7-11

单元格“属性”面板中各选项作用如下。

◎ 水平：设置单元格中对象的水平对齐方式，包括“默认”“左对齐”“居中对齐”和“右对齐”4个选项。

◎ 垂直：设置单元格中对象的垂直对齐方式，包括“默认”“顶端”“居中”“底部”和“基线”5个选项。

◎ 宽/高：用于设置单元格的宽与高。

◎ 不换行：勾选该复选框后，单元格的宽度将随文字长度的增加而加长。

◎ 标题：勾选该复选框后，即可将当前单元格设置为标题行。

◎ 背景颜色：用于设置单元格的背景颜色。

7.2.3 鼠标经过颜色

使用onMouseOut、onMouseOver属性可以创建鼠标经过时单元格颜色改变效果，如图7-12、图7-13所示。

图 7-12

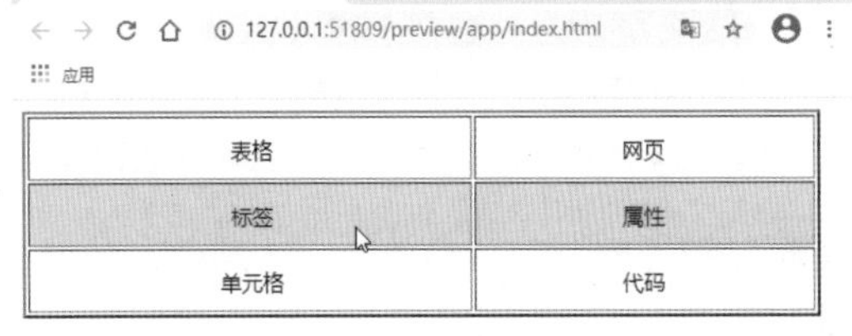

图 7-13

完整代码如下：

```
<!doctype html>
<html>
<head>
<meta charset= “utf-8” >
<title> 鼠标经过颜色 </title>
</head>
<body>
<table width= “600” border= “2” cellpadding= “10” >
 <tr onMouseOver= “this.style.background= ‘#FDC73E’ ”
   onMouseOut= “this.style.background= ‘’ ” >
  <td align= “center” > 表格 </td>
  <td align= “center” > 网页 </td></tr>
 <tr onMouseOver= “this.style.background= ‘#FDC73E’ ”
   onMouseOut= “this.style.background= ‘’ ” >
  <td align= “center” > 标签 </td>
  <td align= “center” > 属性 </td></tr>
 <tr onMouseOver= “this.style.background= ‘#FDC73E’ ”
   onMouseOut= “this.style.background= ‘’ ” >
  <td align= “center” > 单元格 </td>
  <td align= “center” > 代码 </td></tr>
```

```
</table>
</body>
</html>
```

7.2.4 表格的属性代码

除了在“属性”面板中设置表格属性外，用户还可以通过代码设置表格。下面将介绍常用的表格属性代码。

1. width 属性

用于指定表格或某一个表格单元格的宽度，单位可以是像素或百分比。

若需要将表格的宽度设为 400 像素，在该表格标签中加入宽度的属性和值即可，具体代码如下：

```
<table width= “400” >
```

2. height 属性

用于指定表格或某一个表格单元格的高度，单位可以是像素或百分比。

若需要将表格的高度设为 200 像素，在该表格标签中加入高度的属性和值即可，具体代码如下：

```
<table height= “200” >
```

若需要将某个单元格的高度设为所在表格的 20%，则在该单元格标签中加入高度的属性和值即可，具体代码如下：

```
<td height= “20%” >
```

3. border 属性

用于设置表格的边框及边框的粗细。值为 0 时不显示边框；值为 1 或以上时显示边框，值越大，边框越粗。

4. bordercolor 属性

用于指定表格或某一个表格单元格边框的颜色。值为“#”号加上 6 位十六进制代码。

若需要将某个表格边框的颜色设为红色，则具体代码如下：

```
<table bordercolor= “#FF0000” >
```

5. bordercolorlight 属性

用于指定表格亮边边框的颜色。

若需要将某个表格亮边边框的颜色设为黄色，则具体代码如下：

```
<table bordercololightr= “#FFF000” >
```

6. bordercolordark 属性

用于指定表格暗边边框的颜色。

若需要将某个表格暗边边框的颜色设为绿色，则具体代码如下：

```
<table bordercolordark= “#00FF00” >
```

7. bgcolor 属性

用于指定表格或某一个表格单元格的背景颜色。

若需要将某个单元格的背景颜色设为橙色，则具体代码如下：

```
<td bgcolor= “#FFBE00” >
```

8. background 属性

用于指定表格或某一个表格单元格的背景图像。

若需要将 images 文件夹下名称为 01.jpg 的图像设为某个与 images 文件夹同级的网页中表格的背景图像，则具体代码如下：

```
<table background= “images/01.jpg” >
```

9. cellspacing 属性

用于指定单元格间距，即单元格和单元格之间的距离。

若需要将某个表格的单元格间距设为 10，则具体代码如下：

```
<table cellspacing= “10” >
```

10. cellpadding 属性

用于指定单元格边距（或填充），即单元格边框和单元格中内容之间的距离。

若需要将某个表格的单元格边距设为 12，则具体代码如下：

```
<table cellpadding= “12” >
```

11. align 属性

用于指定表格或某一表格单元格中内容的垂直水平对齐方式。属性值有 left（左对齐）、center（居中对齐）和 right（右对齐）。

若需要将某个单元格中的内容设定为“居中对齐”，则具体代码如下：

```
<td align= “center” >
```

12. valign 属性

用于指定单元格中内容的垂直对齐方式。属性值有 top（顶端对齐）、middle（居中对齐）、bottom（底部对齐）和 baseline（基线对齐）。

若需要将某个单元格中的内容设定为“基线对齐”，则具体代码如下：

```
<td valign= “baseline” >
```

■ 实例：添加表格背景

本案例将练习为表格添加背景，涉及的知识点主要包括表格的插入、表格属性代码的编写等。

Step01 新建文档并保存。执行“插入” | Table 命令，打开 Table 对话框，在该对话框中设置参数，如图 7-14 所示。完成后单击“确定”按钮，插入表格。

Step02 在表格中输入文字，如图 7-15 所示。

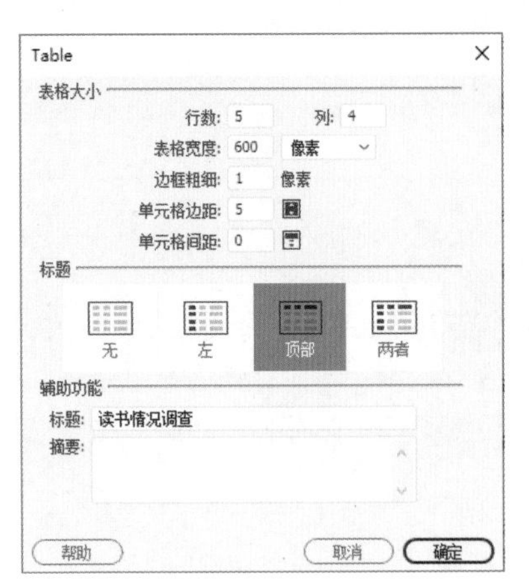

图 7-14

读书情况调查

姓名	每日读书时间	月平均读书开销	偏好类型
许欢	1h以内	100以内	小说
朱期	1-2h	100-200	艺术类
于乐乐	1h以内	100-200	艺术类
孙高	1-2h	300-500	专业书

图 7-15

Step03 选中表格中的单元格，在“属性”面板中设置参数，如图 7-16 所示。

图 7-16

Step04 切换至拆分视图，在 <table> 标签中添加 background 属性，添加图片背景，效果如图 7-17 所示。

此处 <table> 标签内代码如下：

```
<table width= “600” border= “1” cellspacing= “0” cellpadding= “5” background= “images/ 背景 .png” >
```

Step05 保存文件，按 F12 键测试效果，如图 7-18 所示。

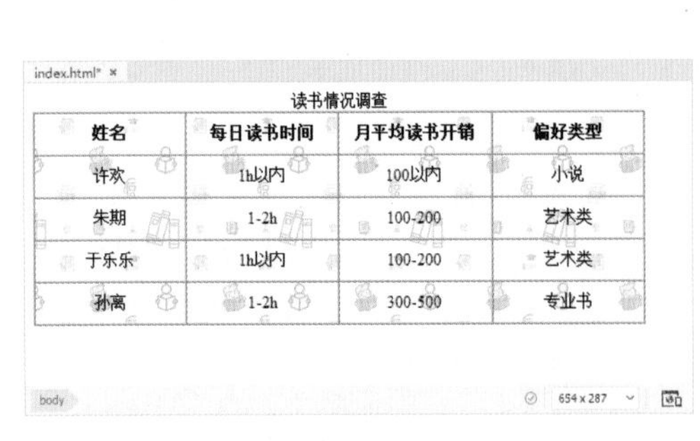

读书情况调查

姓名	每日读书时间	月平均读书开销	偏好类型
许欢	1h以内	100以内	小说
朱期	1-2h	100-200	艺术类
于乐乐	1h以内	100-200	艺术类
孙高	1-2h	300-500	专业书

图 7-17

读书情况调查

姓名	每日读书时间	月平均读书开销	偏好类型
许欢	1h以内	100以内	小说
朱期	1-2h	100-200	艺术类
于乐乐	1h以内	100-200	艺术类
孙高	1-2h	300-500	专业书

图 7-18

至此，完成表格背景的添加。

7.3 选择表格

根据操作需要，用户可以选中网页文档中的整个表格、行或列，也可以选择单个或多个单元格。下面将针对如何选择表格进行介绍。

7.3.1 选择整个表格

在对表格进行编辑之前，需要选中表格。下面将介绍 4 种选择整个表格的方法。

◎ 插入表格，单击表格上下边框即可选择整个表格，如图 7-19 所示。

◎ 在代码视图或拆分视图下，选中表格代码，即 <table> 和 </table> 标签之间所有内容，即可选中表格，如图 7-20 所示。

◎ 单击某个单元格，右击鼠标，在弹出的快捷菜单中选择“表格”|“选择表格”命令即可选中表格。

◎ 单击某个单元格，执行“编辑”|“表格”|“选择表格”命令即可选中表格。

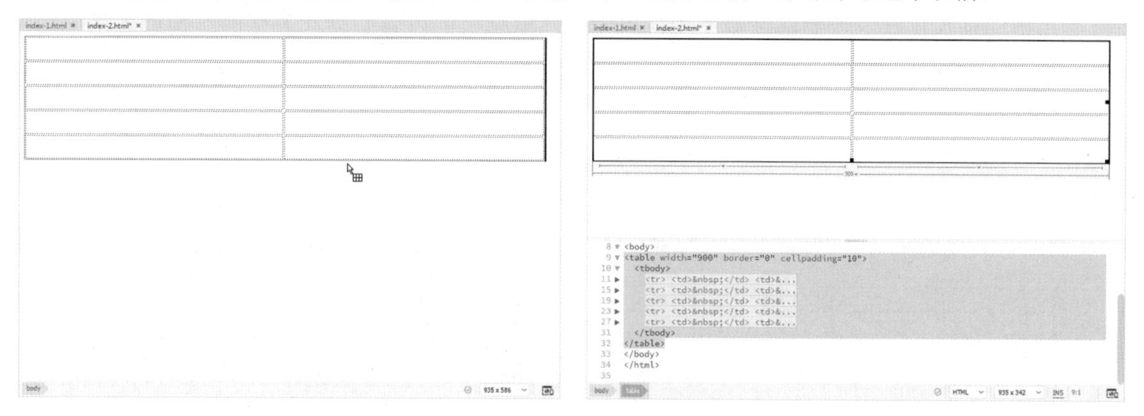

图 7-19　　图 7-20

7.3.2 选择一个单元格

选中表格中的某个单元格时，该单元格的四周将出现边框，如图 7-21 所示。

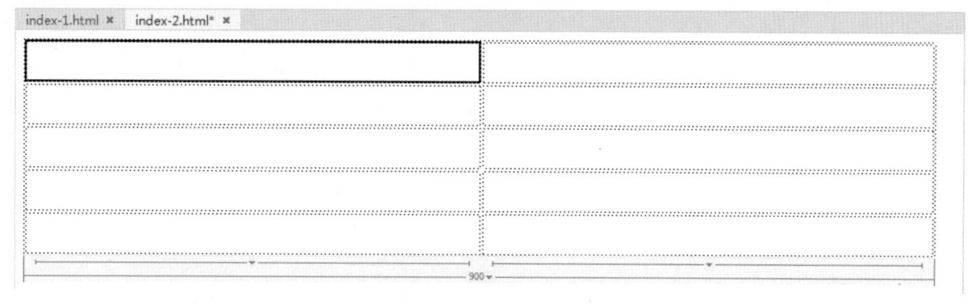

图 7-21

选择单元格有以下两种方式。

◎ 按住鼠标左键不放，从单元格的左上角拖至右下角，即可选择该单元格。

◎ 按住 Ctrl 键，单击单元格即可选中该单元格。

知识点拨

移动光标指向行的左边缘或列的上边缘，当鼠标指针变为选择箭头时，单击即可选择单个行或列，也可以进行拖动以选择多个行或列。

7.4 编辑表格

表格常用于网页内容的排版，通过使用表格，可以清晰明了地显示网页内容。本节将针对表格的编辑进行介绍。

7.4.1 拷贝和粘贴表格

在制作表格时，为了节省时间，提高效率，用户可以复制、粘贴单个单元格或多个单元格，并保留单元格的格式设置。若要粘贴多个表格单元格，剪贴板的内容必须和表格的结构或表格中将粘贴这些单元格的部分兼容。

打开网页文档，选中要拷贝的表格，如图 7-22 所示，执行“编辑”|“拷贝”命令或按 Ctrl+C 组合键，拷贝对象。移动光标至表格要粘贴的位置，执行“编辑”|“粘贴”命令或按 Ctrl+V 组合键粘贴，效果如图 7-23 所示。

index-2.html*

	第一季度	第二季度	第三季度	第四季度
一店	103600	215000	236000	113000
二店	128000	362000	286000	189000
三店	111500	185000	254000	153600

图 7-22

index-2.html*

	第一季度	第二季度	第三季度	第四季度
一店	103600	215000	236000	113000
二店	128000	362000	286000	189000
三店	111500	185000	254000	153600
二店	128000	362000	286000	189000
三店	111500	185000	254000	153600

图 7-23

ACAA课堂笔记

7.4.2 添加行和列

创建表格时，若想添加行或列，可以通过“插入行”命令或“插入列”命令实现。

打开网页文档，单击某个单元格，执行“编辑”|“表格”|“插入行”命令，即可在插入点上方插入1行表格，如图7-24所示。若执行“编辑”|“表格”|“插入列”命令，将在插入点左侧插入1列表格，如图7-25所示。

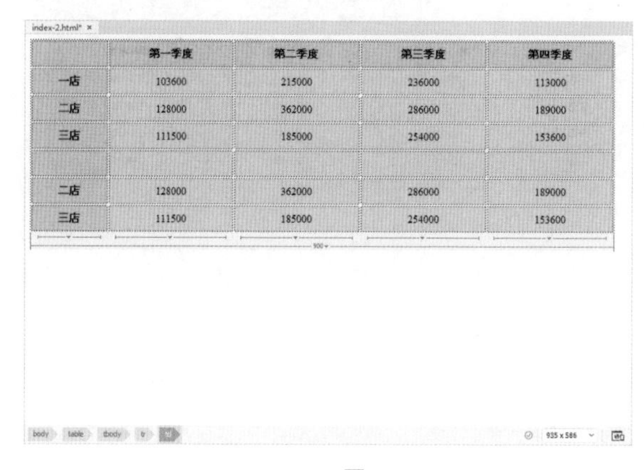

	第一季度	第二季度	第三季度	第四季度
一店	103600	215000	236000	113000
二店	128000	362000	286000	189000
三店	111500	185000	254000	153600
二店	128000	362000	286000	189000
三店	111500	185000	254000	153600

图7-24

		第一季度	第二季度	第三季度	第四季度
一店		103600	215000	236000	113000
二店		128000	362000	286000	189000
三店		111500	185000	254000	153600
二店		128000	362000	286000	189000
三店		111500	185000	254000	153600

图7-25

执行“编辑”|“表格”|“插入行或列”命令，打开“插入行或列”对话框，如图7-26所示。在该对话框中进行设置，完成后单击“确定”按钮，即可按照设置插入行或列，如图7-27所示。

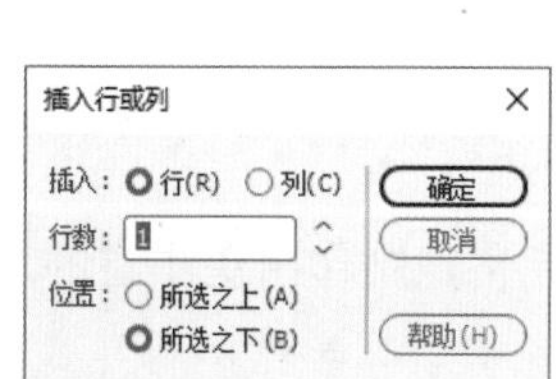

图7-26

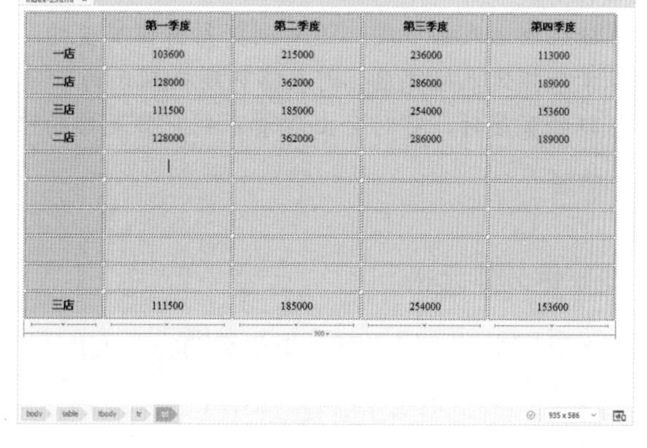

	第一季度	第二季度	第三季度	第四季度
一店	103600	215000	236000	113000
二店	128000	362000	286000	189000
三店	111500	185000	254000	153600
二店	128000	362000	286000	189000
三店	111500	185000	254000	153600

图7-27

知识点拨

在单元格上右击鼠标，在弹出的快捷菜单中选择“表格”命令，即可在弹出的子菜单中选择合适的命令插入行或列，如图7-28所示。

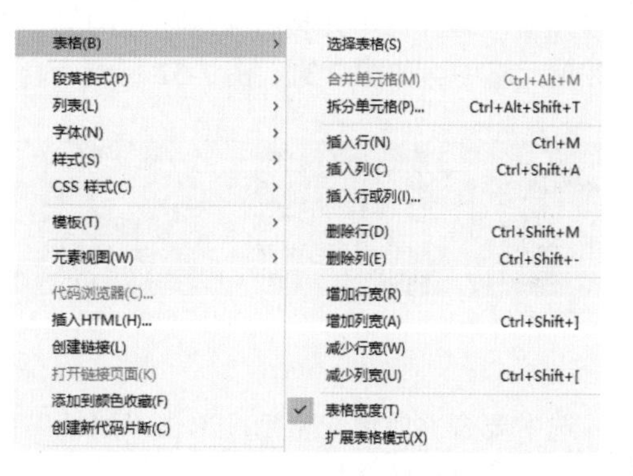

图7-28

7.4.3 删除行和列

创建表格时，用户可以使用“删除行”命令或“删除列”命令删除表格中多余的行或列。

单击要删除的行或列中的一个单元格，执行“编辑”|“表格”|“删除行”命令或“编辑”|“表格”|“删除列”命令，即可按照设置删除表格中的行或列，如图 7-29 所示为删除行的效果。用户也可以选中要删除的行或列，按 Delete 键删除。如图 7-30 所示为删除选中列的效果。

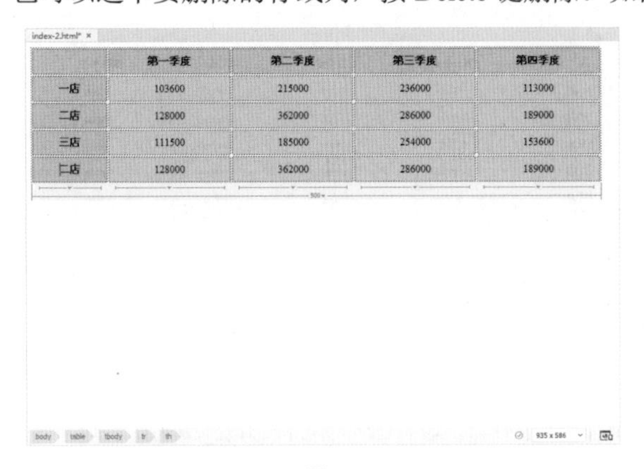

	第一季度	第二季度	第三季度	第四季度
一店	103600	215000	236000	113000
二店	128000	362000	286000	189000
三店	111500	185000	254000	153600
二店	128000	362000	286000	189000

图 7-29

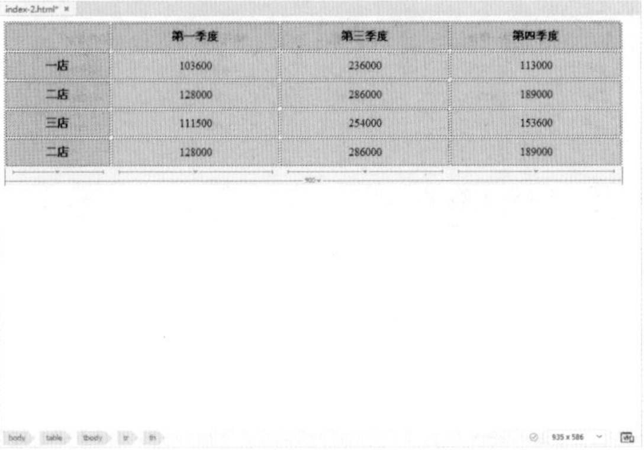

	第一季度	第三季度	第四季度
一店	103600	236000	113000
二店	128000	286000	189000
三店	111500	254000	153600
二店	128000	286000	189000

图 7-30

知识点拨

表格宽度的单位包括百分比和像素。

若使用百分比表示表格宽度，随着浏览器窗口宽度的变化，表格的宽度也会发生变化。

若使用像素来指定表格宽度，则表格宽度将显示为一定的宽度，与浏览器窗口的宽度无关。因此，缩小窗口的宽度时，有时会出现看不到完整表格的情况。

7.4.4 合并或拆分单元格

在使用表格布局网页时，用户可以根据需要合并或拆分单元格，制作出更丰富的页面效果。下面将介绍合并或拆分单元格的方法。

1. 合并单元格

选中网页文档表格中连续的单元格，执行“编辑”|“表格”|“合并单元格”命令，即可合并单元格。合并的单元格将应用所选的第一个单元格的属性，单个单元格的内容将被放置在最终的合并单元格中。如图 7-31、图 7-32 所示为合并单元格前后的效果。

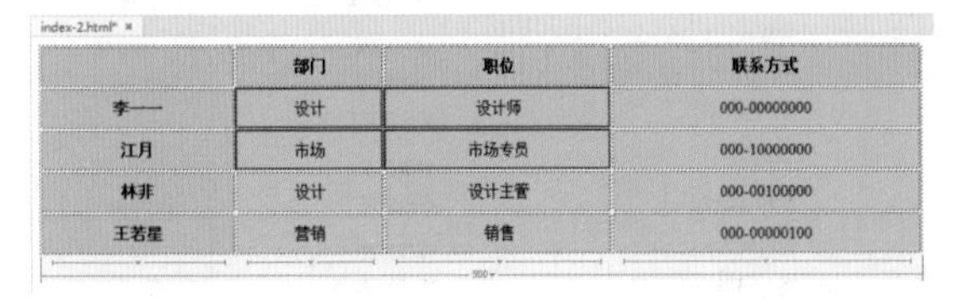

	部门	职位	联系方式
李一一	设计	设计师	000-00000000
江月	市场	市场专员	000-10000000
林非	设计	设计主管	000-00100000
王若星	营销	销售	000-00000100

图 7-31

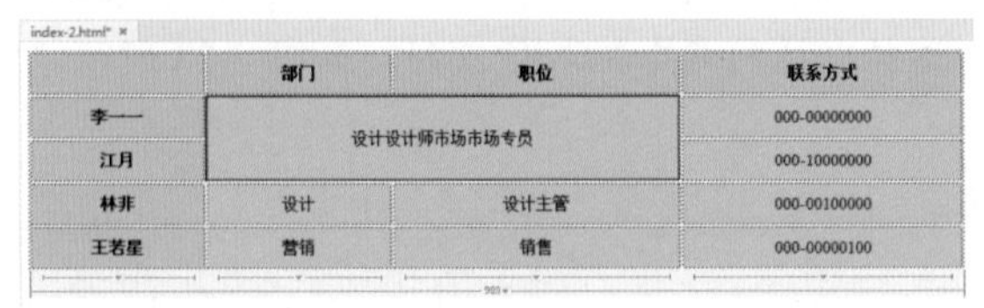

	部门	职位	联系方式
李一一	设计设计师市场市场专员		000-00000000
江月			000-10000000
林非	设计	设计主管	000-00100000
王若星	营销	销售	000-00000100

图 7-32

选中要合并的单元格后，单击“属性”面板中的“合并所选单元格，使用跨度”按钮 ，也可以将选中的单元格合并。

2. 拆分单元格

选中表格中要拆分的单元格，执行“编辑”|“表格”|“拆分单元格”命令，打开“拆分单元格”对话框，如图 7-33 所示。在该对话框中设置参数后，单击“确定”按钮即可拆分单元格，如图 7-34 所示。

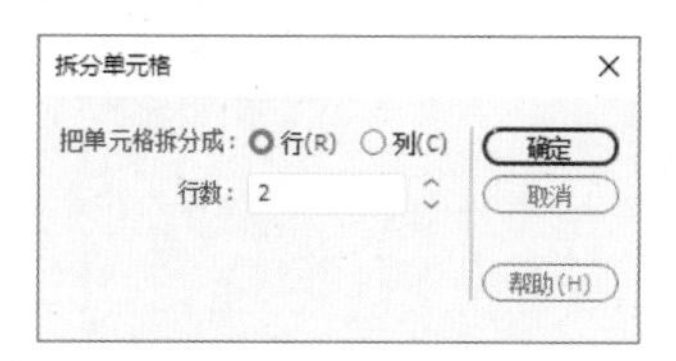

图 7-33

index-2.html*

	部门	职位	联系方式
李一一	设计设计师市场市场专员		000-00000000
江月			000-10000000
林菲	设计	设计主管	000-00100000
王若星	营销	销售	000-00000100

图 7-34

也可以单击要拆分的单元格，在“属性”面板中单击“拆分单元格为行或列”按钮，打开“拆分单元格”对话框设置参数，拆分单元格。

7.5 课堂实战：制作西餐厅网页

本案例将练习制作西餐厅网页，涉及的知识点主要包括插入表格、设置表格属性、嵌套表格等。

Step01 新建网页文档，并将其保存。执行“插入”| Table 命令，打开 Table 对话框，在该对话框中设置参数，如图 7-35 所示。完成后单击“确定”按钮插入表格。

Step02 选中第一行单元格，右击鼠标，在弹出的快捷菜单中选择“表格”|“拆分单元格”命令，打开“拆分单元格”对话框设置参数，如图 7-36 所示。完成后单击“确定”按钮，拆分单元格。

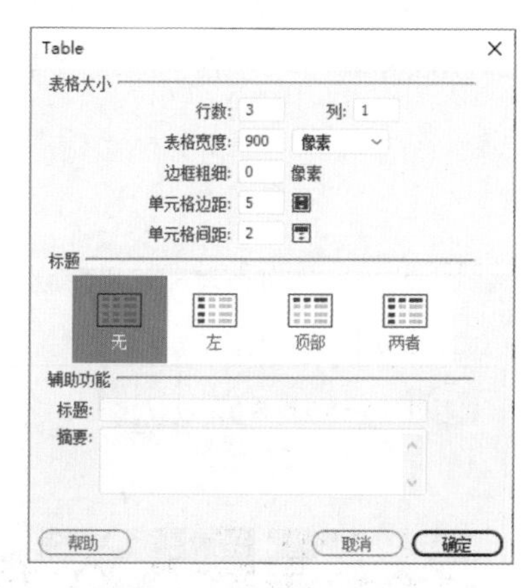

图 7-35

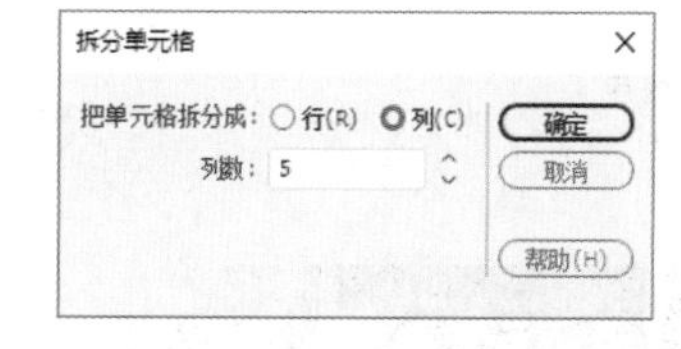

图 7-36

Step03 单击第一行第一列单元格，执行“插入”| Image 命令，打开“选择图像源文件”对话框，选择合适的素材，单击“确定”按钮，插入图像，如图 7-37 所示。

Step04 调整第一行单元格宽度。在第一行的其他单元格中输入文字，并在“属性”面板中设置单元格“水平”选项为“居中对齐”，“垂直”选项为“底部”，效果如图 7-38 所示。

Step05 选中第二行单元格，调整其高度为 390 像素。执行“插入”| Table 命令，插入一个 1 行 3 列的表格，并设置此单元格水平居中对齐，垂直居中对齐，效果如图 7-39 所示。

Step06 在嵌套单元格中依次插入图像，效果如图 7-40 所示。

图 7-37　　图 7-38

图 7-39　　图 7-40

Step07 设置第三行单元格为水平居中对齐，垂直居中对齐，输入文字，如图 7-41 所示。

Step08 切换至拆分视图，在 <table> 标签中添加 background 属性，为表格添加背景，效果如图 7-42 所示。

此处 <table> 标签内代码如下：

```
<table width=“900” border=“0” cellspacing=“2” cellpadding=“5” background=“images/ 背景 .jpg” >
```

图 7-41

图 7-42

至此，完成西餐厅网页的制作。

7.6 课后练习

一、选择题

1. 插入表格的快捷键是（　　）。

A. Ctrl+Alt+T　　B. Ctrl+Shift+T　　C. Ctrl+Alt+B　　D. Ctrl+Shift+B

2. 在 Table 对话框中，不可以设置表格的（　　）属性。

A. 表格的行数、列数　　B. 单元格边距和间距

C. 单元格颜色　　D. 单元格边框

3. 若使用（　　）表示表格宽度，随着浏览器窗口宽度的变化，表格的宽度也会发生变化。

A. 百分比　　B. 像素　　C. 毫米　　D. 厘米

二、填空题

1. 表格格式设置的优先顺序为 ________、________、________。

2. 使用 ____________、____________ 属性可以创建鼠标经过时单元格颜色改变效果。

3. ____________ 属性可以设置表格的边框及边框的粗细。

三、操作题

1. 制作婚庆公司网页

（1）本案例将练习制作婚庆公司网页，涉及的知识点包括表格的创建、嵌套表格的制作等。制作完成后的效果如图 7-43 所示。

图 7-43

（2）操作思路。

Step01 新建网页文档，插入表格；

Step02 插入嵌套表格，设置单元格尺寸；

Step03 插入图像素材，输入文字；

Step04 保存文件，测试效果。

2. 制作图书馆网页

（1）本案例将练习制作图书馆网页，涉及的知识点包括表格的创建、表格属性的设置等。制作完成后的效果如图 7-44、图 7-45 所示。

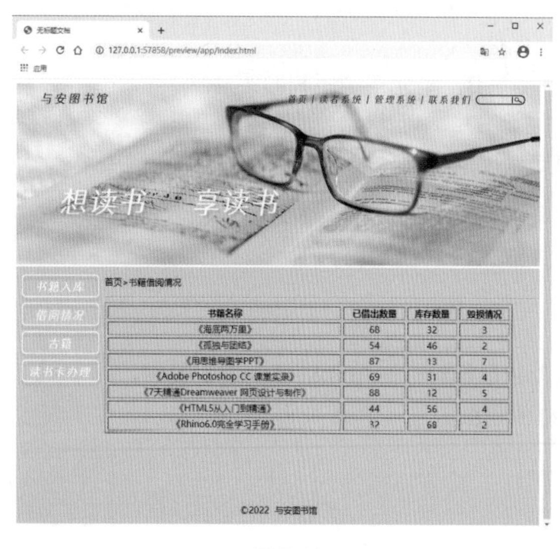

图 7-44

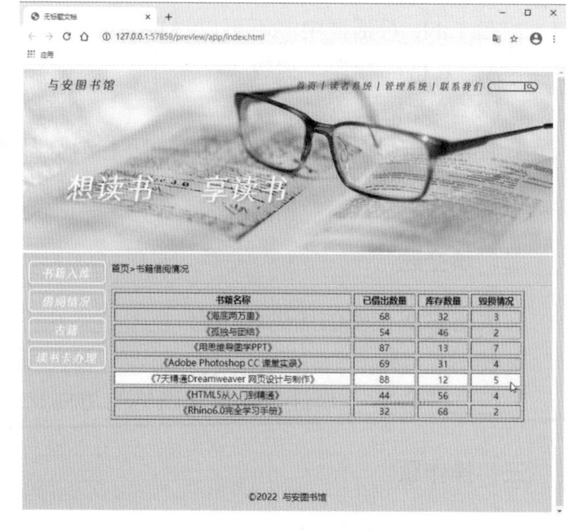

图 7-45

（2）操作思路。

Step01 新建网页文档，插入表格；

Step02 插入图像素材，添加嵌套表格，输入文本；

Step03 修改代码，制作鼠标经过颜色改变效果；

Step04 保存文件，测试效果。

第8章 CSS网页美化技术

内容导读

CSS是一种可以显示HTML等文件样式的语言，使用CSS不仅可以很精准地控制网页中各元素的位置，还可以将其单独保存以便于多次使用。本章将针对CSS的样式的应用、设置等知识进行介绍。

学习目标

- 了解CSS的基本概念
- 学会创建CSS样式
- 学会设置CSS样式

8.1 CSS 概述

CSS 即层叠样式表，可用于控制网页外观。使用 CSS 设置网页时，可以将网页的内容与表示形式分开，便于网页设计者使用。同时，还可以得到更简练的 HTML 代码，从而缩短浏览器加载时间，为浏览者带来更好的浏览体验。

8.1.1 CSS 的特点

CSS 可以精准定位网页上的元素，使网页设计者更好地控制网页元素。本小节将针对 CSS 的特点进行介绍。

（1）样式定义丰富。

CSS 可以设置丰富的文档样式外观，对网页中的文本、背景、边框、页面效果等元素都可以进行操作。

（2）便于使用和修改。

使用 CSS 时，可以完成修改一个小的样式从而更新所有与其相关的页面元素的操作，简化操作步骤，使 CSS 样式的修改与使用更为便捷。

（3）重复使用。

在 Dreamweaver 软件中，可以创建单独的 CSS 文件，在多个页面中进行使用，从而制作页面风格统一的网页。

（4）层叠。

通过 CSS，可以对一个元素多次设置样式，后面定义的样式将重写前面的样式设置，在浏览器中可以看到最后设置的样式效果。通过这一特性，可以在多个统一风格页面中设置不一样的风格效果。

（5）精简 HTML 代码。

通过使用 CSS，可以将样式声明单独放到 CSS 样式表中，减少文件大小，从而减少加载页面和下载的时间。

8.1.2 CSS 的定义

CSS 格式设置规则由选择器和声明两部分组成，选择器是标识已设置格式元素的术语，声明大多数情况下为包含多个声明的代码块，用于定义样式属性。声明又包括属性和值两部分。

1.CSS 语法

CSS 基本语法如下：

```
选择器 { 属性名 : 属性值 ;}
```

即

```
selector{properties:value;}
```

选择器、属性和属性值的作用分别如下。

◎ 选择器：用于定义 CSS 样式名称，每种选择器都有各自的写法。
◎ 属性：属性是 CSS 的重要组成部分，是修改网页中元素样式的根本。
◎ 属性值：属性值是 CSS 属性的基础。所有的属性都需要有一个或一个以上的属性值。

知识点拨

关于 CSS 语法，需要注意以下几方面。

◎ 属性和属性值必须写在 {} 中。

◎ 属性和属性值中间用“:”分隔开。

◎ 每写完一个完整的属性和属性值，都需要以“;”结尾（如果只写了一个属性或者最后一个属性，后面可以不写“;”，但是不建议这么做）。

◎ CSS 书写属性时，属性与属性之间对空格、换行是不敏感的，允许空格和换行的操作。

◎ 如果一个属性里面有多个属性值，每个属性值之间需要以空格分隔开。

2. 选择器

CSS 中的选择器分为标签选择器、类选择器、ID 选择器、复合选择器等，下面将对此进行介绍。

（1）标签选择器。

一个 HTML 页面由很多不同的标签组成，而 CSS 标签选择器就是声明哪些标签采用哪种 CSS 样式。如：

```
h1{color:blue; font-size:12px;}
```

这里定义了一个 h1 选择器，针对网页中所有的 <h1> 标签都会自动应用该选择器中所定义的 CSS 样式，即网页中所有的 <h1> 标签中的内容都以大小是 12 像素的蓝色字体显示。

（2）类选择器。

类选择器用来定义某一类元素的外观样式，可应用于任何 HTML 标签。类选择器的名称由用户自定义，一般需要以“.”作为开头。在网页中应用类选择器定义的外观时，需要在应用样式的 HTML 标签中添加“class”属性，并将类选择器名称作为其属性值进行设置。如：

```
.style_text{color:green; font-size:18px;}
```

这里定义了一个名称是“style_text”的类选择器，如果需要将其应用到网页 <div> 标签中的文字外观，则添加如下代码：

```
<div class= “style_text” > 类 1</div>
<div class= “style_text” > 类 2</div>
```

网页最终的显示效果是两个 <div> 中的文字“类 1”和“类 2”都会以大小是 18 像素的绿色字体显示。

（3）ID 选择器。

ID 选择器类似于类选择器，用来定义网页中某一个特殊元素的外观样式。ID 选择器的名称由用户自定义，一般需要以“#”作为开头。在网页中应用 ID 选择器定义的外观时，需要在应用样式的 HTML 标签中添加“id”属性，并将 ID 选择器名称作为其属性值进行设置。如：

```
#style_text{color:yellow; font-size:16px;}
```

这里定义了一个名称是“style_text”的 ID 选择器，如果需要将其应用到网页 <div> 标签中的文字外观，则添加如下代码：

```
<div id= “style_text” >ID 选择器 </div>
```

网页最终的显示效果是 <div> 中的文字“ID 选择器”会以大小是 16 像素的黄色字体显示。

（4）复合选择器。

复合选择器可以同时声明风格完全相同或部分相同的选择器。

当有多个选择器使用相同的设置时，为了简化代码，可以一次性为它们设置样式，并在多个选择器之间加上“，”来分隔它们；当格式中有多个属性时，则需要在两个属性之间用“；”来分隔。如：

```
选择器 1，选择器 2，选择器 3 { 属性 1：值 1；属性 2：值 2；属性 3：值 3}
```

其他 CSS 的定义格式还有如：

```
选择符 1 选择符 2 { 属性 1：值 1；属性 2：值 2；属性 3：值 3}
```

该格式在选择符之间少加了“，”，但其作用大不相同，表示如果选择符 2 包括的内容同时包括在选择符 1 中的时候，所设置的样式才起作用，这种也被称为“选择器嵌套”。

知识点拨

为网页添加样式表的方法有以下四种。

（1）直接添加在 HTML 标签中。

这是应用 CSS 最简单的方法，其语法如下：

```
< 标签 style= “CSS 属性：属性值” > 内容 </ 标签 >
```

例如：

```
< h1 style= “color: black; font-size: 24px” > 标签 < /h1>
```

该使用方法简单、显示直观，但是这种方法由于无法发挥样式表内容和格式控制分别保存的优点，并不常用。

（2）将 CSS 样式代码添加在 HTML 的 <style> 和 </style> 标签之间。

```
< head>
< style type= “text/css” >
< !--
样式表具体内容
-->
< /style>
< /head>
```

一般 <style> 和 </style> 标签需要放在 <head> 和 </head> 标签之间，其中 type= “text/css” 表示样式表采用 MIME 类型，帮助不支持 CSS 的浏览器忽略 CSS 代码，避免在浏览器中直接以源代码的方式显示。为保证这种情况一定不出现，还有必要在样式表代码上加注释标识符 <!---->。

（3）链接外部样式表。

将样式表文件通过 <link> 标签链接到指定网页中，这也是最常使用的方法。这种方法最大的好处是，样式表文件可以反复链接不同的网页，从而保证多个网页风格的一致。

```
< head>
< link rel= “stylesheet” href= “*.css” type= “text/css” >
< /head>
```

其中，rel= “stylesheet” 用来指定一个外部的样式表，如果使用“Alternate stylesheet”，则指定使用一个交互样式表。href=“*.css”指定要链接的样式表文件路径，样式文件以 .css 作为后缀，

其中应包含 CSS 代码。<style> 和 </style> 标签不能写到样式表文件中。

（4）联合使用样式表。

可以在 <style> 和 </style> 标签之间既定义 CSS 代码，也导入外部样式文件的声明。例如：

```
< head>
< style type= “text/css” >
< !--
@import “*.css”
-->
< /style>
< /head>
```

以 @import 引入的联合样式表方法和链接外部样式表的方法很相似，但联合样式表方法更有优势。因为联合法可以在链接外部样式表的同时，针对该网页的具体情况，添加别的网页不需要的样式。

8.2 创建 CSS 样式

CSS 具有强大的页面功能。用户可以通过“CSS 设计器”面板创建 CSS 样式，下面将对此进行介绍。

8.2.1 CSS 设计器

用户可以在“CSS 设计器”面板中创建类选择器、标签选择器等样式。执行“窗口”|“CSS 设计器”命令，打开“CSS 设计器”面板，如图 8-1 所示。

“CSS 设计器”面板中的各选项组作用如下。

- ◎ “源”选项组：与项目相关的 CSS 文件的集合。用于创建、附加样式、删除内部样式表或附加样式表。
- ◎ “@ 媒体”选项组：用于控制屏幕大小的媒体查询。
- ◎ “选择器”选项组：用于显示所选源中的所有选择器。
- ◎ “属性”选项组：用于显示与所选的选择器相关的属性，提供仅显示已设置属性的选项。

图 8-1

8.2.2 创建 CSS 样式

用户可以通过“CSS 设计器”面板创建 CSS 样式，下面将对此进行介绍。

（1）创建新的 CSS 文件。

创建新 CSS 文件并将其附加到文档。

新建文档，打开“CSS 设计器”面板，单击“源”选项组中的“添加 CSS 源”按钮+，在弹出的下拉菜单中选择“创建新的 CSS 文件”命令，如图 8-2 所示。打开“创建新的 CSS 文件”对话框，如图 8-3 所示。

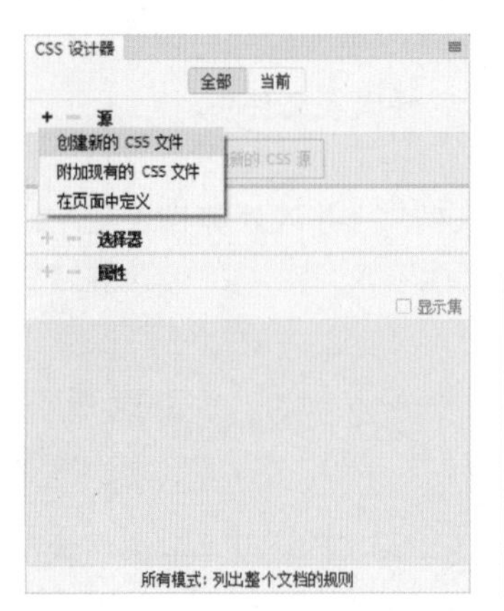

图 8-2　　　　图 8-3

在该对话框中单击“浏览”按钮，打开“将样式表文件另存为”对话框，在该对话框中设置参数，如图 8-4 所示。单击“保存”按钮，返回“创建新的 CSS 文件”对话框，如图 8-5 所示。单击“确定”按钮，即可创建外部样式。

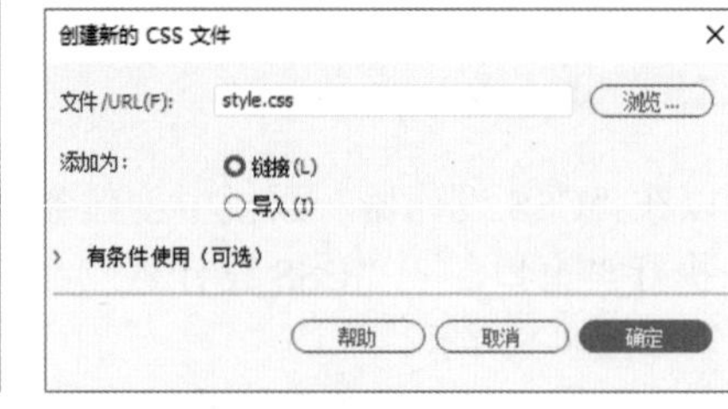

图 8-4　　　　图 8-5

此时“CSS 设计器”面板中的“源”选项组中将出现新创建的外部样式，如图 8-6 所示。单击“选择器”选项组中的“添加选择器”按钮+，在“选择器”选项组中将出现文本框，用户根据要定义的样式的类型输入名称，如定义类选择器“.body”，如图 8-7 所示。选中定义的类选择器，在“属性”选项组中即可设置相关的属性，如图 8-8 所示。

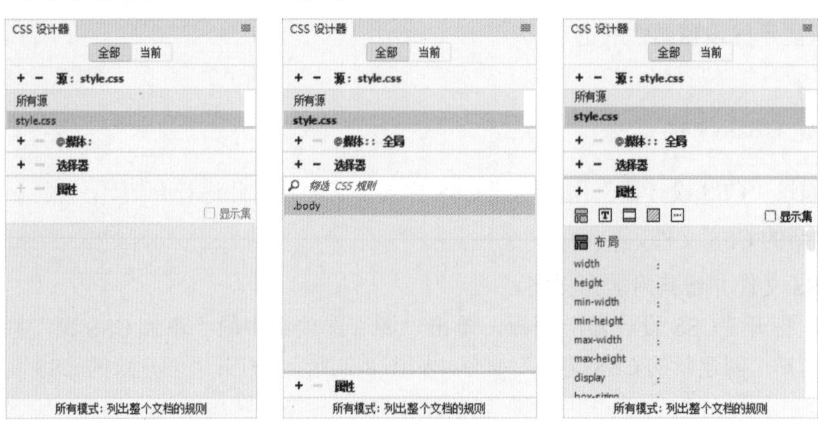

图 8-6　　　　图 8-7　　　　图 8-8

（2）附加现有的 CSS 文件。

用户还可以为不同的网页的 HTML 元素附加现有的外部样式，节省操作时间。

附加外部样式有多种方式。

◎ 执行“文件”｜“附加样式表”命令；

◎ 执行“工具”｜ CSS ｜“附加样式表”命令；

◎ 打开“CSS 设计器”面板，单击“源”选项组中的“添加 CSS 源”按钮+，在弹出的下拉菜单中选择“附加现有的 CSS 文件”命令。

通过这 3 种方式，都可以打开“使用现有的 CSS 文件”对话框，如图 8-9 所示。单击“浏览”按钮，打开“选择样式表文件”对话框，选择 CSS 文件，如图 8-10 所示。

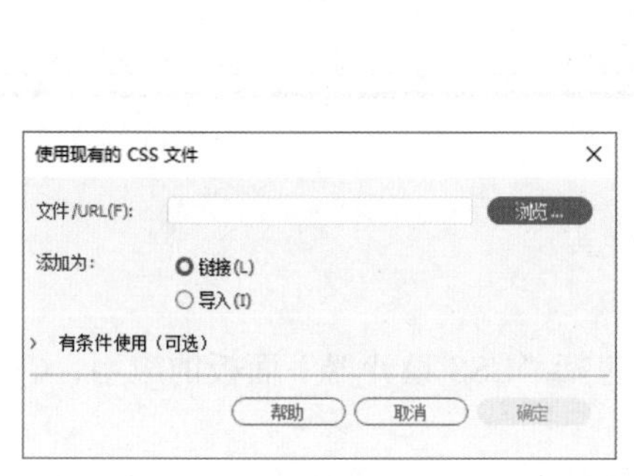

图 8-9

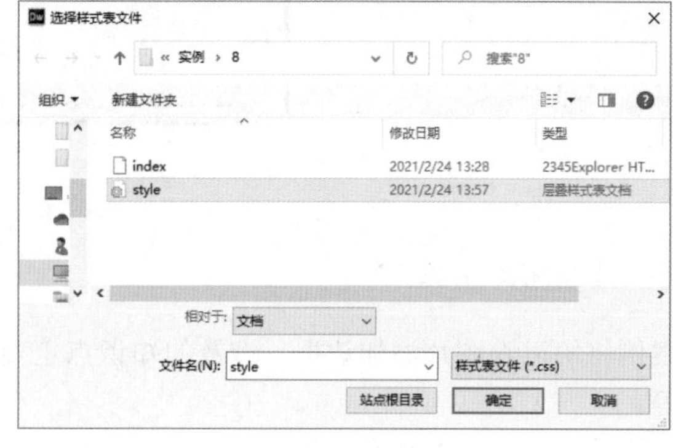

图 8-10

单击“确定”按钮，返回“使用现有的 CSS 文件”对话框，如图 8-11 所示。单击“确定”按钮，即可完成外部样式的附加，如图 8-12 所示。

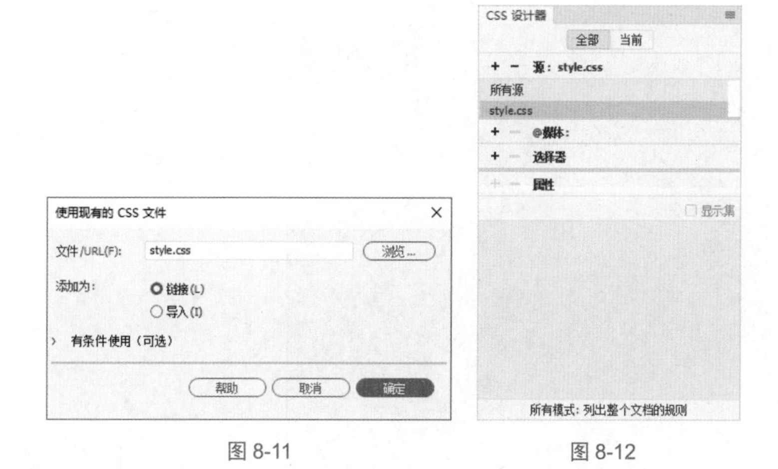

图 8-11　　　　图 8-12

“使用现有的 CSS 文件”对话框中部分选项作用如下。

◎ 链接：选择该选项，外部 CSS 样式是以链接的形式出现在网页文档中，生成 <link> 标签。

◎ 导入：选择该选项，外部 CSS 样式将导入至网页文档中，生成 <@Import> 标签。

（3）在页面中定义。

“在页面中定义”命令可以将 CSS 文件定义在当前文档中。

在“CSS 设计器”面板中，单击“源”选项组中的“添加 CSS 源”按钮+，在弹出的下拉菜单中选择“在页面中定义”命令，在“源”选项组中即会出现 <style> 标签，完成 CSS 文件的定义，如图 8-13 所示。

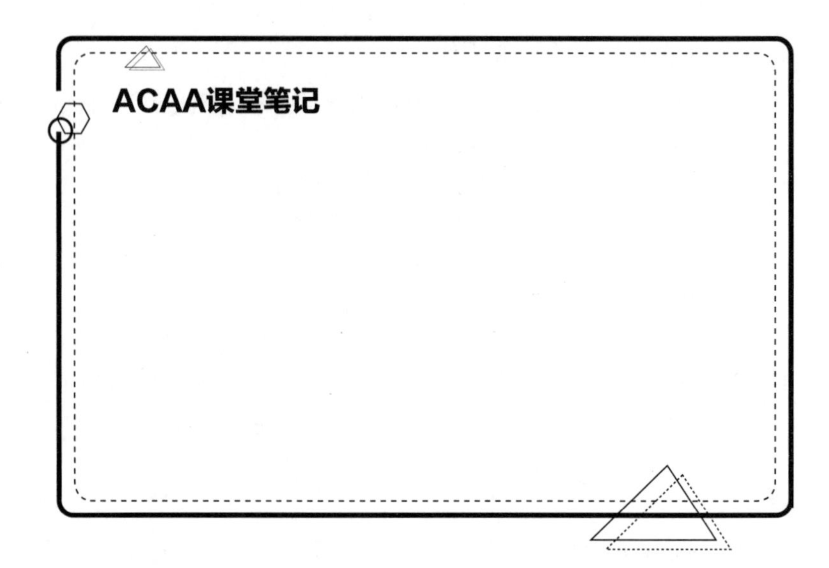

图 8-13

■ 实例：添加图片边框

本案例将练习为图片添加边框，涉及的知识点主要包括“CSS 设计器”面板的应用、CSS 样式的创建等。

Step01 新建网页文档，并保存。执行“插入” | Image 命令，插入本章图像素材，如图 8-14 所示。

Step02 执行“窗口” | “CSS 设计器”命令，打开“CSS 设计器”面板，单击“源”选项组中的“添加 CSS 源”按钮+，在弹出的下拉菜单中选择“在页面中定义”命令，创建内联样式，如图 8-15 所示。

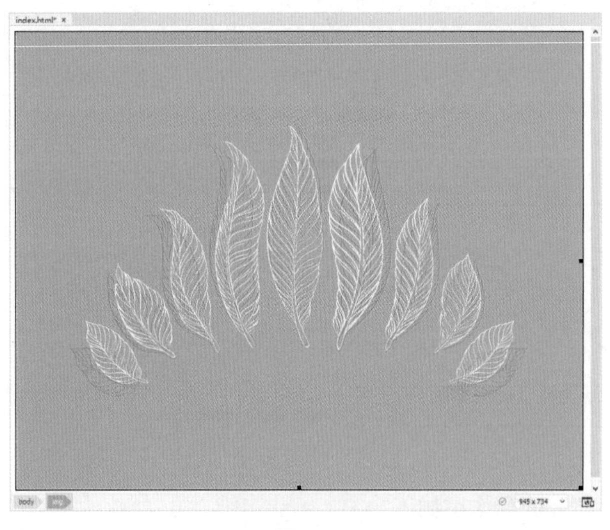

图 8-14

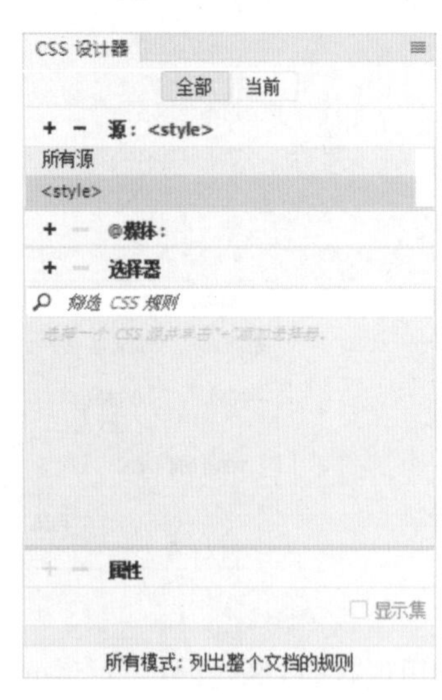

图 8-15

Step03 单击“选择器”选项组中的“添加选择器”按钮+，在出现的文本框中输入名称“.img”，如图 8-16 所示。

Step04 单击“属性”选项组中的“边框”按钮▭，设置“边框”属性，如图 8-17 所示。

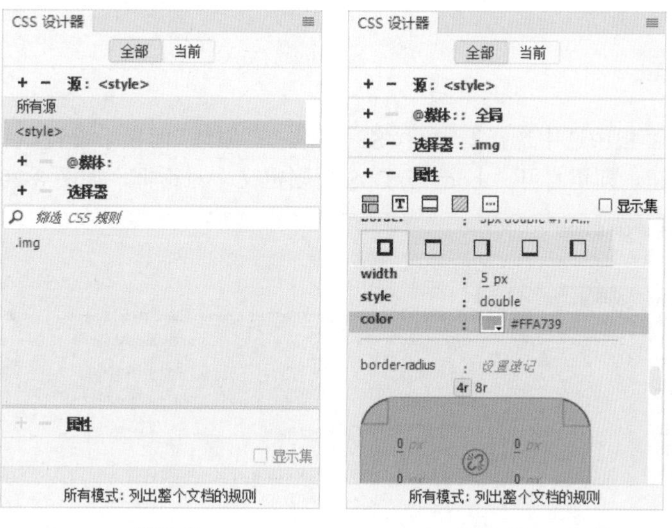

图 8-16　　图 8-17

Step05 选中文档中的图像，在文档窗口左下方的<img>标签上右击鼠标，在弹出的快捷菜单中选择"设置类" | img 命令，应用 CSS 样式，如图 8-18 所示。效果如图 8-19 所示。

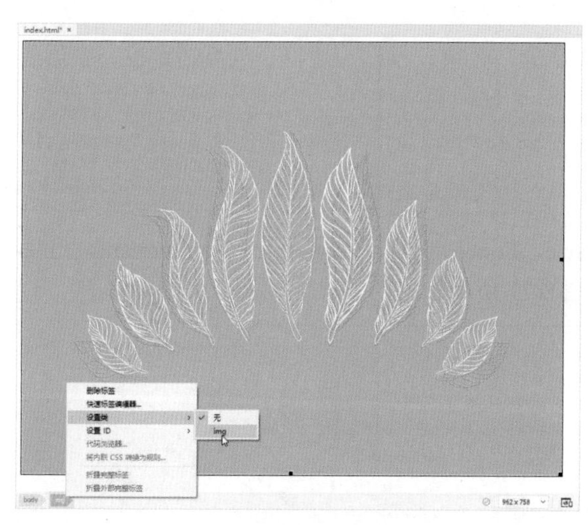

图 8-18

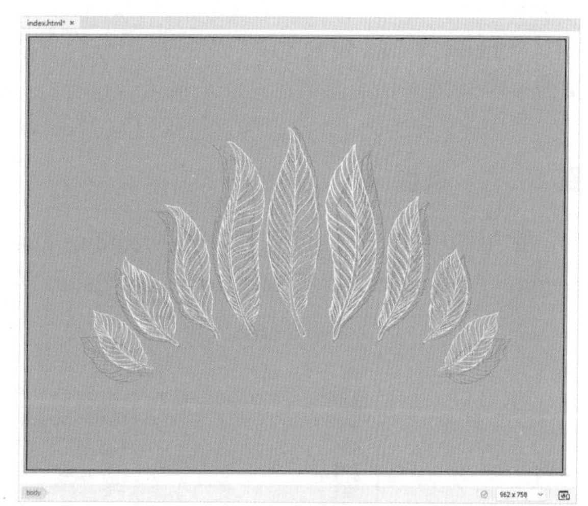

图 8-19

至此，完成图片边框的添加。

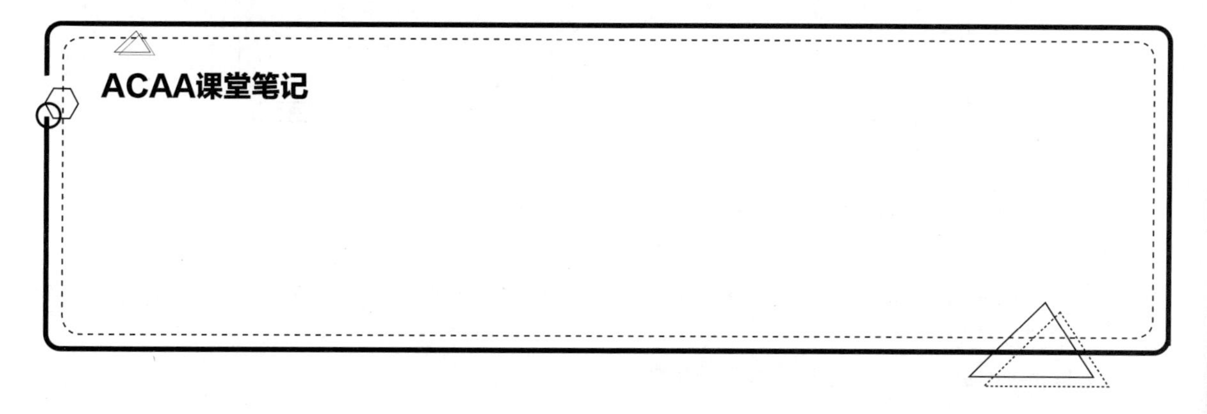

8.3 CSS 的设置

在“CSS设计器”面板中选中选择器中的CSS规则，在“属性”面板中设置“目标规则”为选中对象，单击“编辑规则”按钮，即可打开“.body 的 CSS 规则定义”对话框，如图 8-20 所示。

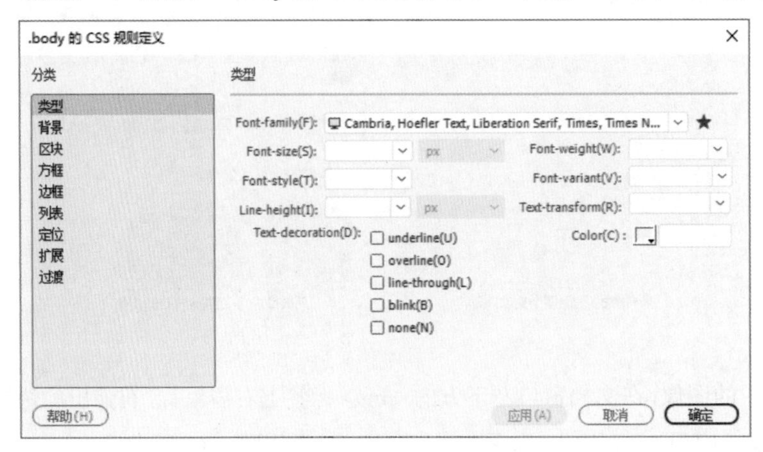

图 8-20

“.body 的 CSS 规则定义”对话框中分为类型、背景、区块、方框、边框、列表、定位、扩展和过渡 9 个选项卡。下面将对这 9 个选项卡进行介绍。

8.3.1 类型

常用的类型属性主要包括：Font-family，Font-size，Font-weight，Font-style，Font-variant，Line-height，Text-transform，Text-decoration，Color，如图 8-21 所示。

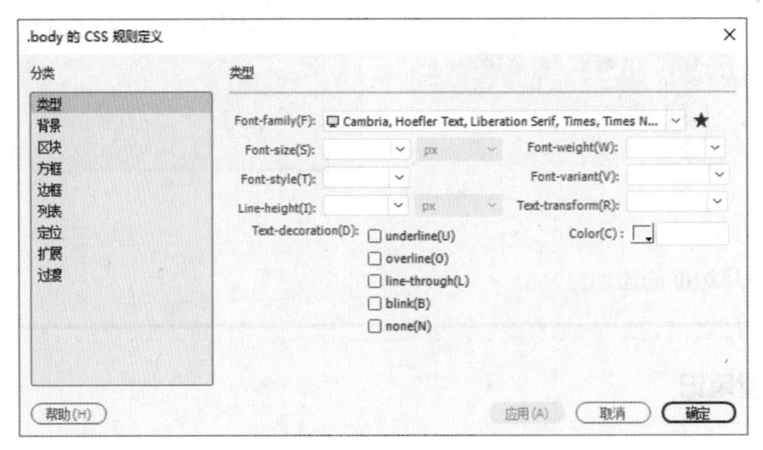

图 8-21

“类型”选项卡中的相关属性介绍如下。

◎ Font-family：用于指定文本的字体，多个字体之间以逗号分隔，按照优先顺序排列。

◎ Font-size：用于指定文本中的字体大小，可以直接指定字体的像素（px）大小，也可以采用相对设置值。

◎ Font-variant：定义小型的大写字母字体。

ACAA课堂笔记

◎ Font-weight：指定字体的粗细。
◎ Font-style：用于设置字体的风格。
◎ Line-height：用于设置文本所在行的高度。
◎ Text-transform：可以控制将选定内容中的每个单词的首字母大写或者将文本设置为全部大写或小写。
◎ Text-decoration：向文本中添加下划线、上划线或删除线，或使文本闪烁。
◎ Color：用于设置文字的颜色。

8.3.2 背景

“背景”选项卡中选项的功能主要是在网页元素后面添加固定的背景颜色或图像，常用的属性主要包括 Background-color，Background-image，Background-repeat，Background-attachment，Background-position，如图 8-22 所示。

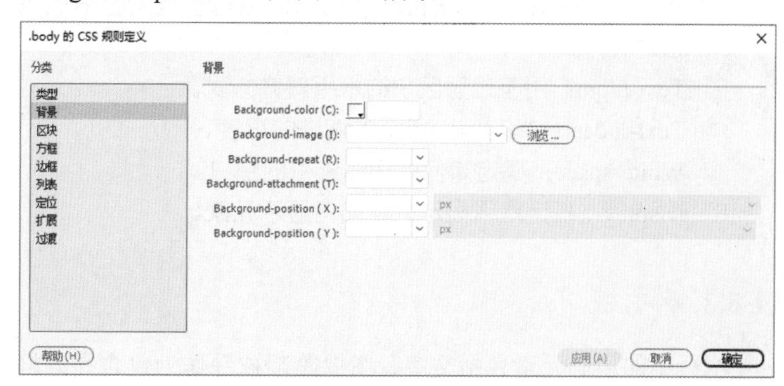

图 8-22

“背景”选项卡中的相关属性介绍如下。
◎ Background-color：用于设置 CSS 元素的背景颜色。
◎ Background-image：用于定义背景图片，属性值设为 url（背景图片路径）。
◎ Background-repeat：用来确定背景图片如何重复。
◎ Background-attachment：设定背景图片是跟随网页内容滚动，还是固定不动。属性值可设为 scroll（滚动）或 fixed（固定）。
◎ Background-position：设置背景图片的初始位置。

8.3.3 区块

“区块”选项卡中选项的功能主要是定义样式的间距和对齐设置，常用的属性主要包括 Word-spacing，Letter-spacing，Vertical-align，Text-align，Text-indent，White-space，Display。如图 8-23 所示为“区块”选项卡。

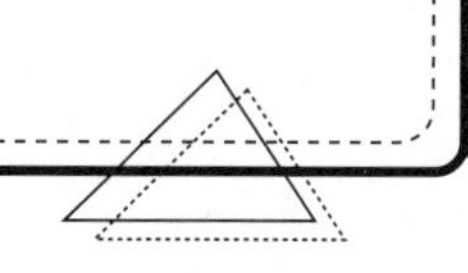

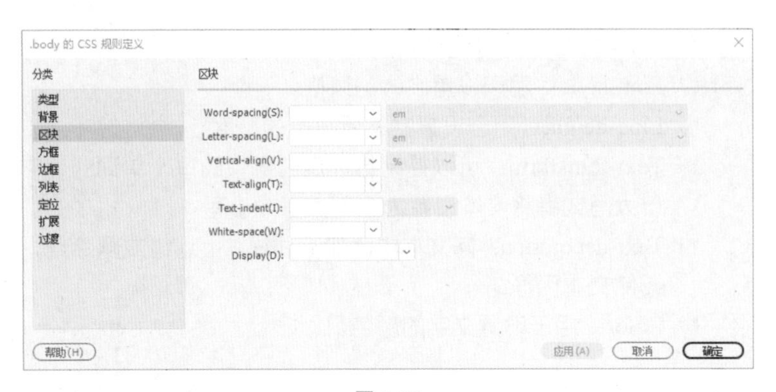

图 8-23

“区块”选项卡中的相关属性介绍如下。

◎ Word-spacing：用于设置文字的间距。

◎ Letter-spacing：用于设置字符间距。如需要减少字符间距，可指定一个负值。

◎ Vertical-align：用于设置文字或图像相对于其父容器的垂直对齐方式。

◎ Text-align：用于设置区块的水平对齐方式。

◎ Text-indent：指定第一行文本缩进的程度。

◎ White-space：确定如何处理元素中的空白。

◎ Display：指定是否显示以及如何显示元素。

8.3.4 方框

网页中的所有元素包括文字、图像等都被看作为包含在方框内，“方框”选项卡中的选项主要包括 Width，Height，Float，Clear，Padding，Margin。如图 8-24 所示为“方框”选项卡。

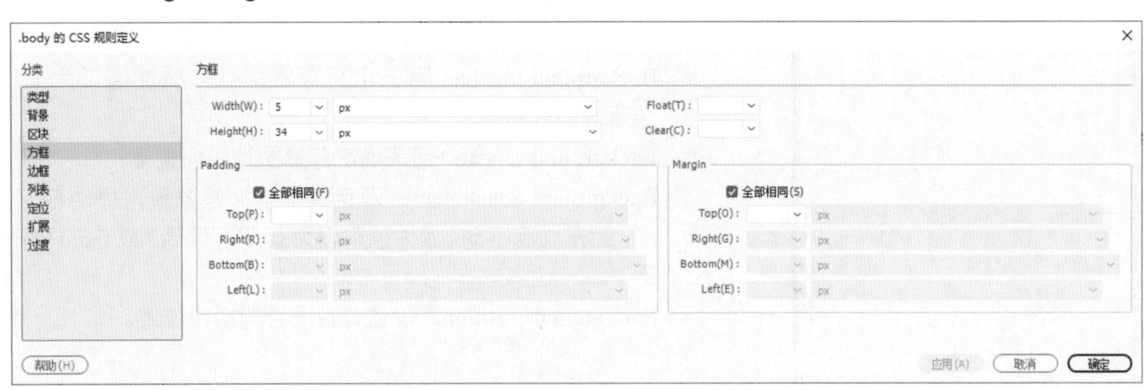

图 8-24

“方框”选项卡中的相关属性介绍如下。

◎ Width：用于设置网页元素对象宽度。

◎ Height：用于设置网页元素对象高度。

◎ Float：用于设置网页元素浮动。

ACAA课堂笔记

◎ Clear：用于清除浮动。

◎ Padding：指定显示内容与边框间的距离。

◎ Margin：指定网页元素边框与另外一个网页元素边框之间的间距。

Padding 属性与 Margin 属性可与 top，right，bottom，left 组合使用，用来设置上、右、下、左的间距。

8.3.5 边框

“边框”选项卡中的选项可用来设置网页元素的边框外观，如图 8-25 所示。

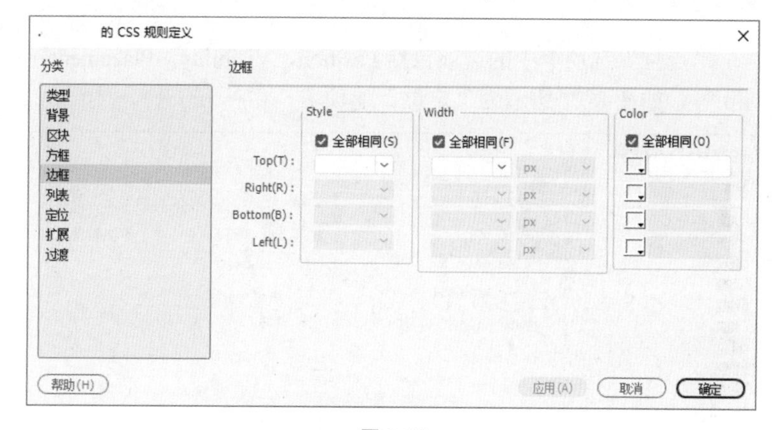

图 8-25

“边框”选项卡中的相关属性介绍如下。

◎ Style：用于设置边框的样式。

◎ Width：用于设置边框宽度。

◎ Color：由于设置边框颜色。

8.3.6 列表

“列表”选项卡中包括 List-style-type，List-style-image，List-style-Position 等选项。如图 8-26 所示为“列表”选项卡。

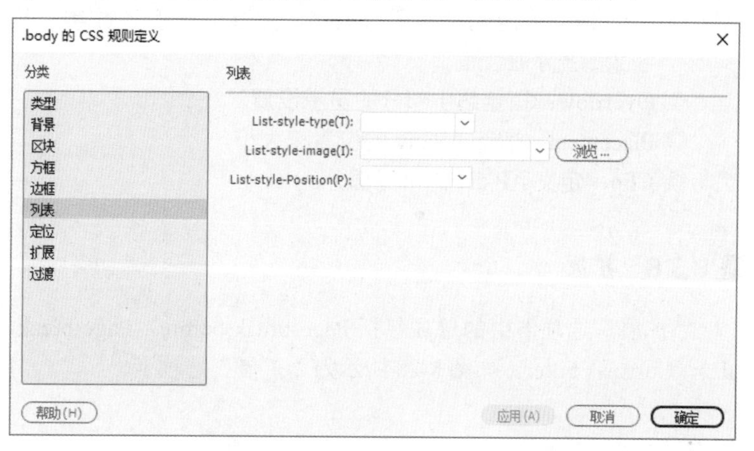

图 8-26

“列表”选项卡中的相关属性介绍如下。

◎ List-style-type：用于设置列表样式，属性值可设为：Disc（默认值，实心圆）、Circle（空心圆）、Square（实心方块）、Decimal（阿拉伯数字）、lower-roman（小写罗马数字）、upper-roman（大写罗马数字）、low-alpha（小写英文字母）、upper-alpha（大写英文字母）、none（无）。

◎ List-style-image：用于设置列表标记图像，属性值为url(标记图像路径)。

◎ List-style-Position：用于设置列表位置。

8.3.7 定位

“定位”选项卡中的选项包括 Position，Visibility，Placement，Clip 等。如图 8-27 所示为“定位”选项卡。

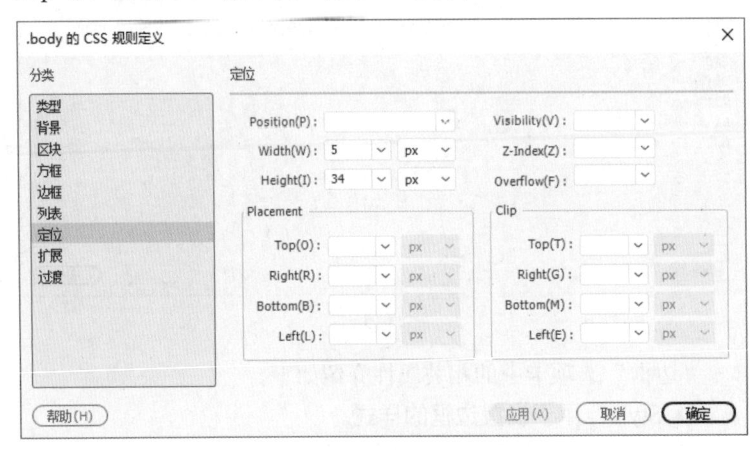

图 8-27

“定位”选项卡中的相关属性介绍如下。

◎ Position：用于设定定位方式，属性值可设为 Static（默认）、Absolute（绝对定位）、Fixed（相对固定窗口的定位）、Relative（相对定位）。

◎ Visibility：指定元素是否可见。

◎ Z-Index：指定元素的层叠顺序，属性值一般是数字，数字大的显示在上面。

◎ Overflow：指定超出部分的显示设置。

◎ Placement：指定 AP div 的位置和大小。

◎ Clip：定义 AP div 的可见部分。

8.3.8 扩展

“扩展”选项卡中的选项包括 Page-break-before，Page-break-after，Cursor，Filter。如图 8-28 所示为“扩展”选项卡。

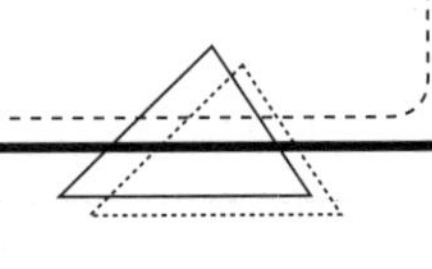

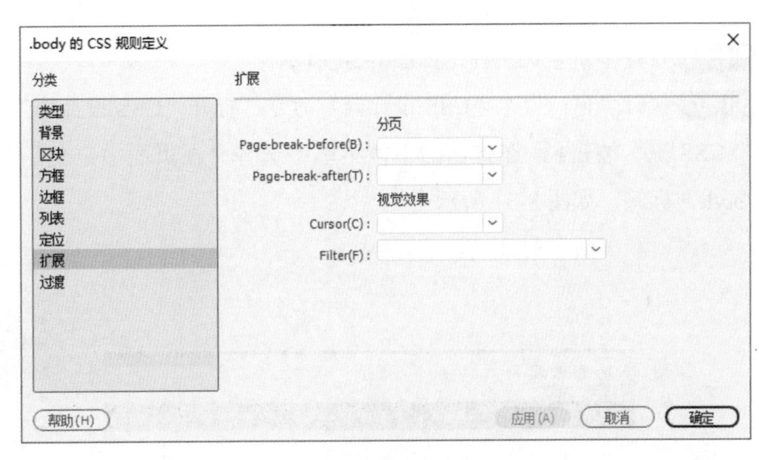

图 8-28

“扩展”选项卡中的相关属性介绍如下。

◎ Page-break-before：为打印的页面设置分页符。

◎ Page-break-after：检索或设置对象后出现的页分隔符。

◎ Cursor：定义光标形式。

◎ Filter：定义滤镜集合。

8.3.9 过渡

使用“过渡”选项卡中的选项可将平滑属性变化更改应用于基于 CSS 的页面元素，以响应触发器事件，如悬停、单击和聚焦。如图 8-29 所示为“过渡”选项卡。

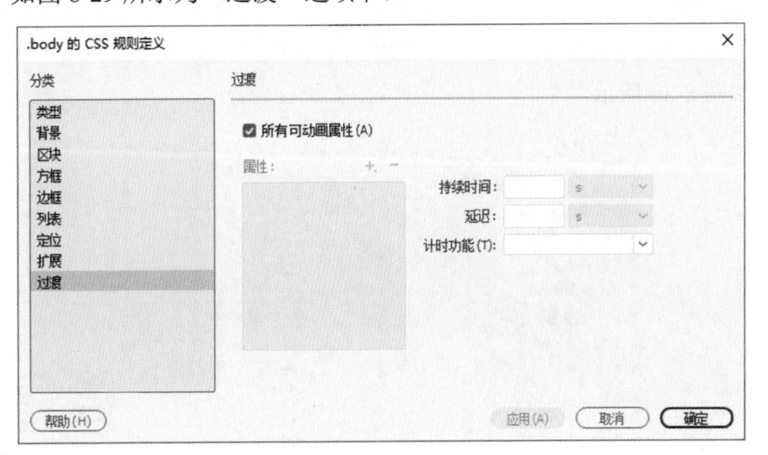

图 8-29

实例：创建内部样式表

本案例将练习创建内部样式表，涉及的知识点包括“CSS 设计器”面板的应用以及 CSS 样式的创建。

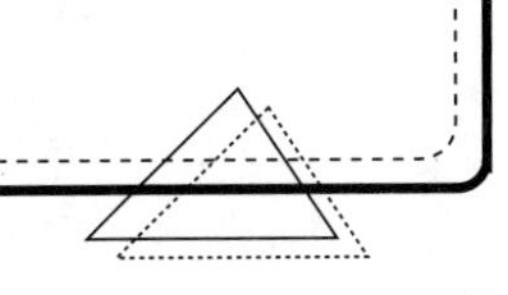

Step01 打开本章素材文件，如图 8-30 所示。

Step02 执行“窗口”|“CSS 设计器”命令，打开“CSS 设计器”面板，单击“源”选项组中的“添加 CSS 源”按钮+，在弹出的下拉菜单中选择“在页面中定义”命令，在“源”选项组中即会出现 <style> 标签，如图 8-31 所示。

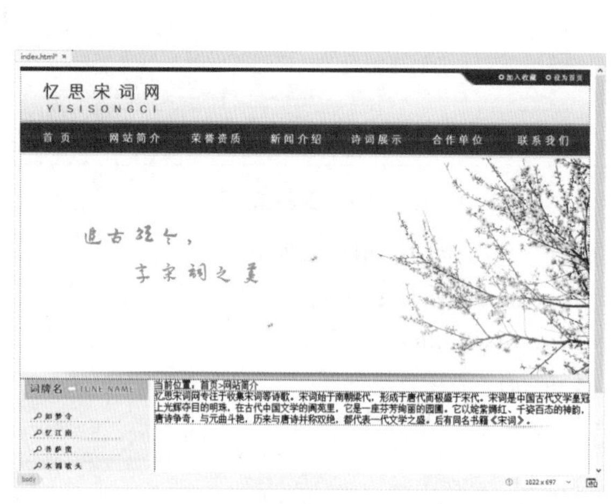

图 8-30

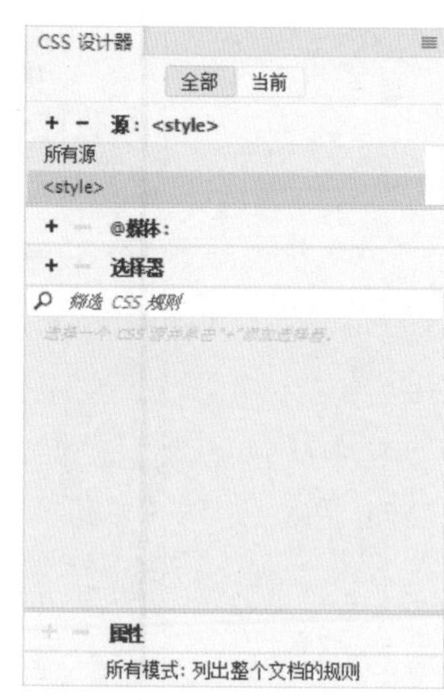

图 8-31

Step03 单击“选择器”选项组中的“添加选择器”按钮+，在“选择器”选项组中将出现文本框，输入名称“.title”，如图 8-32 所示。

Step04 选中文档中的文字“当前位置：首页 > 网站简介”，在“属性”面板中选择“目标规则”为“.title”，单击“编辑规则”按钮，打开“.title 的 CSS 规则定义”对话框，在“类型”选项卡中设置文字属性，如图 8-33 所示。

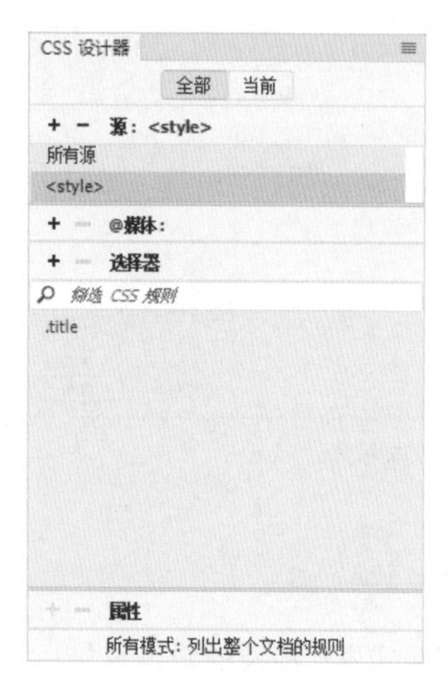

图 8-32

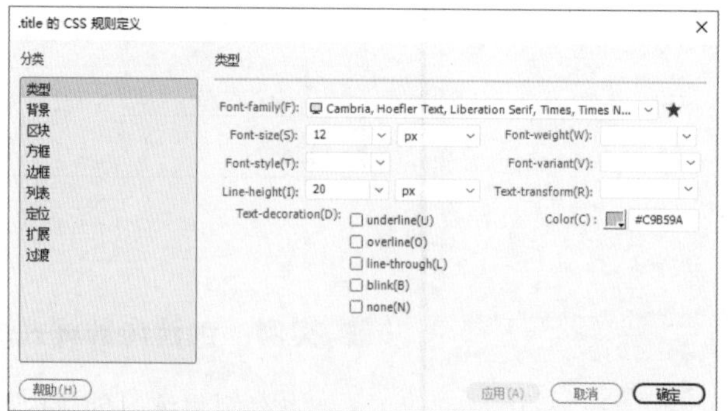

图 8-33

Step05 单击“应用”按钮，单击“确定”按钮，效果如图 8-34 所示。

Step06 选中另外的文字，在文档窗口左下方的 <td> 标签上右击鼠标，在弹出的快捷菜单中选择“设置类” | title 命令，应用 CSS 样式，如图 8-35 所示。

图 8-34

图 8-35

Step07 应用后效果如图 8-36 所示。

Step08 另存文档，按 F12 键测试效果，如图 8-37 所示。

图 8-36

图 8-37

至此，完成内部样式表的创建及应用。

8.4 课堂实战：制作花店网页

本案例将练习制作花店网页，使其文字呈现过渡效果，涉及的知识点主要包括“CSS 设计器”面板的使用、“CSS 过渡效果”面板的使用等。

Step01 打开本章素材文件，如图 8-38 所示。

Step02 执行“窗口”|“CSS 设计器”命令，打开“CSS 设计器”面板，单击“源”选项组中的“添加 CSS 源”按钮+，在弹出的下拉菜单中选择“在页面中定义”命令，创建样式，如图 8-39 所示。

图 8-38

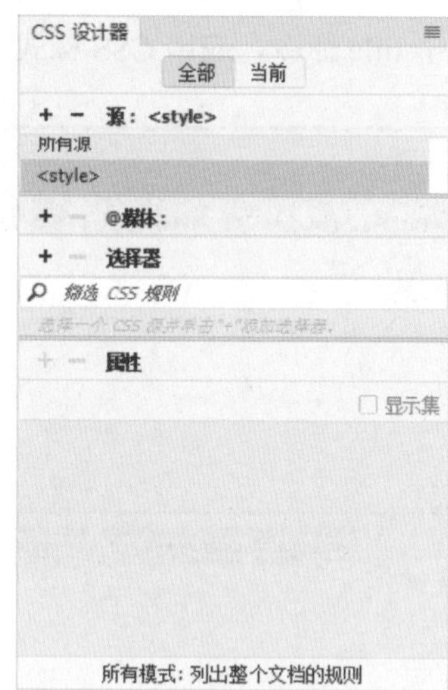

图 8-39

Step03 单击“选择器”选项组中的“添加选择器”按钮+，在文本框中输入名称“.text”，如图 8-40 所示。

Step04 在“属性”选项组中单击“文本”按钮，设置文本参数，如图 8-41 所示。

图 8-40

图 8-41

Step05 选择文字，在文档窗口左下方的 <td> 标签上右击鼠标，在弹出的快捷菜单中选择“设置类”| text 命令，应用 CSS 样式，如图 8-42 所示。

Step06 使用相同的操作，设置其他字体，效果如图 8-43 所示。

图 8-42

图 8-43

Step07 执行“窗口” | “CSS 过渡效果”命令，打开“CSS 过渡效果”面板，如图 8-44 所示。

Step08 单击“新建过渡效果”按钮 **+**，打开“新建过渡效果”对话框，并进行设置，如图 8-45 所示。

CSS 过渡效果

图 8-44

图 8-45

知识点拨

hover 是 CSS 中的鼠标悬停效果和动画。

Step09 完成后单击“创建过渡效果”按钮，返回网页文档。保存文件，按 F12 键测试效果，如图 8-46、图 8-47 所示。

图 8-46

图 8-47

至此，完成花店网页的制作。

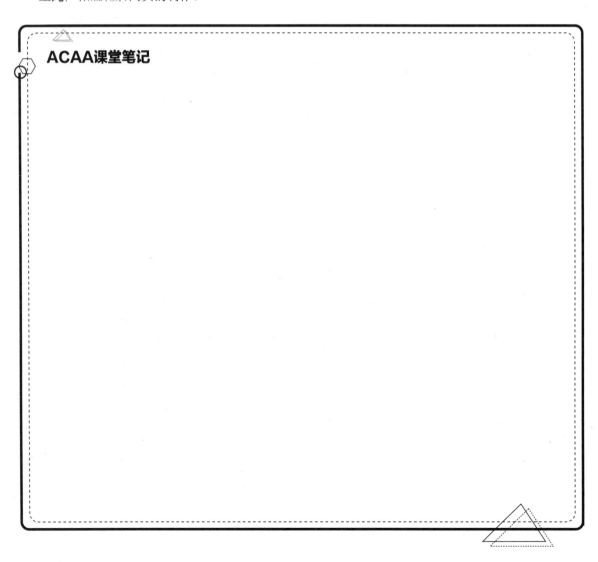

8.5 课后练习

一、选择题

1. 下列关于 CSS 的说法错误的是（　　）。

   A. CSS 的全称是 Cascading Style Sheets，中文的意思是“层叠样式表”

   B. CSS 的作用是精确定义页面中各元素以及页面的整体样式

   C. CSS 样式不仅可以控制大多数传统的文本格式属性，还可以定义一些特殊的 HTML 属性

   D. 使用 Dreamweaver 只能可视化创建 CSS 样式，无法以源代码方式对其进行编辑

2. 关于使用 CSS 和表格排版，下列说法正确的是（　　）。

   A. 使用 CSS 排版具有更多的自由与更好的兼容性

   B. 使用表格排版自由性稍差，但兼容性非常好

   C. 使用 CSS 排版后的网页可以将其转换为表格排版，但使用表格排版的网页不能转换为 CSS 排版

   D. 使用 CSS 或表格排版的页面不能相互转换

3. 要通过 CSS 设置中文文字的间距，可以通过调整样式表中的（　　）属性实现。

   A. 文字间距　　B. 字母间距　　C. 数字间距　　D. 无法实现

二、填空题

1. CSS 格式设置规则由 ________ 和 ________ 两部分组成。

2. CSS 中的选择器分为 ____________、____________、ID 选择器、伪类选择器等。

3. “CSS 规则定义”对话框中分为类型、__________、__________、__________、边框、列表、定位、扩展和过渡 9 个选项卡。

三、操作题

1. 使用 CSS 美化网页

（1）本案例将练习使用 CSS 美化网页，涉及的知识点包括“CSS 设计器”面板的应用、CSS 样式的应用等。制作完成前后的效果如图 8-48、图 8-49 所示。

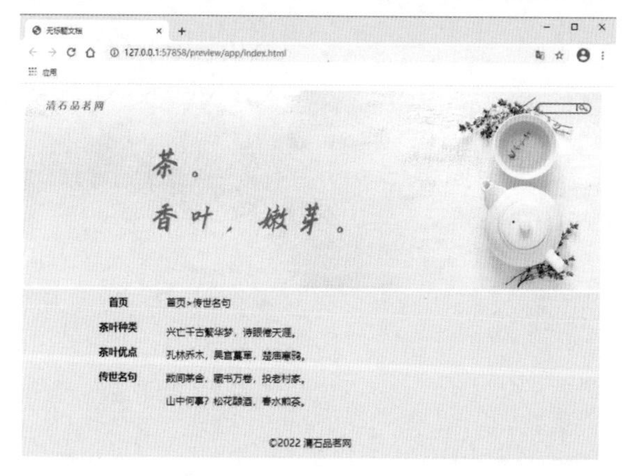
清石品茗网
茶。
香叶，嫩芽。
首页
茶叶种类
茶叶优点
传世名句
兴亡千古繁华梦，诗眼倦天涯。
孔林乔木，吴宫蔓草，楚庙寒鸦。
数间茅舍，藏书万卷，投老村家。
山中何事？松花酿酒，春水煎茶。
©2022 清石品茗网

图 8-48

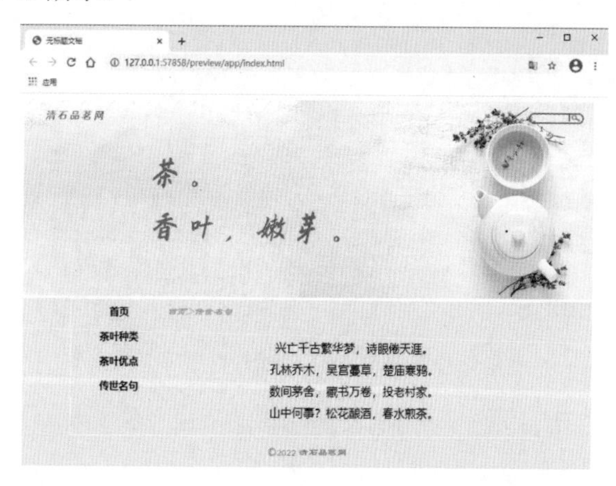
清石品茗网
茶。
香叶，嫩芽。
首页
茶叶种类
茶叶优点
传世名句
兴亡千古繁华梦，诗眼倦天涯。
孔林乔木，吴宫蔓草，楚庙寒鸦。
数间茅舍，藏书万卷，投老村家。
山中何事？松花酿酒，春水煎茶。

图 8-49

（2）操作思路。

Step01 打开本章素材文件，创建 CSS 文件；

Step02 创建选择器，设置选择器效果；

Step03 应用 CSS 样式；

Step04 保存文件，测试效果。

2. 调整文具网页导航栏

（1）本案例将练习调整文具网页导航栏，使其更加美观，涉及的知识点包括 CSS 样式的应用、选择器的创建等。制作完成前后的效果如图 8-50、图 8-51 所示。

图 8-50

图 8-51

（2）操作思路。

Step01 打开本章素材文件，制作内部样式表；

Step02 创建选择器，设置选择器效果；

Step03 应用 CSS 样式；

Step04 保存文件，测试效果。

第9章 Div+CSS网页布局技术

内容导读

使用 Div+CSS 布局网页，可以提高网页可读性，提高网页下载速度，减少网页中的代码，使页面代码结构更清晰，同时也便于网站的后期维护。本章将对 Div+CSS 布局网页的相关知识进行介绍。

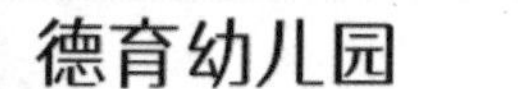

学习目标

- 了解 Web 标准
- 了解什么是 Div
- 学会创建 Div
- 学会使用 Div 布局

9.1 CSS 与 Div 布局基础

Div+CSS 标准的叫法应是 XHTML+CSS，是当前主流的一种网页布局方法，与传统的表格（Table）布局相比，该种布局方法可以实现网页页面内容与表示形式分离，使网页显示更加灵活、美观，维护方便。

9.1.1 什么是 Web 标准

Web 标准即网页标准，是指有关于全球资讯网各个方面的定义和说明的正式标准以及技术规范。网页主要由结构、表现和行为三部分组成，对应的标准也分三方面。

（1）结构。

结构用于对网页中用到的信息进行分类与整理。结构标准语言主要包括 XHTML 和 XML。

XML 是可扩展标记语言，最初设计是为了弥补 HTML 的不足。XML 以强大的扩展性满足网络信息发布的需要，后来逐渐用于网络数据的转换和描述。

XHTML 是可扩展超文本标记语言，是在 HTML 4.0 的基础上，使用 XML 的规则对其进行扩展发展起来的，是基于 XML 的应用。

（2）表现。

表现用于对信息的版式、颜色和大小等形式进行控制。表现标准语言主要包括 CSS。

CSS 是层叠样式表。W3C 创建 CSS 标准的目的是以 CSS 取代 HTML 表格式布局、帧和其他表现的语言。纯 CSS 布局与结构式 XHTML 相结合，能帮助设计师分离外观与结构，使站点的访问及维护更加容易。

（3）行为。

行为是指文档内部的模型定义及交互行为的编写，用于编写交互式的文档。行为标准主要包括 DOM 和 ECMAScript。

DOM 是文档对象模型，它定义了表示和修改文档所需的对象、这些对象的行为和属性以及这些对象之间的关系。DOM 给 Web 设计者和开发者一个标准的方法，让他们来访问站点中的数据、脚本和表现层对象。

ECMAScript 是由 ECMA 国际组织制定的标准脚本语言。目前推荐遵循的是 ECMAScript 262，JavaScript 或 Jscript 脚本语言实际上是 ECMA-262 标准的实现和扩展。

9.1.2 Div 概述

Div 全称为 Division，即划分，用于在页面中定义一个区域，使用 CSS 样式可控制 Div 元素的表现效果。Div 可以将复杂的网页内容分割成独立的区块，一个 Div 可以放置一个图片，也可以显示一行文本。简单来讲，Div 就是容器，可以存放任何网页显示元素。

使用 Div 可以实现网页元素的重叠排列，实现网页元素的动态浮动，还可以控制网页元素的显示和隐藏，实现对网页的精确定位。有时候也把 Div 看作一种网页定位技术。

CSS（Cascading Style Sheet，层叠样式表）是一种描述网页显示外观的样式定义文件，Div（Division，层）是网页元素的定位技术，可以将复杂网页分割成独立的 Div 区块，再通过 CSS 技术控制 Div 的显示外观，这就构成了目前主流的网页布局技术：Div+CSS。

使用 Div+CSS 进行网页布局，与传统使用 Table 布局技术相比，具有以下优点。

◎ 节省页面代码：传统的 Table 技术在布局网页时经常会在网页中插入大量的 <Table>、<tr>、<td> 等标签，这些标签会造成网页结构更加臃肿，为后期的代码维护造成很大干扰。而采用 Div+CSS 布局页面，则不会增加太多代码，也便于后期网页的维护。

◎ 加快网页浏览速度：当网页结构非常复杂时，需要使用嵌套表格完成网页布局，这就加重了网页下载的负担，使网页加载非常缓慢。而采用 Div+CSS 布局网页，将大的网页元素切分成小的，从而加快了访问速度。

◎ 便于网站推广：Internet 网络中每天都有海量网页存在，这些网页需要有强大的搜索引擎，而作为搜索引擎的重要组成，网络爬虫则肩负着检索和更新网页链接的职能，有些网络爬虫遇到多层嵌套表格网页时则会选择放弃，这就使得这类的网站不能被搜索引擎检索到，也就影响了该类网站的推广应用。而采用 Div+CSS 布局网页则会避免该类问题。

除此之外，使用 Div+CSS 网页布局技术还可以根据浏览窗口大小自动调整当前网页布局；同一个 CSS 文件可以链接到多个网页，实现网站风格统一、结构相似。Div+CSS 网页布局技术已经取代了传统的布局方式，成为当今主流的网页设计技术。

知识点拨

Div 和 Span 都可以被看作容器，可以用来插入文本、图片等网页元素。不同的是，Div 是作为块级元素来使用，在网页中插入一个 Div，一般都会自动换行。而 Span 是作为行内元素来使用的，可以实现同一行、同一个段落中的不同的布局，从而达到吸引人注意的目的。一般会将网页总体框架先划分成多个 Div，然后根据需要使用 Span 布局行内样式。

Class 和 ID 可以将 CSS 样式和应用样式的标签相关联，作为标签的属性来使用的，不同的是，通过 Class 属性关联的类选择器样式一般都表示一类元素通用的外观，而 ID 属性关联的 ID 选择器样式则表示某个特殊的元素外观。

9.1.3 创建 Div

若想通过 Div 布局网页，可以在网页中创建 Div 区块，可以通过代码将 <div></div> 标签插入 HTML 网页中，也可以通过可视化网页设计软件创建 Div。在 Dreamweaver 中，创建 Div 非常简单，用户可以通过执行“插入”命令或通过“插入”面板插入 Div。

新建网页文档，执行“插入”| Div 命令，打开“插入 Div”对话框，在该对话框中进行相应设置，如图 9-1 所示。设置完成后单击“确定”按钮，即可在网页文档中插入 Div，如图 9-2 所示。

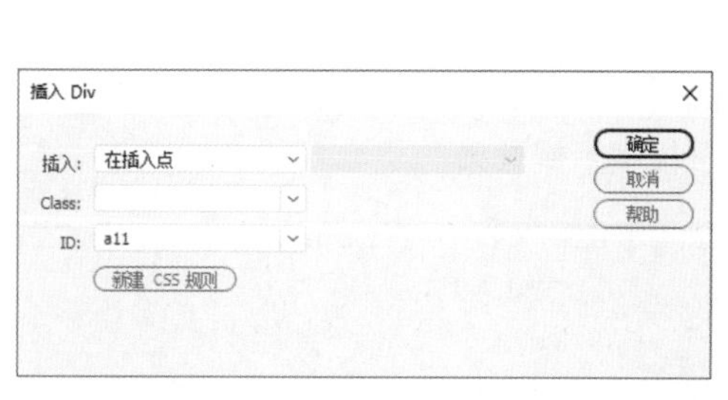

图 9-1

图 9-2

用户也可以执行“窗口”|“插入”命令，打开“插入”面板，在该面板中选择HTML选项中的Div，如图9-3所示。即可打开“插入Div”对话框进行设置，如图9-4所示。设置完成后单击“确定”按钮，即可在网页文档中插入Div。

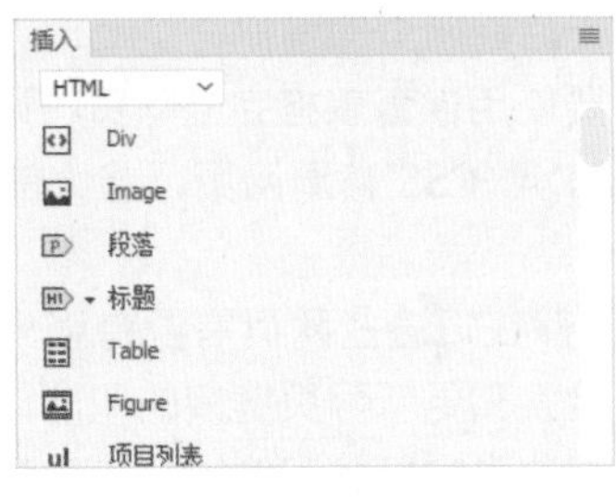

图 9-3

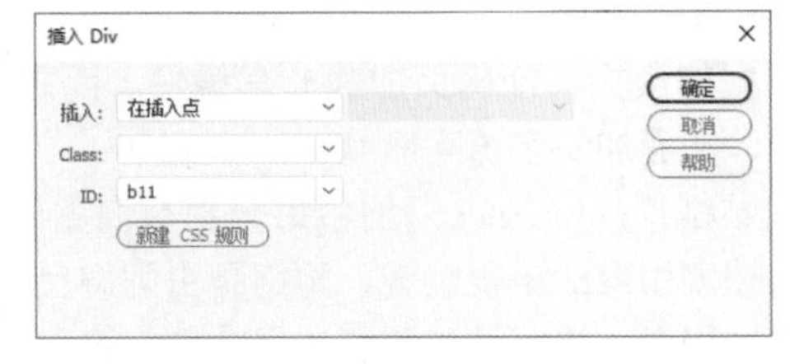

图 9-4

9.2 CSS布局方法

网页是网站的基础，而网页如何精彩地呈现在观众面前，就涉及了网页布局的概念。网页布局可以根据浏览器分辨率的大小确定网页的尺寸，然后根据网页表现内容和风格将页面划分成多个板块，在各自的板块插入对应的网页元素，如文本、图像、Flash等。

传统的网页布局方式是采用表格（Table）布局，但是表格布局多次嵌套后会导致网页代码烦琐，不利于网页的维护和浏览。目前主流的网页布局方式是采用Div+CSS布局，使用Div表示网页划分出的多个板块，再由CSS样式对Div进行定位和样式描述，将网页内容插入Div中，这种布局方法不会为网页插入太多设计代码，使网页结构清晰明了，而且网页下载速度快。

9.2.1 盒子模型

盒子模型是CSS技术所使用的一种思维模型，只有很好地掌握了盒子模型以及其中每个元素的用法，才能真正地控制页面中各元素的位置。

盒子模型是指将所有页面中的元素看成一个盒子，占据着一定的页面空间。用户可以通过调整盒子的边框和距离等参数，来调节盒子的位置。

一个盒子模型由内容（content）、边框（border）、填充（padding）和空白边（margin）这4个部分组成。

内容区是盒子模型的中心，呈现盒子的主要信息内容。其次是padding区域，该区域可用来调节内容显示和边框之间的距离。然后是边框，边框是环绕内容区和填充的边界，可以使用CSS样式设置边框的样式和粗细。最外面就是margin区域，用来调节边框以外的空白间隔，使盒子之间不会紧凑地链接在一起。

盒子模型的每个区域都可具体再分为Top、Bottom、Left、Right四个方向，多个区域的不同组合就决定了盒子的最终显示效果。如图9-5所示为盒子模型示例效果

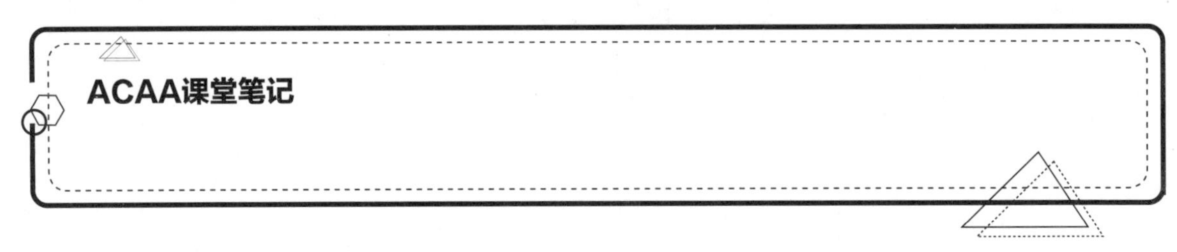

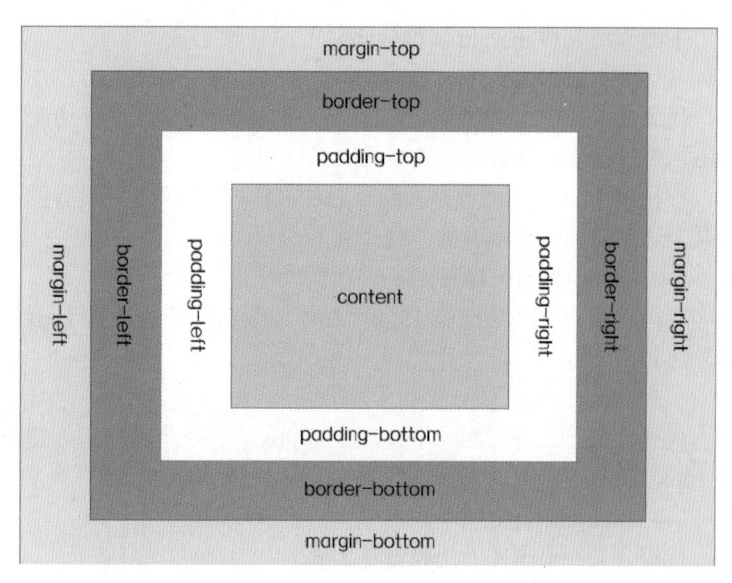

图 9-5

在对盒子进行定位时，需要计算出盒子的实际宽度和高度，即：

实际宽度 =margin-left+border-left+padding-left+width+padding-right+ border-right+margin-right

实际高度 =margin-top+border-top+padding-top+height+padding-bottom+ border-bottom+margin-bottom

在 CSS 中可以通过设定 width 和 height 的值来控制内容区的大小。对于任何一个盒子，都可以分别设定 4 条边各自的边框（border）、填充（padding）和空白边（margin）。因此只要利用好盒子的这些属性，就能够实现各种各样的排版效果。

9.2.2 外边距设置

使用 margin 属性可以很方便地设置外边距。margin 边界环绕在该元素的 content 区域四周。若 margin 的值为 0，则 margin 边界与 border 边界重合。

margin 属性接受任何长度单位，可以使用像素、毫米、厘米和 em 等，也可以设置为 auto（自动）。常见做法是为外边距设置长度值，允许使用负值。如表 9-1 所示为外边距属性。

表 9-1

属　　性	定　　义
margin	简写属性。在一个声明中设置所有的外边距属性
margin-top	设置元素的上边距
margin-right	设置元素的右边距
margin-bottom	设置元素的下边距
margin-left	设置元素的左边距

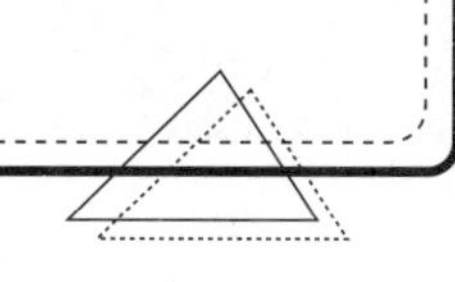

下面介绍几种 margin 属性代码。

（1）margin:15px 10px 15px 20px;

代码含义：上外边距是 15px，右外边距是 10px，下外边距是 15px，左外边距是 20px。

该代码中 margin 的值是按照上、右、下、左顺序进行设置的，即从上边距开始按照顺时针方向设置。

（2）margin:15px 10px 20px;

代码含义：上外边距是 15px，右外边距和左外边距是 10px，下外边距是 20px。

（3）margin:8px 16px;

代码含义：上外边距和下外边距是 8px，右外边距和左外边距是 16px。

（4）margin:12px;

代码含义：上下左右边距都是 12px。

■ 实例：设置矩形边距

本案例将通过 Div+CSS 设置矩形的外边距，涉及的知识点包括代码的编写及 margin 属性的设置等。如图 9-6 所示为制作完成后的效果。

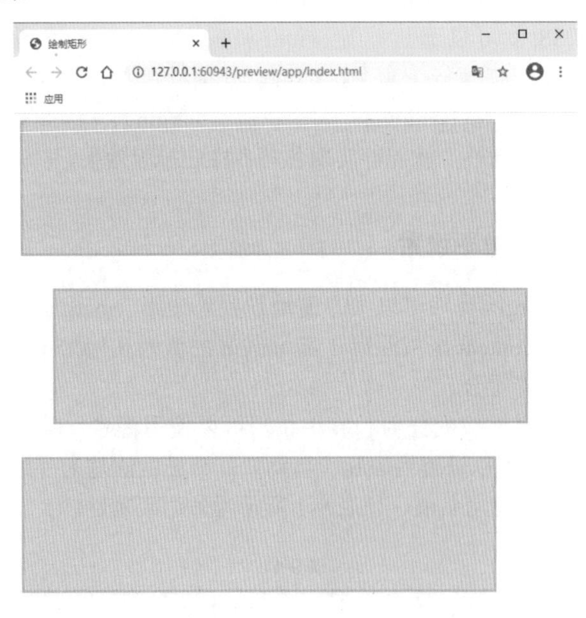

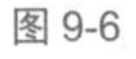
图 9-6

完整代码如下：

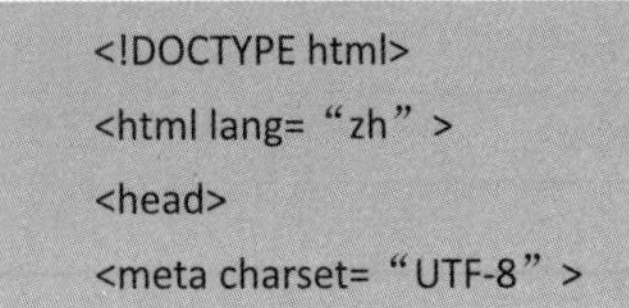

```
<!DOCTYPE html>
<html lang=“zh”>
<head>
<meta charset=“UTF-8”>
```

```
<title> 绘制矩形 </title>
<style>
div{
      width: 200px;
      height: 160px;
      border:3px orange solid;
      background-color:#FFC87A;
}
.d2{
      margin-top: 40px;
      margin-right: auto;
      margin-bottom: 40px;
      margin-left: 40px;
}
</style>
</head>
<body>
   <div class= "d1" ></div>
   <div class= "d2" ></div>
   <div class= "d3" ></div>
</body>
</html>
```

知识点拨

该代码中设置了第二个 div 的外边距为上：40px，右：自动，下：40px，左：40px。

除了这样简单地使用外边距外，还可以利用外边距水平居中块级元素，即不论上下边距，仅让左右边距自动。完整代码如下：

```
<!DOCTYPE html>
<html lang= "zh" >
<head>
<meta charset= "UTF-8" >
<title> 水平居中 </title>
<style>
div{
      width: 100px;
      height: 100px;
      border:3px red dotted;
}
.d2{
      margin:20px auto;
}
.d3{
```

```
        width: 400px;
        height: 200px;
    }
    .d4{
        margin:20px auto;
    }
    </style>
    </head>
    <body>
      <div class= “d1” ></div>
      <div class= “d2” ></div>
      <div class= “d3” >
      <div class= “d4” ></div>
    </div>
    </body>
    </html>
```

代码运行结果如图 9-7 所示。

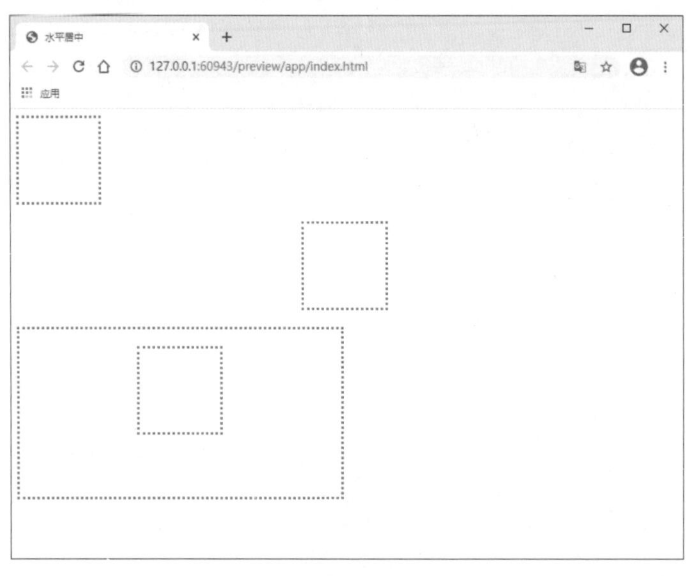

图 9-7

在该段代码中，设置了第二个 div 进行页面的居中显示，在第三个 div 中又嵌套了一个 div，并且也设置了居中的操作。

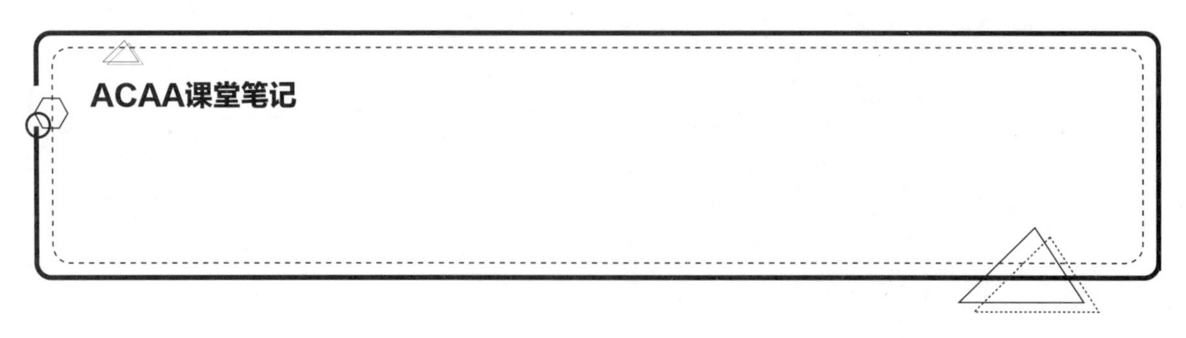

ACAA课堂笔记

9.2.3 外边距合并

外边距合并是指当两个垂直外边距相遇时，它们将形成一个外边距。合并后的外边距的高度等于两个发生合并的外边距的高度中的较大者。在实践中对网页进行布局时，会造成许多混淆。

当一个元素出现在另一个元素上面时，第一个元素的下外边距与第二个元素的上外边距会发生合并，如图 9-8、图 9-9 所示。

图 9-8

图 9-9

当一个元素包含在另一个元素中时（假设没有内边距或边框把外边距分隔开），它们的上或下外边距也会发生合并，如图 9-10、图 9-11 所示。

图 9-10

图 9-11

外边距甚至可以与自身发生合并。假设有一个空元素，它有外边距，但是没有边框或填充。在这种情况下，上外边距与下外边距就碰到了一起，它们也会发生合并。

合并效果是使用 margin 属性进行控制的，如图 9-12 所示为外边距合并的效果。

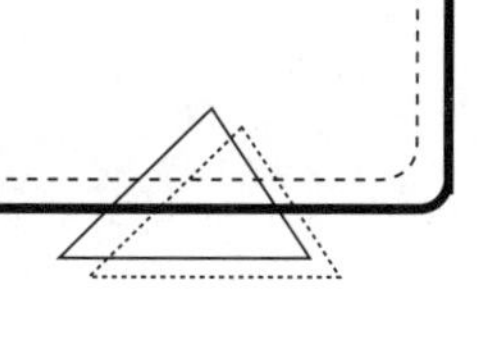

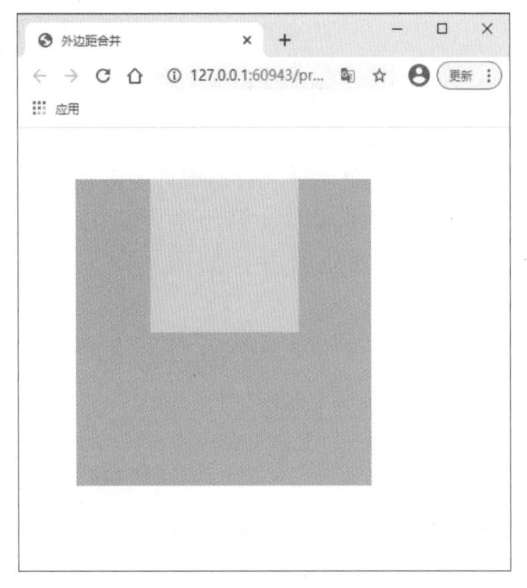

图 9-12

代码如下：

```
<!DOCTYPE html>
<html lang= “zh” >
<head>
<meta charset= “UTF-8” >
<title> 外边距合并 </title>
<style>
.container{
      width: 300px;
      height: 300px;
      margin:50px;
      background: #8CCF90;
}
.content{
      width: 150px;
      height: 150px;
      margin:30px auto;
      background: #F9CE62;
}
</style>
</head>
<body>
   <div class= “container” >
   <div class= “content” ></div>
</div>
</body>
</html>
```

在该代码中，容器 div 和内容 div 分别设置了外边距，但是父级 div 的边距要大于子级 div 的边距，所以它们的外边距会合并。

知识点拨

在段落文本中，外边距合并的现象是有其必要性的。<p> 标签段落元素与生俱来就是拥有上下 8px 的外边距的，外边距的合并可以使一系列的段落元素占用非常小的空间，因为它们的所有外边距都合并到一起，形成了一个小的外边距。

■ 实例：避免外边距合并

本案例将练习避免外边距合并效果。若需要在页面布局中避免发生这种外边距合并的现象，尤其是在父级元素与子级元素产生外边距合并时，可以通过添加边框消除外边距带来的困扰。避免外边距合并效果如图 9-13 所示。

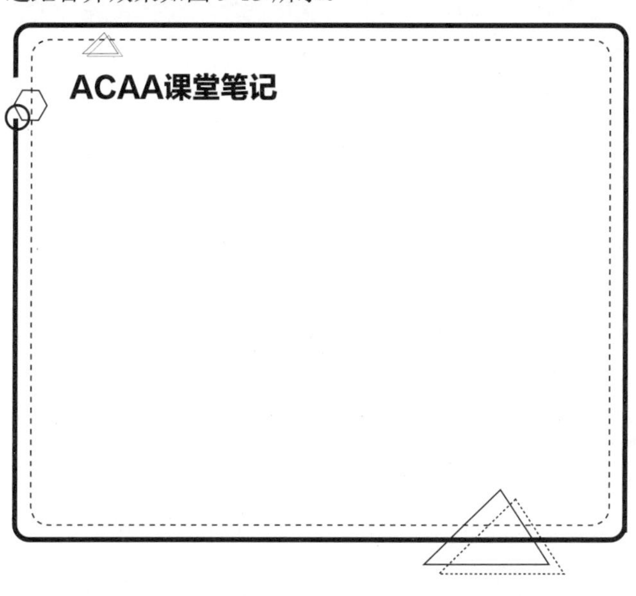

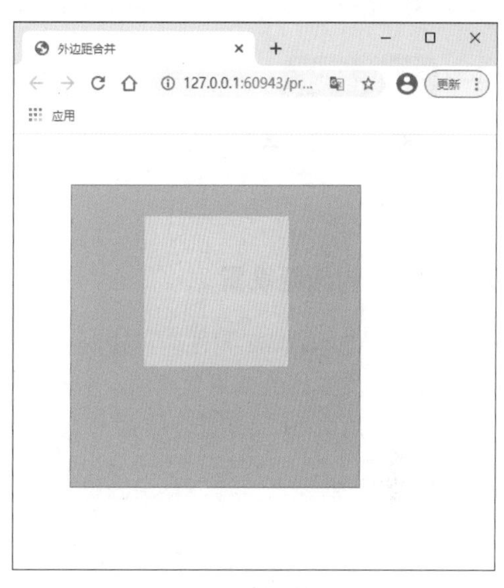

图 9-13

完整代码如下：

```
<!DOCTYPE html>
<html lang= "zh" >
<head>
<meta charset= "UTF-8" >
<title> 外边距合并 </title>
<style>
.container{
    width: 300px;
    height: 300px;
    margin:50px;
    background: #8CCF90;
    border:1px solid red;
```

```
}
.content{
    width: 150px;
    height: 150px;
    margin:30px auto;
    background: #F9CE62;
}
</style>
</head>
<body>
  <div class= "container" >
  <div class= "content" ></div>
</div>
</body>
</html>
```

知识点拨

在该代码中只是对父级容器添加了边框，即可解决外边距合并的问题。

9.2.4 内边距设置

CSS 中的 padding 属性即可控制元素的内边距。padding 属性定义元素边框与元素内容之间的空白区域，接受长度值或百分比值，但不允许使用负值。

若希望所有 h1 元素的各边都有 5px 的内边距，代码描述如下：

```
h1 {padding: 5px;}
```

用户还可以按照上、右、下、左的顺序分别设置各边的内边距，各边均可以使用不同的单位或百分比值，如下所示：

```
h1 {padding: 5px 0.3em 4ex 10%;}
```

完整代码如下：

```
h1 {
padding-top: 5px;
padding-right: 0.3em;
padding-bottom: 4ex;
padding-left: 10%;
}
```

也可以为元素的内边距设置百分数值。百分数值是相对于其父元素的 width 计算的，这一点与外边距一样。所以，如果父元素的 width 改变，子元素的内边距也会改变。

把段落的内边距设置为父元素 width 的 20% 的代码如下所示：

```
p {padding: 20%;}
```

若一个段落的父元素是 div 元素，那么它的内边距要根据 div 的 width 计算。例如：

```
<div style= "width: 300px;" >
<p>This paragragh is contained within a DIV that has a width of 300 pixels.</p>
</div>
```

知识点拨

上下内边距与左右内边距一致，即上下内边距的百分数会相对于父元素宽度设置，而不是相对于高度。

9.3 课堂实战：制作幼儿园网页

本案例将练习制作幼儿园网页，涉及的知识点主要包括 Div 的创建、CSS 样式表的创建等。

Step01 新建网页文档并保存。执行执行“窗口”｜“CSS 设计器”命令，打开“CSS 设计器”面板，单击“源”选项组中的“添加 CSS 源”按钮，在弹出的下拉菜单中选择“创建新的 CSS 文件”命令，新建“css.css”和“layout.css”文件，如图 9-14 所示。

Step02 在“CSS 设计器”面板中选中“css.css”，单击“选择器”选项组中的“添加选择器”按钮+，在文本框中输入名称“*”；使用相同的方法，添加选择器“body”，如图 9-15 所示。

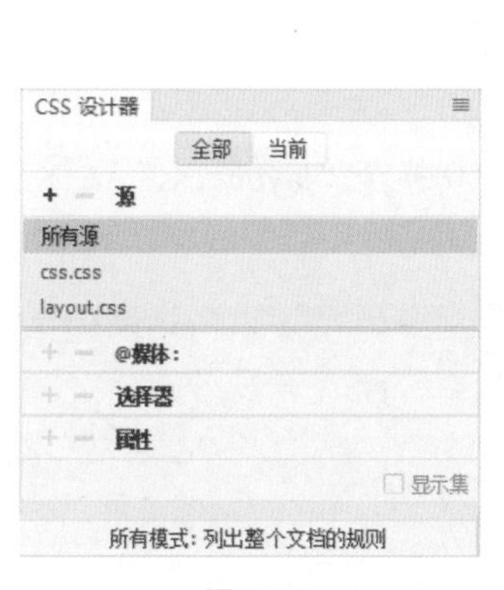

图 9-14

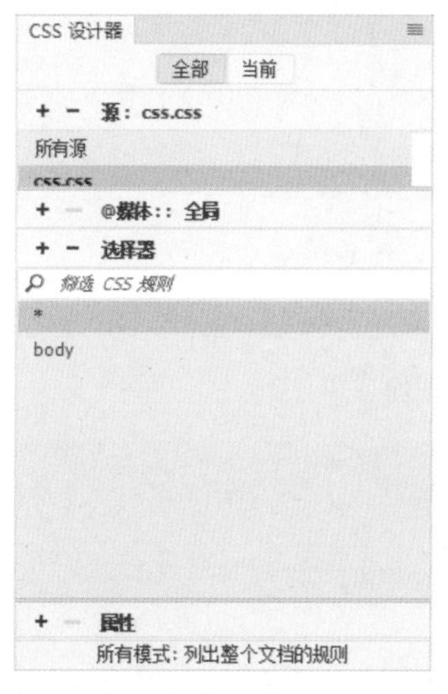

图 9-15

Step03 切换至“css.css”文件，在该文件中输入如下代码定义样式：

```
@charset "utf-8";
/* CSS Document */

*{
    margin:0px;
```

```
        border:0px;
        padding:0px;
        }
    body {
        font-family: “宋体 ";
        font-size: 12px;
        color: #333;
        background-image: url(../images/index_01.jpg);
        background-repeat: repeat-x;
        background-color: #dee6f3;
    }
```

效果如图 9-16 所示。

Step04 切换至源代码，移动光标至网页文档中，执行“插入”｜ Div 命令，打开“插入 Div”对话框，在该对话框中设置参数，如图 9-17 所示。

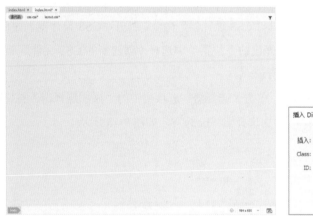

图 9-16

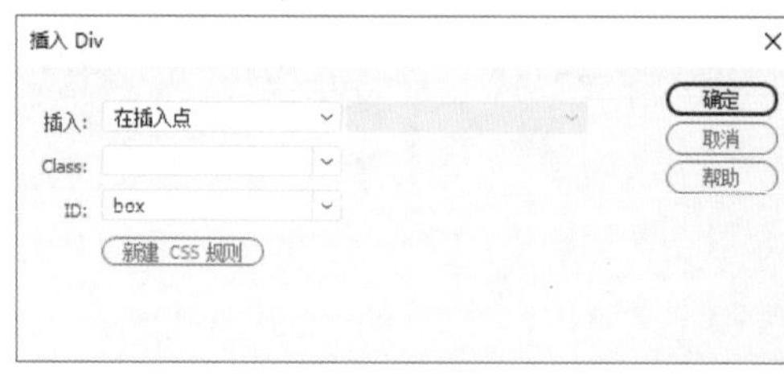

图 9-17

Step05 完成后单击“确定”按钮，插入 Div 标签。切换至“layout.css”文件，在该文件中输入如下所示代码：定义 CSS 规则。

```
    #box {
        width: 970px;
        background-color: #ffffff;
        margin: auto;
    }
```

Step06 移动光标至 Div 中，使用相同的方法，插入一个 ID 为 top 的 Div，移动光标至名为 top 的 Div 中，继续插入一个名为 top-1 的 Div，在该 Div 中执行“插入”｜ Image 命令，插入本章素材图像，如图 9-18 所示。

Step07 选中名为 top-1 的 Div，执行“插入”｜ Div 命令，在 <div id=“top”> 结束标签之前插入一个名为 nav 的 Div 标签，在源代码中设置列表代码，如下所示：

```
    <div id= “nav” >
```

```
<ul>
  <li> 网站首页 </li>
  <li> 学校概况 </li>
  <li> 新闻中心 </li>
  <li> 招生动态 </li>
  <li> 教学教研 </li>
  <li> 活动园地 </li>
  <li> 联系我们 </li>
  <li> 在线留言 </li>
</ul></div>
```

效果如图 9-19 所示。

图 9-18　　　　图 9-19

Step08 切换至“layout.css”文件，在该文件中第 7~26 行输入如下所示代码定义样式：

```
#nav {
    font-family: “宋体 ";
    font-size: 14px;
    color: #000;
    text-align: center;
    height: 30px;
    background-image: url(../images/index_06.jpg);
    background-repeat: repeat-x;
    margin-right: 5px;
    margin-left: 5px;
}
#nav ul li {
    text-align: center;
    float: left;
    list-style-type: none;
    height: 25px;
    width: 105px;
    margin-top: 3px;
```

```
        margin-left: 7px;
    }
```

效果如图 9-20 所示。

Step09 使用相同的方法，在 <div id= “top” > 结束标签之前插入一个名为 top-2 的 Div 标签，在该标签中插入图像，效果如图 9-21 所示。

图 9-20

图 9-21

Step10 使用相同的方法，在 <div id= “top” > 结束标签之前插入一个名为 main 的 Div 标签，切换至“layout.css”文件，在该文件中第 27~33 行输入如下所示代码定义样式：

```
#main {
    height: 240px;
    width: 950px;
    margin-top: 10px;
    margin-right: 10px;
    margin-left: 10px;
}
```

效果如图 9-22 所示。

Step11 在名为 main 的 Div 中删除文字，分别插入名为 left 和 right 的 Div 标签，在“layout.css”文件中的第 34~43 行输入如下所示代码定义样式：

```
#left {
    float: left;
    height: 240px;
    width: 600px;
}
#right {
    float: right;
    height: 240px;
    width: 330px;
}
```

效果如图 9-23 所示。

图 9-22

图 9-23

Step12 切换至源代码，在名为 left 的 Div 标签中添加如下所示代码：

```
<div id= “left-1” >
    <h2><span> 幼儿园概况 </span></h2>
    <dl>
     <dt><img src= “images/01.jpg”  border= “1”  /></dt>
     <dd>
      <p> 德育幼儿园学校建于 1968 年，学校占地面积 170 多亩。是一所国家公办的幼儿园。师资力量雄厚，所有老师均有丰富的照顾幼儿经验，2004 年我园被评为“青山市十佳幼儿园”之一。作为一所优秀的幼儿园，本园内具有丰富的活动场地，活动器具齐全，安全系数高 </p>
     </dd>
    </dl>
   </div>
```

Step13 切换至“layout.css”文件，在第 44~78 行输入如下代码：

```
#left-1 {
    height: 200px;
    margin-bottom: 20px;
    border: 1px solid #CCC;
}

#left-1 h2 {
    height: 28px;
    border-bottom: 1px solid #dbdbdb;
    background-image: url(../images/index_11.jpg);
    background-repeat: repeat-x;
}
#left-1 h2 span{
    font-size: 14px;
    color: #000;
```

```
        padding-left:20px;
        font-family: "宋体";
        float: left;
        padding-top: 4px;
}
#left-1 dl{
        margin-top:15px;
        }
#left-1 dl dt{
        width:180px;
        height:140px;
        float:left;
        margin-right:20px;
        margin-left: 5px;
}
#left-1 dl dd{
        text-indent:24px;
        line-height:25px;
        margin-right: 10px;
}
```

效果如图 9-24 所示。

Step14 切换至源代码，在名为 right 的 Div 标签之间添加如下所示代码：

```
<div id="right-1">
    <h2><span>新闻中心</span></h2>
    <ul>
      <li>最受欢迎教师评选热烈进行中</li>
      <li>热烈庆祝我园张雪老师获得省级高级职称</li>
      <li>王安副市长到我园检查假期工作</li>
      <li>"保护自己"知识活动在我园积极展开</li>
      <li>热烈祝贺我园入选青山市十佳幼儿园之一</li>
      <li>市教育局领导到德育幼儿园视察</li>
    </ul>
  </div>
```

Step15 切换至“layout.css”文件，在第 79~107 行输入如下代码：

```
#right-1 {
        height: 200px;
        margin-bottom: 20px;
        border: 1px solid #CCC;
}

#right-1 h2 {
        height: 28px;
```

```
        border-bottom: 1px solid #dbdbdb;
        background-image: url(../images/index_11.jpg);
        background-repeat: repeat-x;
    }
    #right-1 h2 span{
        font-size: 14px;
        color: #000;
        padding-left:20px;
        font-family: "宋体 ";
        float: left;
        padding-top: 4px;
    }
    #right-1 ul {
        line-height: 24px;
        margin-top: 10px;
        margin-left: 15px;
    }

    #right-1 ul li {
        list-style-type: none;
    }
```

效果如图 9-25 所示。

图 9-24

图 9-25

Step16 在 box 的 Div 结束标签之前插入一个名为 footer 的 Div 标签，在源代码中输入如下代码：

```
<div id= "footer" ><dl>
  <dt> 关于我们   |   新闻中心   |   联系我们   |   问题反馈 </dt>
  <dd>©2022 德育幼儿园 </dd>
 </dl></div>
```

效果如图 9-26 所示。

Step17 切换至“layout”文件中，在第 108~120 行输入如下代码：

```
#footer {
    text-align: center;
    margin-top: 10px;
    background-image: url(../images/index_15.jpg);
    background-repeat: repeat-x;
    height: 50px;
}
#footer dl dt {
    line-height: 30px;
}
#footer dl dd {

}
```

效果如图 9-27 所示。

图 9-26　　　　图 9-27

至此，完成幼儿园网页的制作。保存文件，按 F12 键测试效果，如图 9-28 所示。

图 9-28

9.4 课后练习

一、选择题

1. CSS 中设置外边距的属性是（　　）。

A. margin　　B. padding　　C. border　　D. content

2. 盒子模型的中心是（　　）。

A. 边框　　B. 填充　　C. 空白边　　D. 内容区

3. 以下哪项不是 Div+CSS 布局的优点？（　　）

A. 节省页面代码　　B. 加快网页浏览速度

C. 制作更简单，不易出错　　D. 便于网站推广

二、填空题

1. 网页主要由 ______、______ 和行为三部分组成。

2. 当 margin 的值为 ______ 时，margin 边界与 border 边界重合。

3. 盒子模型的每个区域都可具体再分为 ________、________、________、________ 四个方向，多个区域的不同组合就决定了盒子的最终显示效果。

三、操作题

1. 制作建筑公司网页

（1）本案例将练习制作建筑公司网页，涉及的知识点包括 Div 的创建、CSS 样式的设置等。制作完成后效果如图 9-29 所示。

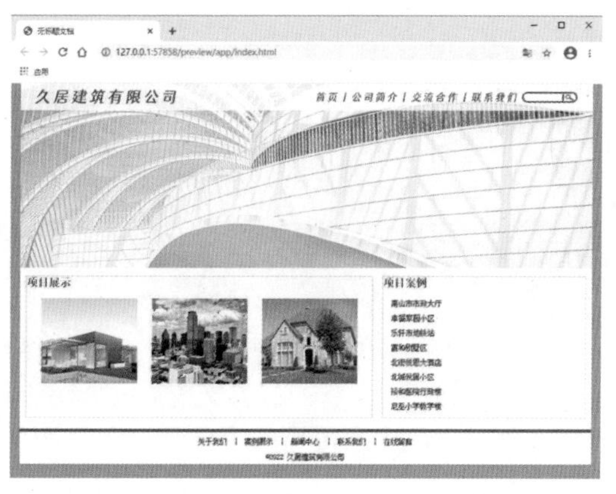

图 9-29

（2）操作思路。

Step01 新建网页文档，创建外部样式表，并链接至网页；

Step02 插入 Div，设置 CSS 样式；

Step03 插入图像、文本等，并应用 CSS 样式；

Step04 保存文件，测试效果。

2. 制作汽车公司网页

（1）本案例将练习制作汽车公司网页，涉及的知识点包括 Div 的创建、CSS 样式的设置等。制作完成后效果如图 9-30 所示。

图 9-30

（2）操作思路。

Step01 新建网页文档，创建外部样式表，并链接至网页；

Step02 插入 Div，设置 CSS 样式；

Step03 插入图像、文本等，并应用 CSS 样式；

Step04 保存文件，测试效果。

第10章 模板和库

内容导读

制作网站时，常常需要制作大量格式类似、风格统一的网页。为了避免烦琐的重复性工作，用户可以通过模板和库批量制作，从而节省工作时间。本章将针对Dreamweaver软件中的模板和库的相关知识进行介绍。通过本章的介绍，可以帮助读者学会简化制作流程，从而快速创建网站。

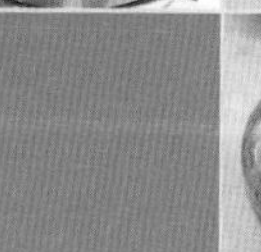

学习目标

- 学会创建模板
- 学会管理模板
- 学会使用模板
- 掌握创建和使用库的方法

10.1 创建模板

创建模板可以快速创建统一风格的网站。模板文件以 *.dwt 格式存储，存放在当前站点根目录下的 Templates 文件夹中，该文件夹是在模板创建时由 Dreamweaver 自动创建的。下面对模板的创建进行介绍。

10.1.1 直接创建模板

在制作网页时，若想大量制作风格统一的网页，可以通过创建模板来实现。用户可以直接创建空白模板，再在模板中进行设计布局，以便于后期使用。下面对此进行具体介绍。

新建文档，执行“窗口”|“插入”命令，打开“插入”面板，单击HTML右侧的下拉三角，选择“模板”选项。单击“创建模板”选项，打开“另存模板”对话框，如图 10-1 所示。在该对话框中进行设置，完成后单击“保存”按钮，即可将空白文档转换为模板文档，如图 10-2 所示。

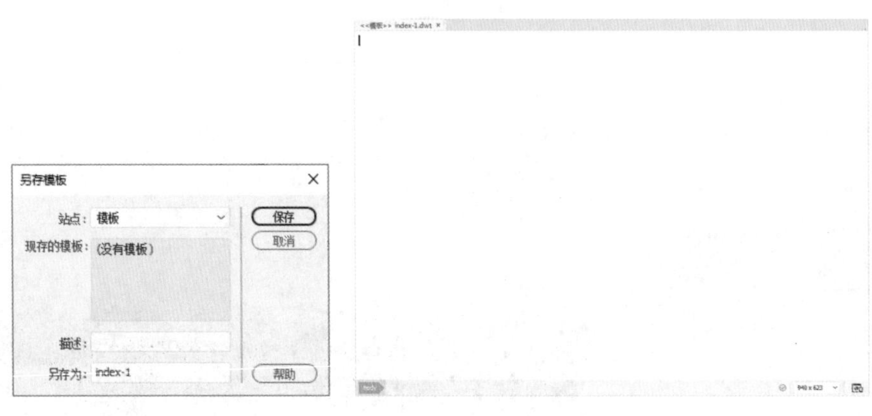

图 10-1　　图 10-2

10.1.2 从现有网页中创建模板

对网站设计者来说，从现有网页中创建模板，可以节省大量制作时间，将网站设计者从烦琐的工作中解放出来，将更多时间用于美化页面，设计网页布局。

打开本章素材文件，如图 10-3 所示。执行“文件”|“另存为模板”命令，打开“另存模板”对话框。在该对话框中进行设置，如图 10-4 所示。

图 10-3

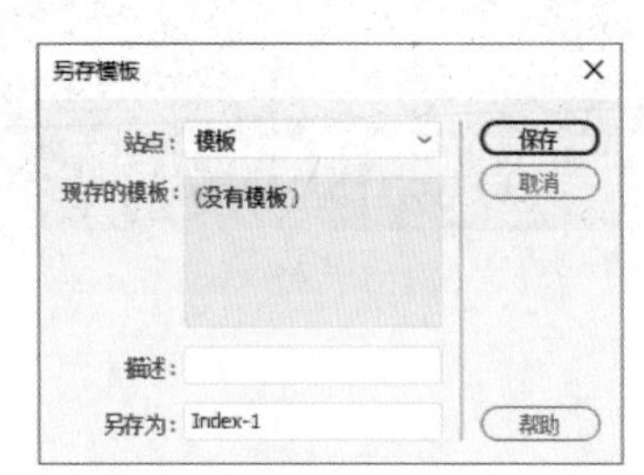

图 10-4

完成后单击“保存”按钮，打开 Dreamweaver 提示对话框，如图 10-5 所示。单击“是”按钮，执行“窗口”|“文件”命令，打开“文件”面板，展开 Templates 文件夹，即可看到保存的模板文件，如图 10-6 所示。

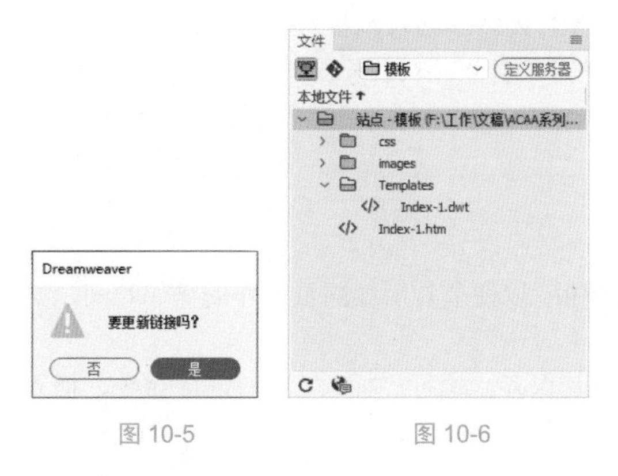

图 10-5　　图 10-6

10.1.3　创建可编辑区域

模板创建成功后，就可以对其进行编辑了。在设计模板时，除了设计布局外，还需要指定可编辑区域以及锁定区域。可编辑区域允许使用模板的网页对该部分进行重新编辑和布局；锁定区域是模板中的不可编辑部分，在使用时不可修改。

知识点拨

默认情况下，在创建模板时模板中的布局就已被设为锁定区域。若想修改锁定区域，需要重新打开模板文件，对模板内容进行编辑修改。

用户可以创建可编辑区域，定义使用模板的网页的可编辑内容。下面将对此进行介绍。

打开模板，移动光标至需要创建可编辑区域的位置，如图 10-7 所示。执行“插入”|“模板”|“可编辑区域”命令，打开“新建可编辑区域”对话框，在“名称”文本框中输入可编辑区域的名称，如图 10-8 所示。完成后单击“确定”按钮即可创建可编辑区域。

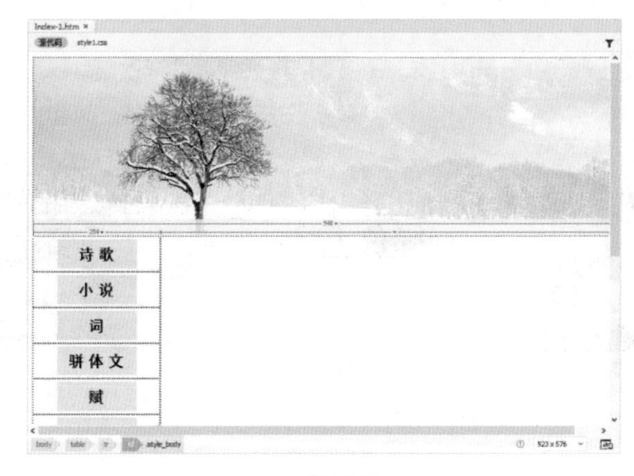

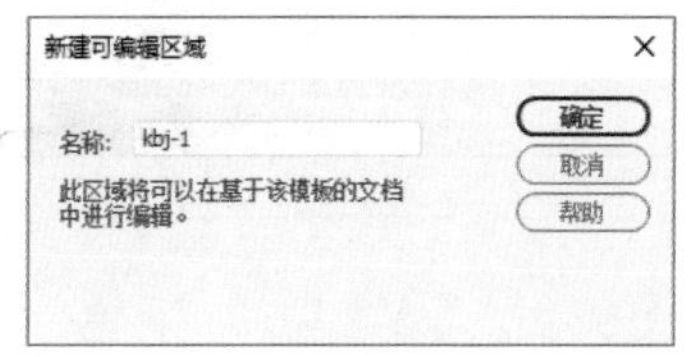

图 10-7　　图 10-8

选中可编辑区域，执行“工具”|“模板”|“删除模板标记”命令可以取消可编辑区域。

知识点拨

Dreamweaver 使用 HTML 注释标签来指定模板和基于模板的文档中的区域，因此，基于模板的文档仍然是有效的 HTML 文件。插入模板对象以后，模板标签便被插入代码中。所有属性必须用引号引起来，可以使用单引号或双引号。

实例：创建网页模板

本案例将练习创建网页模板，以便节省后续网页制作的操作时间，涉及的知识点包括模板的创建、可编辑区域的创建等。

Step01 新建网页文档，并将其保存。执行“插入” | Table 命令，插入一个 4 行 1 列的表格，如图 10-9 所示。

Step02 移动光标至第 1 行单元格，执行“插入” | Image 命令，插入本章素材文件，如图 10-10 所示。

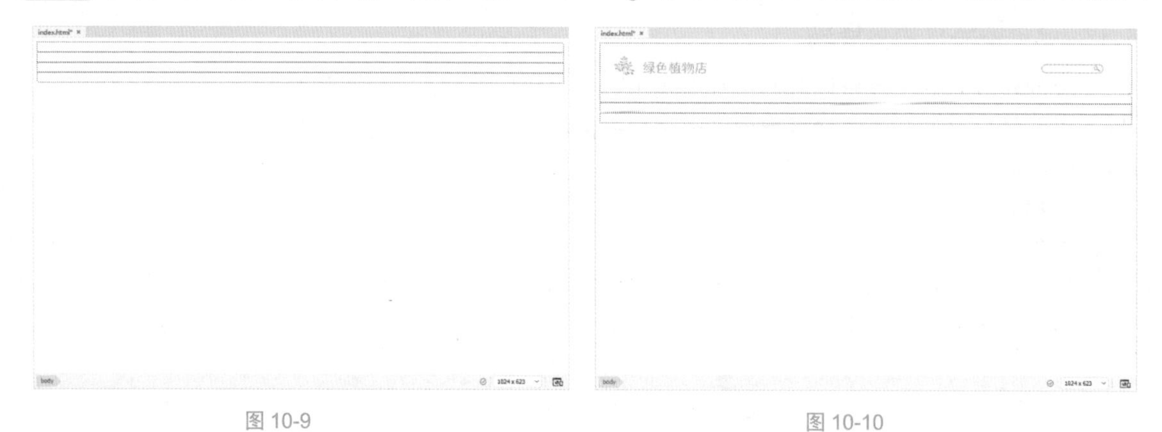

图 10-9　　图 10-10

Step03 使用相同的方法，在第 2 行单元格插入图像，如图 10-11 所示。

Step04 选中第 3 行、第 4 行单元格，在“属性”面板中设置其背景颜色为 #F5FFF6，效果如图 10-12 所示。

图 10-11　　图 10-12

Step05 选中第 3 行单元格，执行“插入” | Table 命令，插入一个 5 行 2 列的表格，并在第 1 列每个单元格中插入图像素材，调整第 1 列表格宽度，效果如图 10-13 所示。

Step06 选中第 2 列单元格，右击鼠标，在弹出的快捷菜单中选择“表格” | “合并单元格”命令，将单元格合并，如图 10-14 所示。

图 10-13

图 10-14

Step07 选中整体表格的最后一行单元格，设置水平居中显示，调整单元格高度为 50，并输入文字，如图 10-15 所示。

Step08 执行“文件” | “另存为模板”命令，打开“另存模板”对话框。在该对话框中进行设置，如图 10-16 所示。完成后单击“保存”按钮，在弹出的 Dreamweaver 提示对话框中单击“是”按钮。

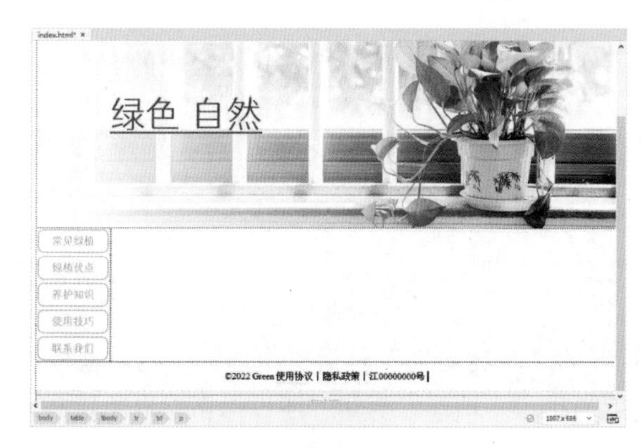

图 10-15

图 10-16

Step09 移动光标至第 3 行第 2 列单元格中，执行“插入”|“模板”|“可编辑区域”命令，打开“新建可编辑区域”对话框，在“名称”文本框中输入可编辑区域的名称，如图 10-17 所示。完成后单击“确定”按钮，新建可编辑区域。

Step10 保存模板文件，按 F12 键测试模板效果，如图 10-18 所示。

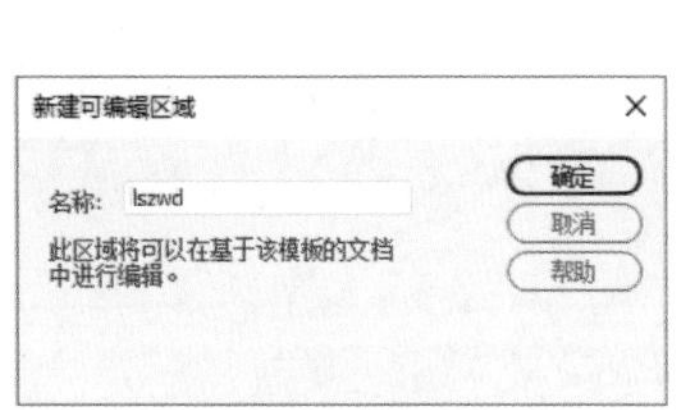

图 10-17

图 10-18

至此，完成网页模板文件的制作。

10.2 管理和使用模板

模板创建后，网站设计者就可以管理和使用模板文件。本小节将针对模板的应用、分离、更新等方面进行介绍。

10.2.1 应用模板

应用模板非常简单。应用模板后，会创建一个基于模板的文档，用户可以根据需要在模板的可编辑区域中进行修改。

执行“文件”|“新建”命令，在打开的“新建文档”对话框中选择“网站模板”选项卡，选择站点中的模板，如图 10-19 所示。完成后单击“创建”按钮，即可根据模板新建网页文档，如图 10-20 所示。

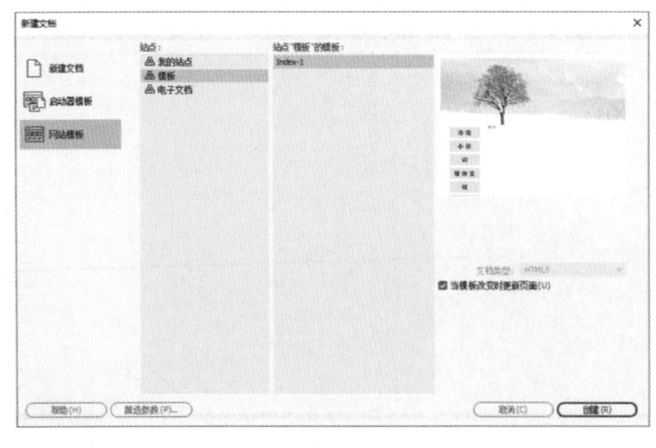

图 10-19

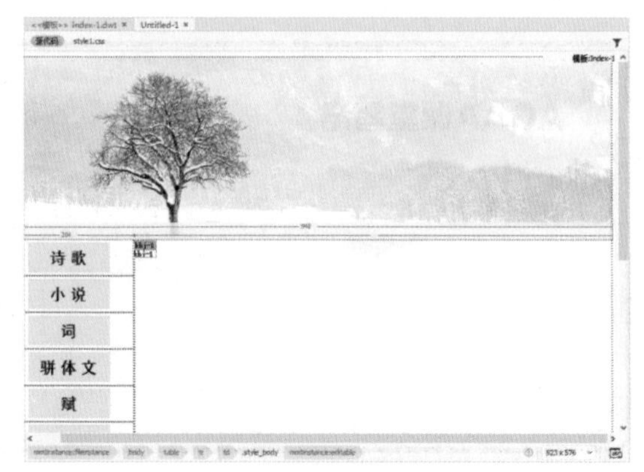

图 10-20

10.2.2 从模板中分离

将模板应用到网页中时，只有定义为可编辑的区域内容可以修改，其他区域是被锁定的，不能修改编辑。若想更改锁定区域，必须修改模板文件，此时就需要将网页从模板中分离。

执行“工具”｜“模板”｜“从模板中分离”命令，即可将当前网页从模板中分离，网页中所有的模板代码将被删除，如图 10-21 所示。

图 10-21

10.2.3 更新模板及模板内容页

修改模板后，需要更新使用模板的网页。打开使用模板的网页，执行“工具”｜“模板”｜“更新页面”命令，打开“更新页面”对话框，如图 10-22 所示。

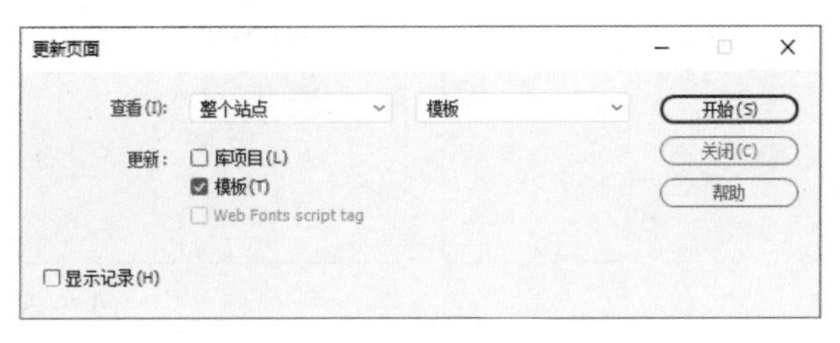

图 10-22

在该对话框中进行设置，单击“开始”按钮即可更新模板。该对话框中各选项的作用如下。

◎ 查看：用于设置更新的范围。

◎ 更新：用于设置更新级别。

◎ 显示记录：用于显示更新文件记录。

10.2.4 创建嵌套模板

在一个模板文件中使用其他模板，就是模板嵌套。在创建嵌套模板（新模板）时，需要先保存

被嵌套模板文件（基本模板），然后创建应用基本模板的网页，再将该网页另存为模板。新模板拥有基本模板的可编辑区域，还可以继续添加新的可编辑区域。

执行“文件”|“新建”命令，新建一个基于模板的网页文档，如图 10-23 所示。执行“文件”|“另存为模板”命令，打开“另存模板”对话框，进行设置，如图 10-24 所示。完成后单击“保存”按钮，即可创建嵌套模板。

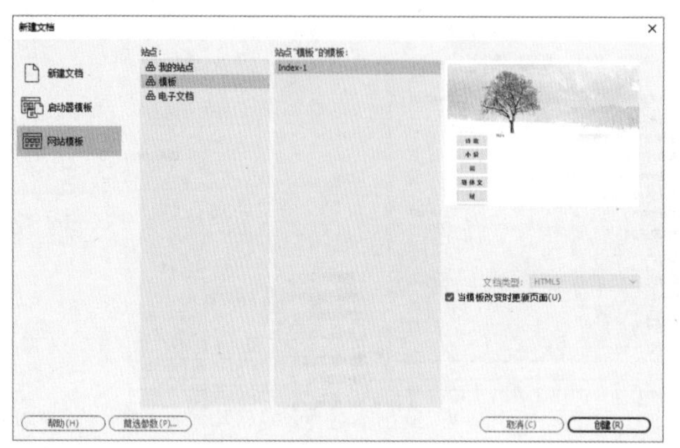

图 10-23

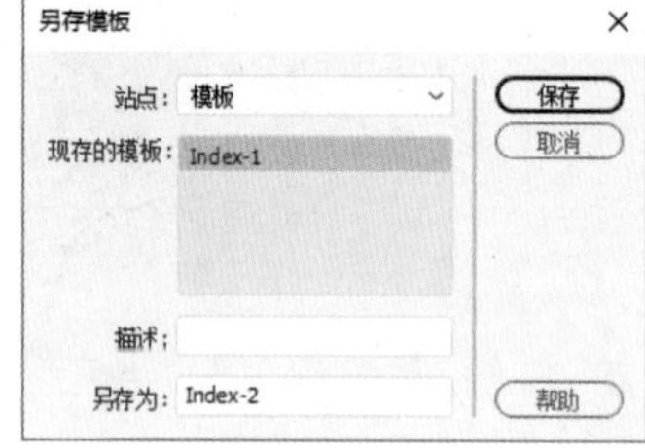

图 10-24

10.2.5 创建可选区域

可选区域是在模板中定义的，使用模板创建的网页，可以选择可选区域的内容显示或不显示。

打开模板文件，执行“插入”|“模板”|“可选区域”命令，打开“新建可选区域”对话框，为可选区域命名，如图 10-25 所示。单击“高级”标签，切换到“高级”选项卡。在其中进行各项参数设置，如图 10-26 所示。设置完成后单击“确定”按钮，即可创建可选区域。

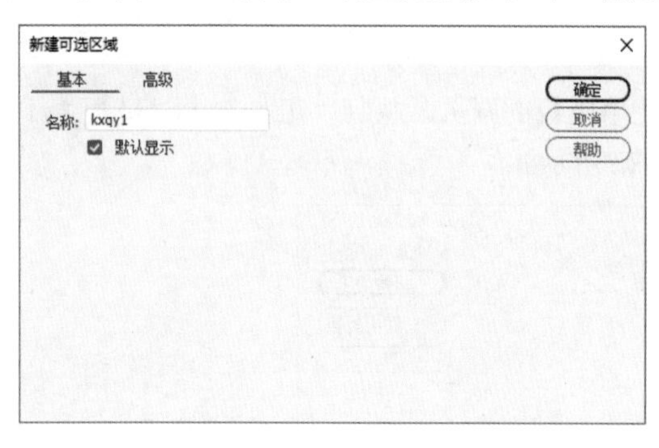

图 10-25

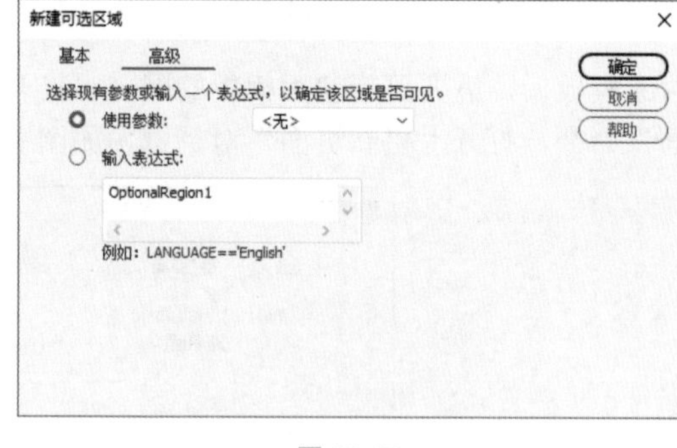

图 10-26

10.3 创建和使用库

库是用于存储网页上经常使用或更新的元素的特殊的 Dreamweaver 文件。库中的元素被称为库项目。用户可以将网页上的任何内容存储为库项目。更改库项目后，所有使用该库项目的网页会自动更新，避免了频繁手动更新所带来的不便。

10.3.1 创建库项目

用户可以根据需要，创建空白库项目或将文档 <body> 部分中的元素创建为库项目。下面将对此进行介绍。

打开网页文档，选中要创建为库项目的元素，执行“窗口”|“资源”命令，打开“资源”面板。单击左侧底部的“库”按钮📖，切换至“库”选项，如图 10-27 所示。单击面板底部的“新建库项目”按钮，即可基于选定对象创建库项目，如图 10-28 所示。

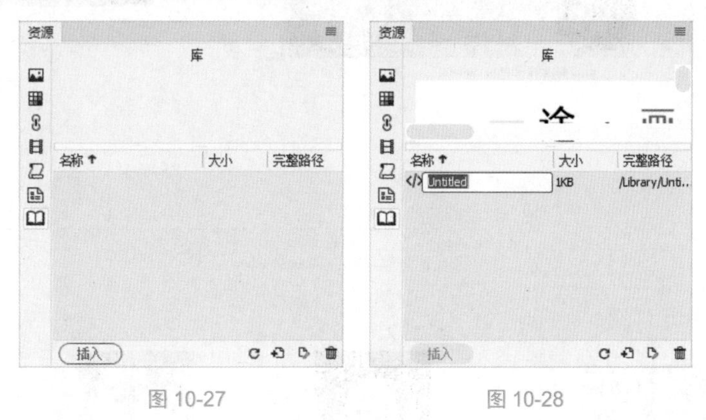

图 10-27　　图 10-28

用户也可以不选中任何对象，在“资源”面板中单击面板底部的“新建库项目”按钮，即可新建空的库项目，如图 10-29、图 10-30 所示。

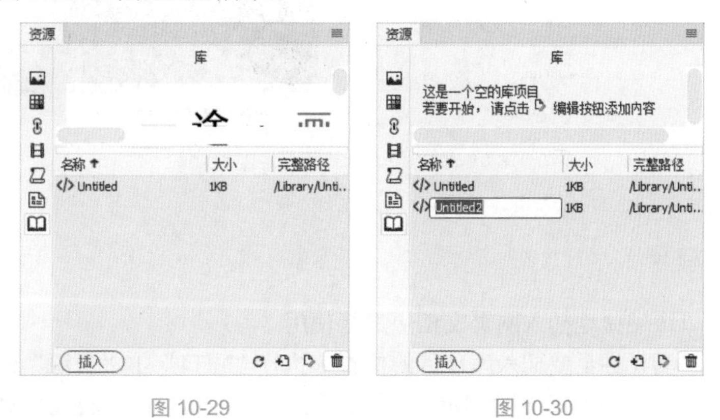

图 10-29　　图 10-30

实例：新建库项目

本案例将练习新建库项目，涉及的知识点包括 “资源”面板的应用、库项目的应用等。

Step01 打开本章素材文件，如图 10-31 所示。

Step02 选中文档中的图像杨桃，执行“窗口”|“资源”命令，打开“资源”面板。单击左侧底部的“库”按钮📖，切换至“库”选项，单击面板底部的“新建库项目”按钮，基于选定对象创建库项目，如图 10-32 所示。

Step03 使用相同的方法，选中其他图像素材创建库项目，完成后效果如图 10-33 所示。

Step04 至此，就完成库项目的创建。保存文件，按 F12 键测试效果，如图 10-34 所示。

图 10-31

图 10-32

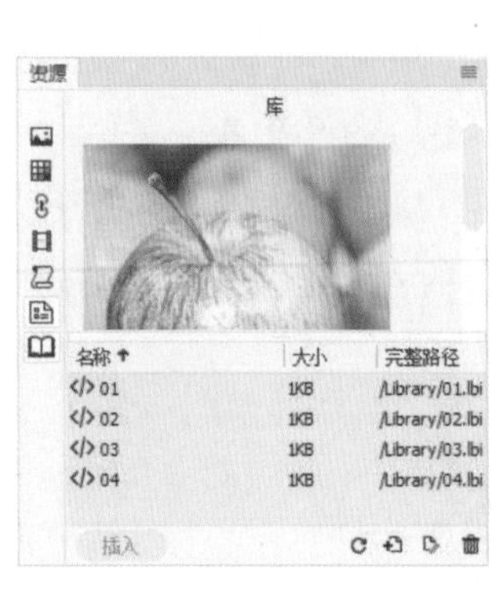

图 10-33

图 10-34

10.3.2 插入库项目

库中的库项目可以很便捷地插入网页文档中进行使用。

新建网页文档，移动光标至要插入库项目的位置。执行“窗口”|“资源”命令，打开“资源”面板，选择要使用的库项目，如图 10-35 所示。单击“插入”按钮，即可将选中对象插入网页中，如图 10-36 所示。

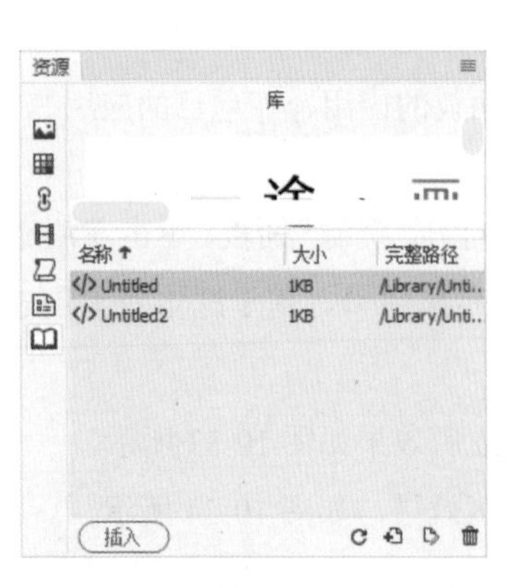

图 10-35

图 10-36

10.3.3 编辑和更新库项目

修改库项目后，可以更新所有使用该库项目的文档，若选择不更新，文档将保持与库项目的链接，以便后期更新文档。

1. 编辑库项目

在“资源”面板中选中要编辑的库项目，双击或单击面板底部的“编辑”按钮即可打开库项目文件进行编辑，如图 10-37 所示。

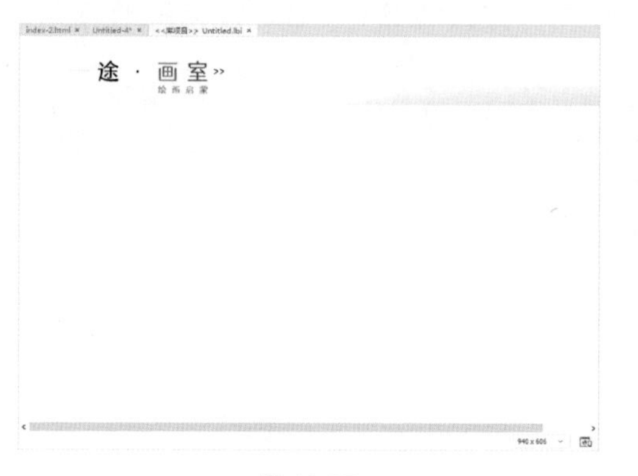

图 10-37

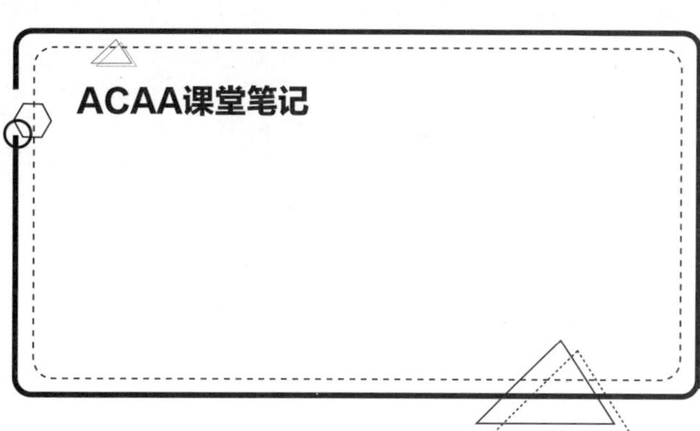

知识点拨

若已在文档中添加了库项目，且希望针对该页编辑此项目，就必须在文档中断开此项目和库之间的链接。断开后，库项目发生更改时不会再更新这个实例。在当前文档中选择要编辑的库项目，在“属性”面板中单击“从源文件中分离”按钮即可，如图 10-38 所示。

图 10-38

2. 重命名库项目

在“资源”面板中单击要修改名称的库项目，使其变为可编辑状态，输入新的名称，按 Enter 键确定。

3. 删除库项目

在“资源”面板中选中要删除的库项目，单击底部的“删除”按钮即可。

4. 更新库项目

执行“工具”|“库”|“更新页面”命令，即可打开“更新页面”对话框，如图 10-39 所示。设置后单击“开始”按钮，即可按照设置更新库项目。

图 10-39

10.4 课堂实战：制作旅行社网页

本案例将练习制作旅行社网页，涉及的知识点包括模板的创建、库项目的创建、可编辑区域的应用等。

Step01 新建网页文档，并将其保存。执行“插入”|Table 命令，插入一个 4 行 1 列的表格，如图 10-40 所示。

Step02 移动光标至第 1 行单元格，执行“插入”|Image 命令，插入本章素材文件，如图 10-41 所示。

图 10-40

图 10-41

Step03 使用相同的方法，在第 2 行单元格插入图像，如图 10-42 所示。

Step04 在第 3 行表格执行“插入”|Table 命令，插入一个 2 行 3 列的表格，如图 10-43 所示。

图 10-42

图 10-43

Step05 选中新插入的第 1 列单元格，右击鼠标，在弹出的快捷菜单中选择“表格”|“合并单元格”命令，将单元格合并，如图 10-44 所示。使用相同的方法合并第 3 列单元格。

Step06 在整体表格第 4 行输入文字，并设置表格属性，效果如图 10-45 所示。

Step07 执行“文件”|“另存为模板”命令，打开“另存模板”对话框。在该对话框中进行设置，如图 10-46 所示。完成后单击“保存”按钮，在弹出的 Dreamweaver 提示对话框中单击“是”按钮，即可将文件另存为模板。

Step08 选中整体表格第 3 行中的第一列，执行“插入”|“模板”|“可编辑区域”命令，打开“新

建可编辑区域”对话框，在“名称”文本框中输入可编辑区域的名称，如图 10-47 所示。完成后单击“确定”按钮，新建可编辑区域。保存模板文件。

图 10-44

图 10-45

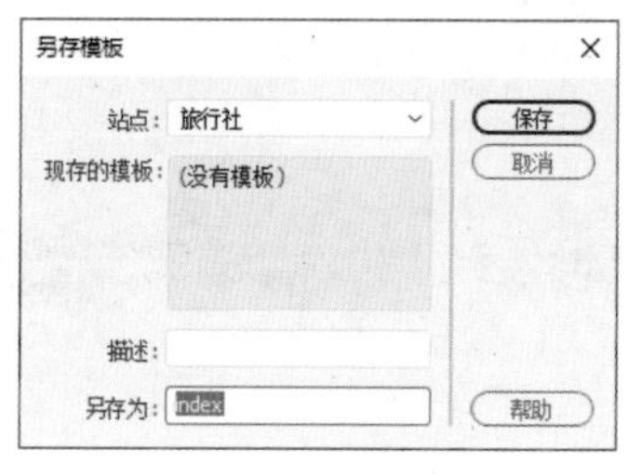

图 10-46

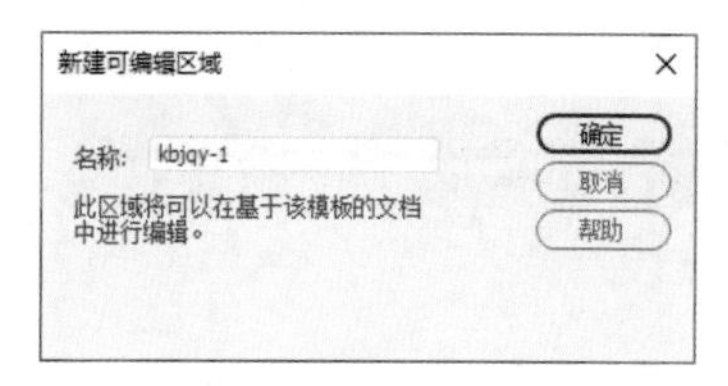

图 10-47

Step09 使用相同的方法选中第 3 行中的其他单元格，创建可编辑区域，如图 10-48 所示。

Step10 执行“文件”|“新建”命令，在打开的“新建文档”对话框中选择“网站模板”选项卡，选择站点中的模板，如图 10-49 所示。

图 10-48

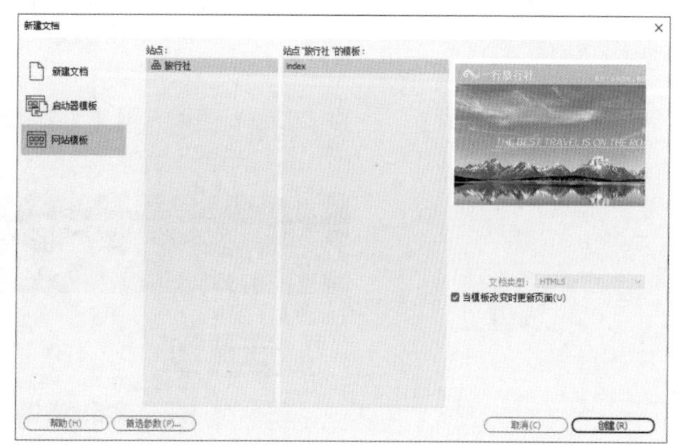

图 10-49

Step11 完成后单击“创建”按钮，即可根据模板新建网页文档，如图 10-50 所示。保存文档。

Step12 在可编辑区域的第 2 列第 1 行中执行“插入”| Image 命令，插入本章素材文件，如图 10-51 所示。

图 10-50

图 10-51

Step13 在可编辑区域的第 2 列第 2 行中输入文字，效果如图 10-52 所示。

Step14 选中输入的文字，执行“插入” | “项目列表”命令，效果如图 10-53 所示。

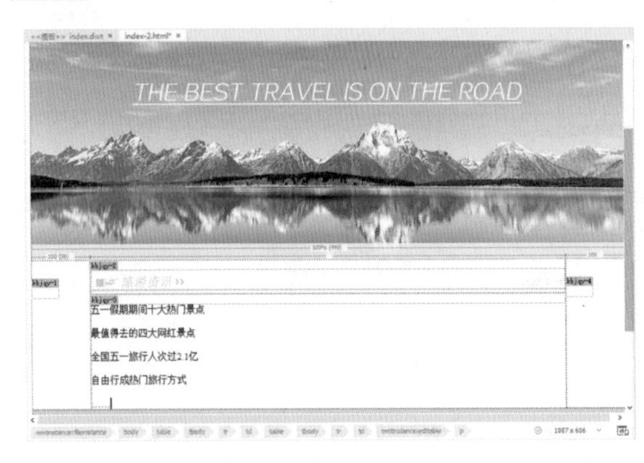

图 10-52

图 10-53

Step15 保存文件，按 F12 键测试效果，如图 10-54 所示。

图 10-54

至此，完成旅行社网页的制作。

10.5 课后作业

一、选择题

1. 更新库文件时，以下说法正确的是（　　）。
   A. 使用库文件的网页会自动更新
   B. 使用模板文件的网页会自动更新
   C. 使用库文件的网页不会自动更新
   D. 使用模板文件的网页不会自动更新
2. 下列关于模板的说法错误的是（　　）。
   A. 模板的文件格式是 dwt　　B. 创建模板之前必须先添加站点
   C. html 文档可自动转为模板　　D. 不能创建嵌套模板
3. Dreamweaver 库文件的扩展名为以下哪一项？（　　）
   A. .dwt　　B. .htm　　C. .lbi　　D. .cop

二、填空题

1. 模板文件存放在当前站点的根目录下的 ___________ 文件夹中，该文件夹是在模板创建时由 Dreamweaver 自动创建的。

2. ___________ 允许使用模板的网页对该部分进行重新编辑和布局；___________ 是模板中的不可编辑部分，在使用时不可修改。

3. 用于存储网页上经常使用或更新的元素的特殊的 Dreamweaver 文件是 ________。

三、操作题

1. 制作舞蹈教室网页模板

（1）本案例将练习制作舞蹈教室网页模板，涉及的知识点包括模板的创建、可编辑区域的创建等。制作完成后的效果如图 10-55 所示。

图 10-55

（2）操作思路。

Step01 新建网页文档，新建站点，插入表格、图像等；

Step02 新建 CSS 样式，创建完成后另存为模板；

Step03 创建可编辑区域。

2．应用库项目

（1）本案例将练习应用库项目制作网站主页，涉及的知识点包括库项目的创建及应用等，制作完成前后的效果如图 10-56、图 10-57 所示。

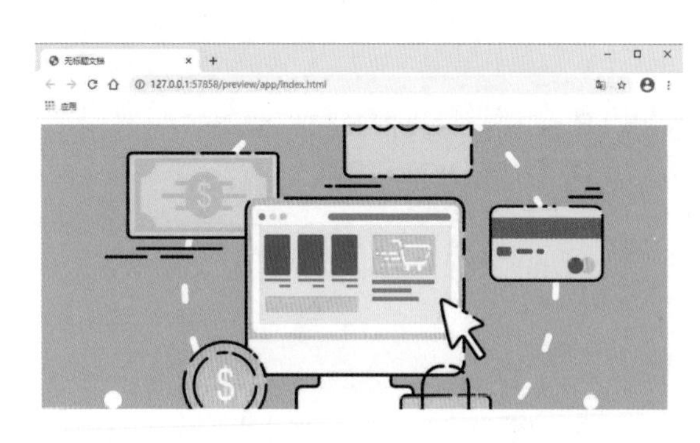

图 10-56

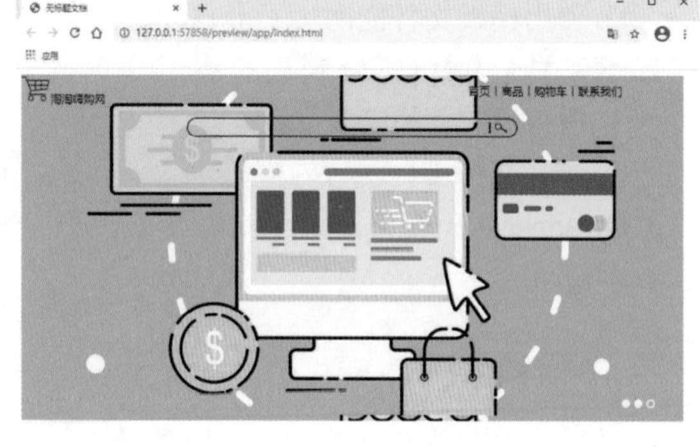

图 10-57

（2）操作思路。

Step01 打开本章素材文件 index-1，创建库项目；

Step02 打开本章素材文件 index-2，应用库项目；

Step03 保存文件，测试效果。

第11章 表单的应用

内容导读

表单可以增加网页与浏览者的互动，使网页制作者可以收集到用户的反馈。在 Dreamweaver 软件中，用户可以通过表单制作用户注册界面、问卷调查、登录界面等可以收集数据的网页。本章将对此进行详细介绍。

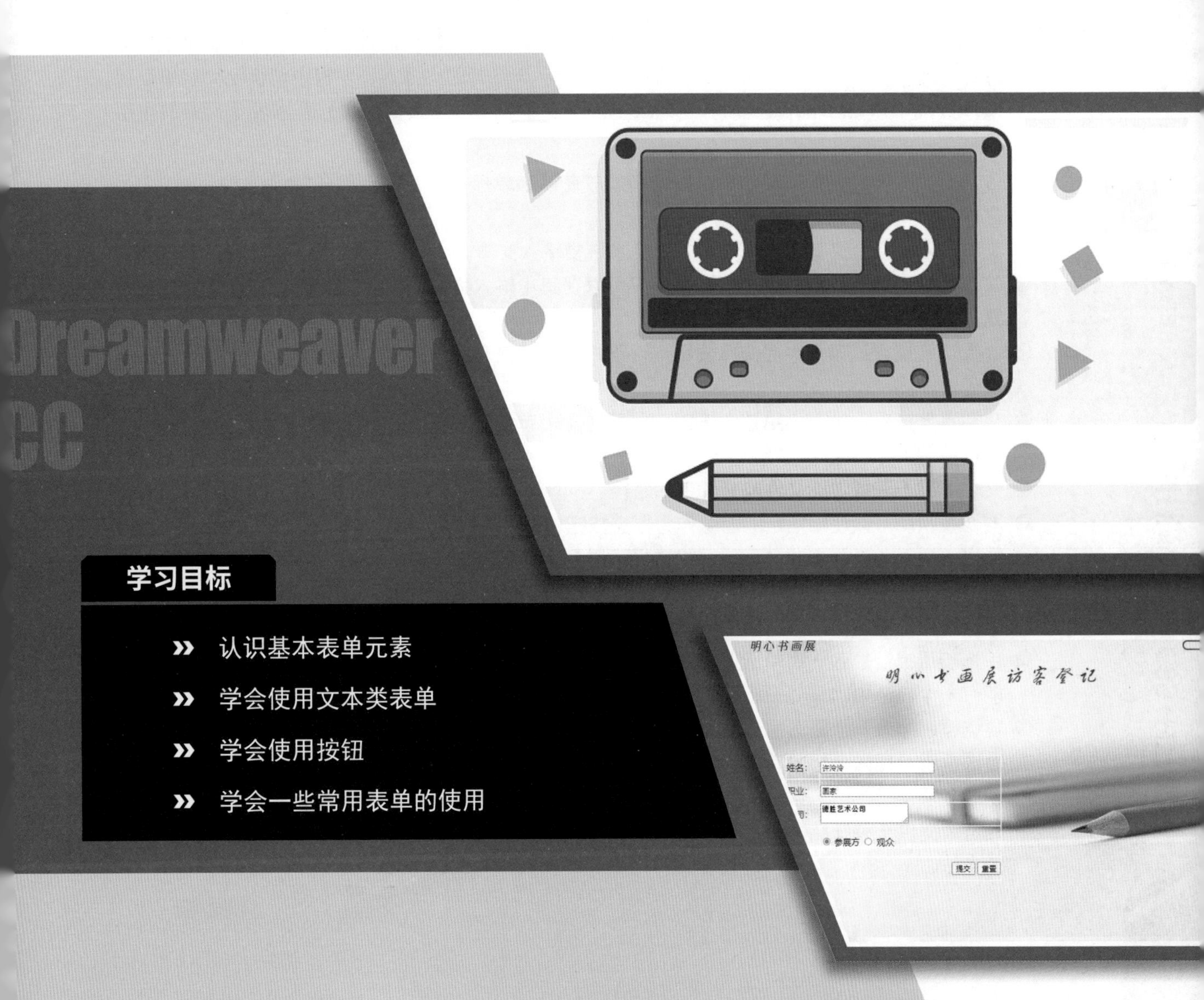

学习目标

- 认识基本表单元素
- 学会使用文本类表单
- 学会使用按钮
- 学会一些常用表单的使用

11.1 使用表单

表单主要负责网页中的数据采集功能。在制作网页时，可以将需要交互的内容添加到表单中，由用户填写，然后提交给服务器端脚本程序执行，并将执行的结果以网页形式反馈到用户浏览器。

11.1.1 认识表单

表单是连接服务器和用户的桥梁。表单中可以存储其他对象，如文本、密码、单选按钮、复选框、数字以及提交按钮等，这些对象也被称为表单对象。制作动态网页时，需要先插入表单，再在表单中继续插入其他表单对象。若反转执行顺序，或没有将表单对象插入表单中，则数据不能被提交到服务器。

11.1.2 基本表单元素

用户通过执行“插入”|“表单”命令，在弹出的子菜单中选择要插入的表单对象或表单菜单即可插入表单。也可以通过执行“窗口”|“插入”命令，在打开的“插入”面板中切换至“表单”视图，选择对象。如图 11-1 所示为“插入”面板中的“表单”选项。其中，部分基本表单元素的作用如下。

◎ 表单：插入一个表单，其他表单对象必须放在该表单标签之间。
◎ 文本：插入一个文本域，用户可以在文本域中输入文本。
◎ 文本区域：插入一个多行文本域，用户可以在其中输入大量文本信息。
◎ “提交”按钮：插入“提交”按钮，用于将输入的信息提交到服务器。
◎ “重置”按钮：插入“重置”按钮，用于重置表单中输入的信息。
◎ 文件：用于获取本地文件或文件夹的路径。
◎ 图像按钮：可以使用指定的图像作为提交按钮。
◎ 选择：插入一个列表或者菜单，将选择项以列表或菜单形式显示，方便用户操作。
◎ 单选按钮：插入一个单选按钮选项。
◎ 单选按钮组：插入一组单选按钮，同一组内容单选按钮只能有一个被选中。
◎ 复选框：插入一个复选框选项。
◎ 复选框组：插入一组带有复选框的选项，可以同时选中一项或多项。
◎ 标签：提供一种在结构上将域的文本标签和该域关联起来的方法。

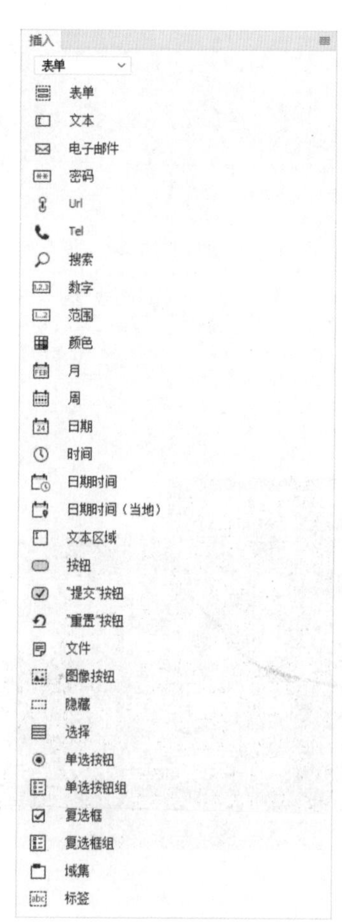

图 11-1

11.2 文本类表单

常见的文本类表单包括文本、密码、文本区域等，在这些表单元素中，用户可以输入信息。下面将针对这几种表单进行介绍。

11.2.1 文本

在网页中插入“文本”表单可以让用户自己输入内容，可以收集文字信息，如姓名、数字等。

打开本章素材文件，移动光标至“姓名”后的单元格中，执行“插入”|“表单”|“表单”命令，在该单元格中插入表单。将光标置于表单中，单击“插入”面板“表单”选项中的“文本”按钮，即可插入单行文本框，如图 11-2 所示。删除文本框左侧的文本，如图 11-3 所示。

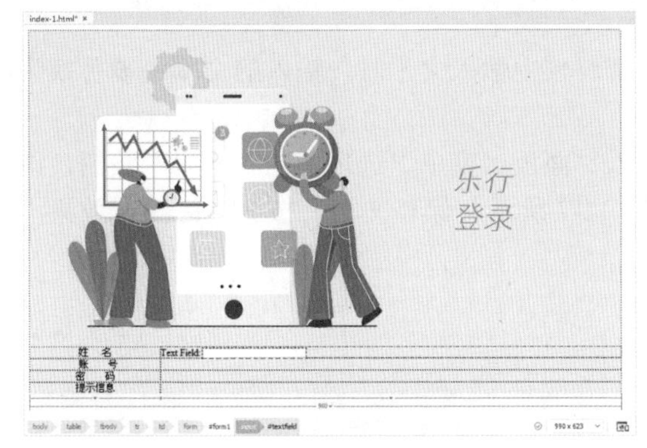

图 11-2

图 11-3

保存文档后，按 F12 键测试效果，如图 11-4、图 11-5 所示。

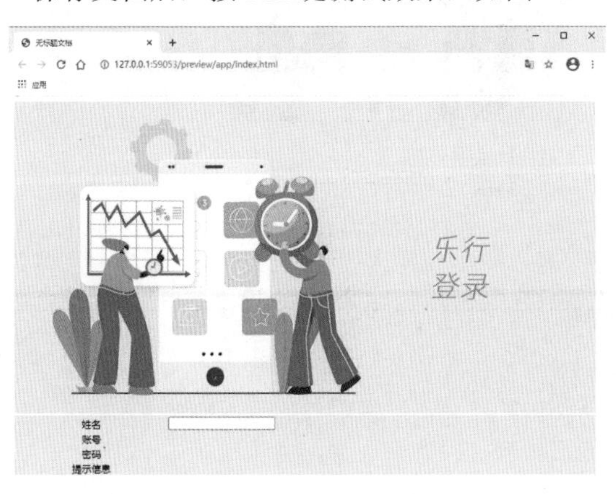

图 11-4

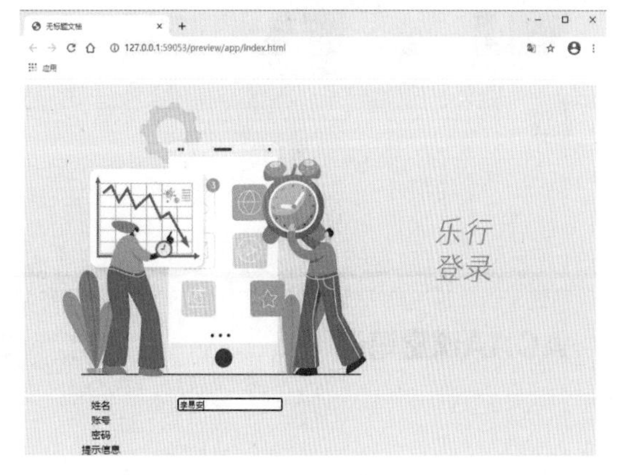

图 11-5

选择插入的“文本”表单，在“属性”面板中可以对其参数进行设置，如图 11-6 所示为“文本”表单的“属性”面板。

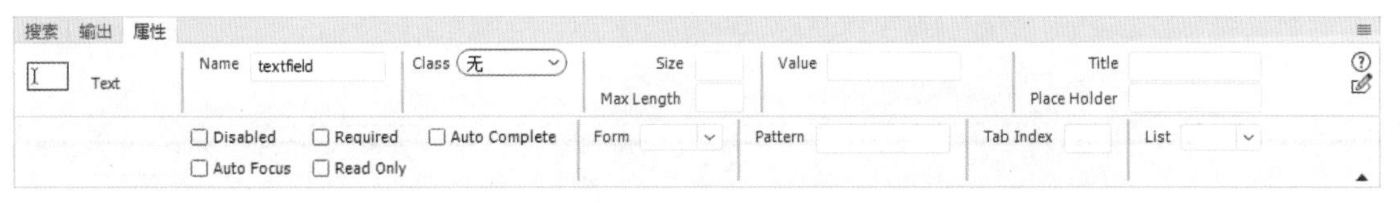

图 11-6

其中，部分常用选项作用如下。

◎ Name：用于设置文本域名称。

◎ Class：用于将 CSS 规则应用于文本域。

◎ Size：用于设置文本域中显示的字符数的最大值。

◎ Max Length：用于设置文本域中输入的字符数的最大值。

◎ Value：设置文本框的初始值。

◎ Disabled：勾选该复选框，将禁用该文本字段。

◎ Required：勾选该复选框，在提交表单之前必须填写该文本框。

◎ Read Only：勾选该复选框，文本框中的内容将设置为只读，不能进行修改。

◎ Form：用于设置与表单元素相关的表单标签的 ID。

■ 11.2.2 密码

“密码”表单元素是特殊的文本域，当用户在密码域中输入文本时，输入的文本将被替换为隐藏符号，以便于保护这些信息。

移动光标至需要插入密码的表单中，单击“插入”面板“表单”选项中的“密码”按钮，即可插入密码文本域，删除文本框左侧内容，效果如图 11-7 所示。保存文档，按 F12 键测试效果，如图 11-8 所示。

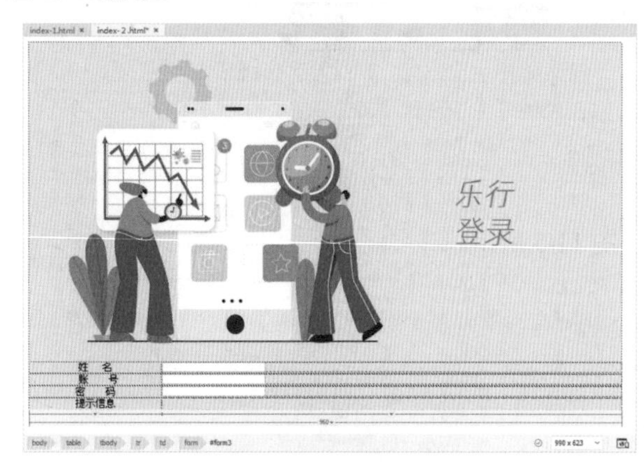

图 11-7

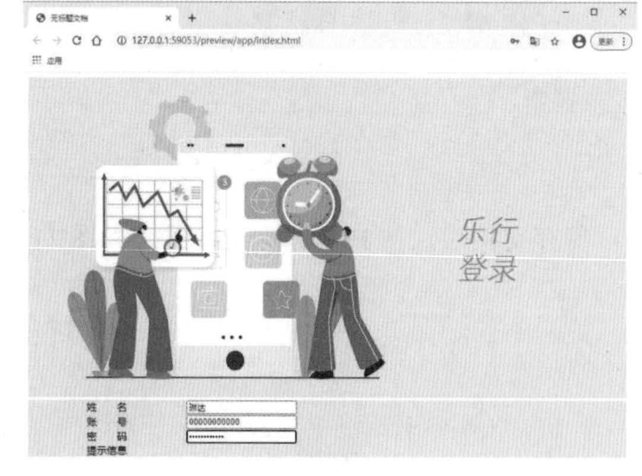

图 11-8

11.2.3 文本区域

“文本区域”表单元素可以在网页中插入多行文本框。

移动光标至需要插入文本区域的表单中，执行“插入”|“表单”|“文本区域”命令或单击“插入”面板“表单”选项中的“文本区域”按钮，即可插入多行文本框，删除文本框左侧内容，效果如图 11-9 所示。保存文档，按 F12 键测试效果，如图 11-10 所示。

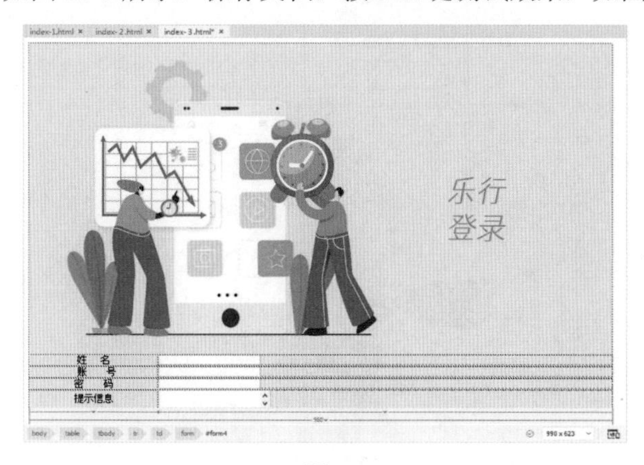

图 11-9

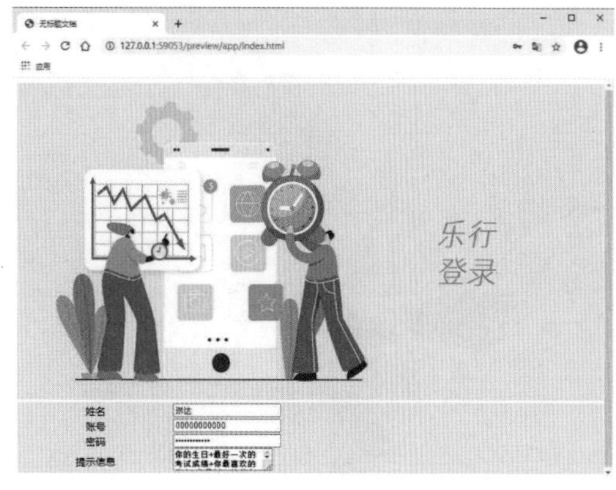

图 11-10

选择插入的“文本区域”表单，在“属性”面板中可以对其参数进行设置，如图 11-11 所示为“文本区域”表单的“属性”面板。

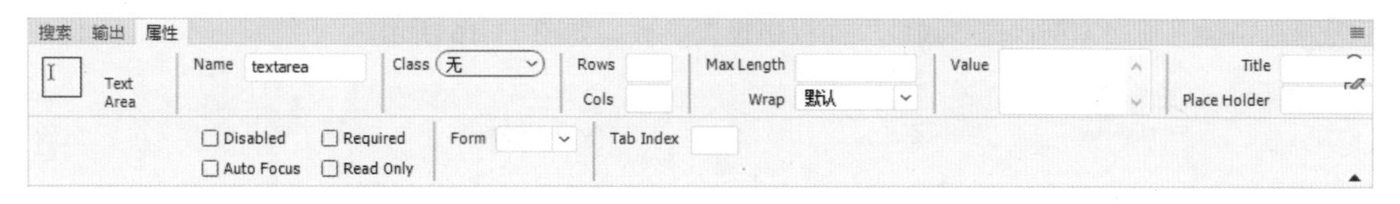

图 11-11

其中，部分常用选项作用如下。

◎ Rows：用于设置文本框可见高度。

◎ Cols：用于设置文本框字符宽度。

◎ Wrap：用于设置文本是否换行。

◎ Value：用于设置文本框的初始值。

实例：制作登录界面

本案例将练习制作登录界面，主要涉及的知识点包括文本、密码等表单元素的设置等。

Step01 打开本章素材文件，如图 11-12 所示。

Step02 选中第 2 行单元格，执行“插入”|“表单”|“表单”命令，在该单元格中插入表单，如图 11-13 所示。

Step03 在表单中单击，执行“插入”|“表单”|“文本”命令，在该单元格中插入文本框，如图 11-14 所示。

Step04 修改文本框左侧文字为“账号”，如图 11-15 所示。

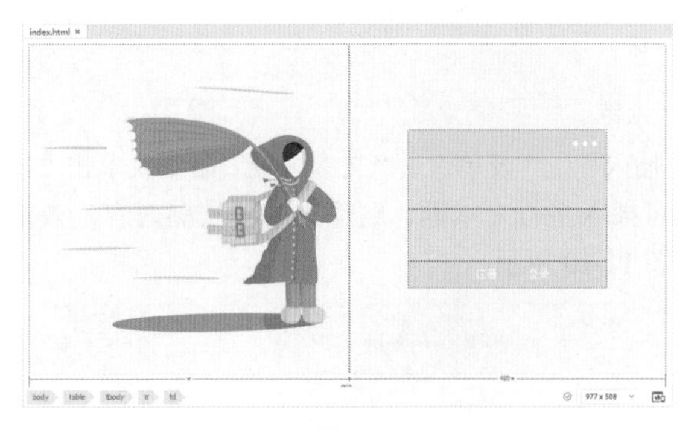

图 11-12

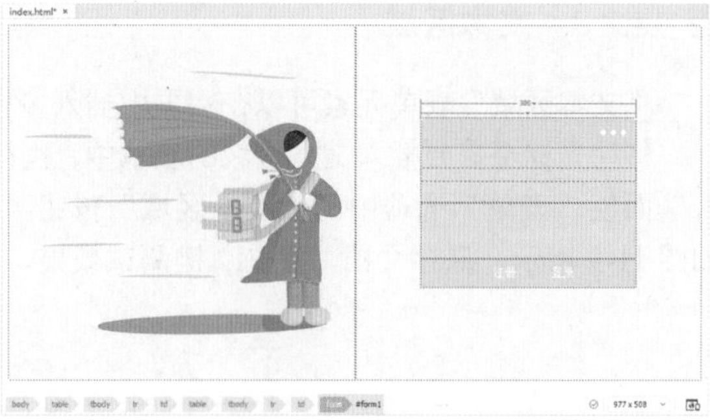

图 11-13

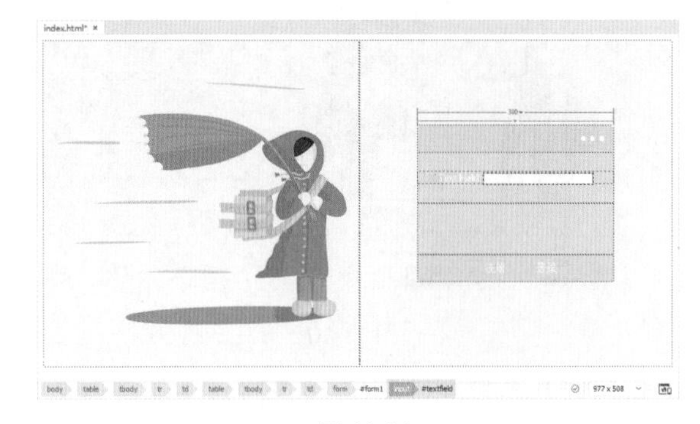

图 11-14

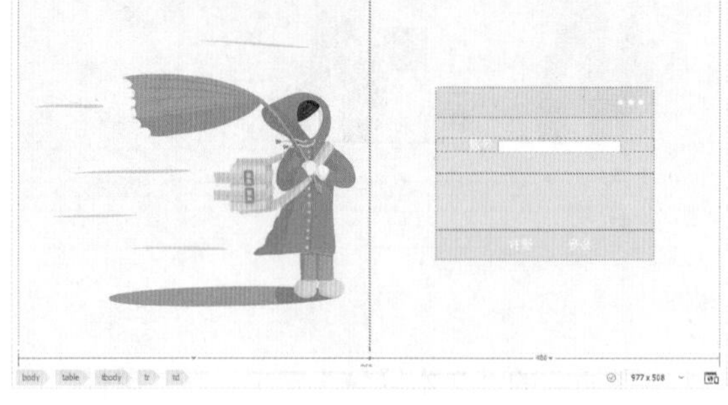

图 11-15

Step05 选中插入的文本框，在“属性”面板中设置参数，如图 11-16 所示。

图 11-16

Step06 使用相同的方法，在第 3 行单元格中插入表单和密码表单，如图 11-17 所示。修改密码文本框左侧文本，如图 11-18 所示。

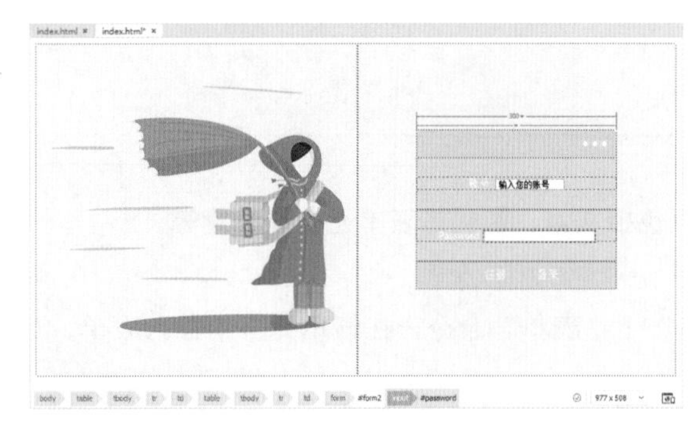

图 11-17

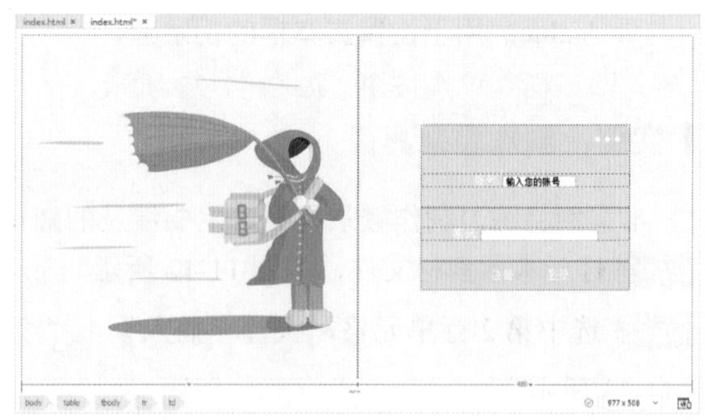

图 11-18

Step07 选中密码表单，在“属性”面板中设置参数，如图 11-19 所示。

图 11-19

Step08 至此，完成登录界面的制作。按 F12 键测试效果，如图 11-20、图 11-21 所示。

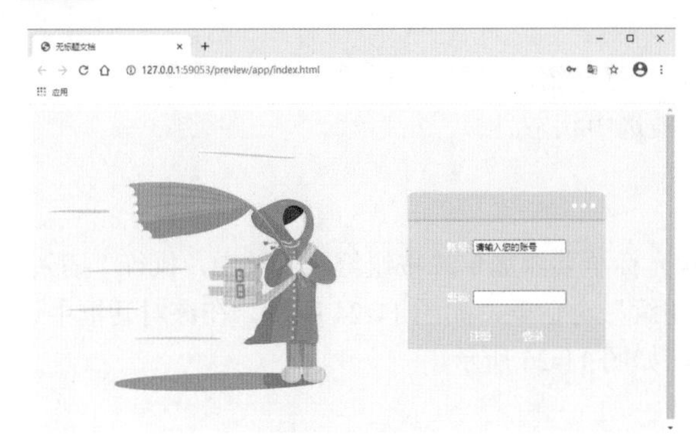

图 11-20

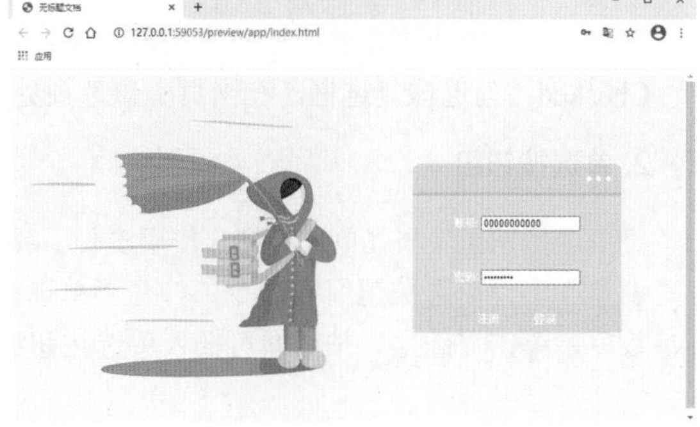

图 11-21

11.3 单选按钮和复选框表单

在制作网页时，常常需要制作一些按钮，如单选按钮或复选框等。用户可以在 Dreamweaver 软件中很方便地添加选项按钮，下面将对此进行介绍。

11.3.1 单选按钮和单选按钮组

“单选按钮”和“单选按钮组”选项可以让用户在网页的一组选项中只能选择一个选项。

1. 单选按钮

打开本章素材文件，移动光标至要添加单选按钮的表单中，执行“插入” | “表单” | “单选按钮”命令，即可插入单选按钮，如图 11-22 所示。

图 11-22

ACAA课堂笔记

选中单选按钮，在“属性”面板中可以对其参数进行调整。如图 11-23 所示为单选按钮的“属性”面板。

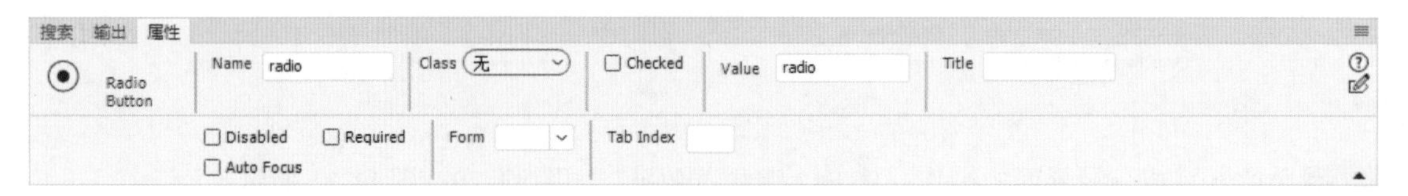

图 11-23

下面，将针对该“属性”面板中的部分常用选项进行介绍。

Checked：勾选该复选框，在网页中该选项处于被选中状态。

2. 单选按钮组

“单选按钮组”与“单选按钮”作用类似。移动光标至要添加单选按钮组的表单中，执行“插入”|“表单”|“单选按钮组”命令，打开“单选按钮组”对话框，如图 11-24 所示。在该对话框中设置参数后，单击“确定”按钮即可插入单选按钮组，如图 11-25 所示。

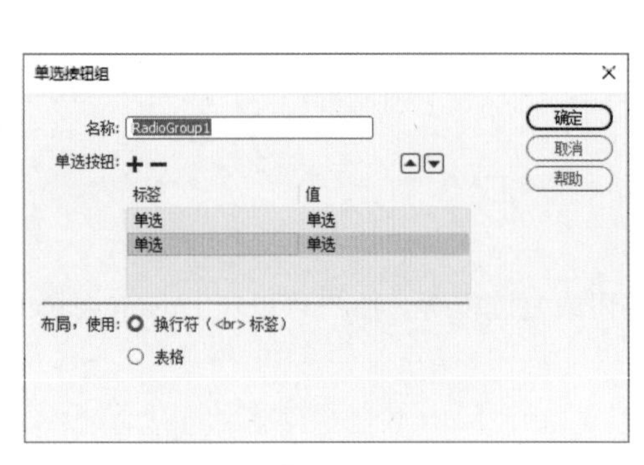

图 11-24

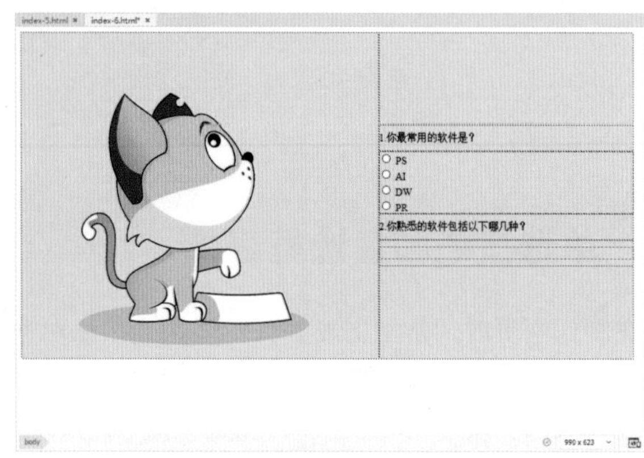

图 11-25

“单选按钮组”对话框中部分选项作用如下。

◎ 名称：用于设置单选按钮组名称。

◎ ＋ / －：用于添加单选按钮和删除单选按钮。

◎ 标签：用于设置单选按钮选项。

◎ 值：用于设置单选选项代表的值。

◎ 换行符 / 表格：设置单选按钮的布局方式。

11.3.3 复选框和复选框组

“复选框”和“复选框组”可以让用户在网页的一组选项中选择多个选项。

打开本章素材文件，执行“插入”|“表单”|“复选框”命令，即可在网页中添加复选框，如图 11-26 所示。若执行“插入”|“表单”|“复选框组”命令，可以打开“复选框组”对话框进行设置，如图 11-27 所示。

设置完成后效果如图 11-28 所示。按 F12 键测试效果如图 11-29 所示。

图 11-26

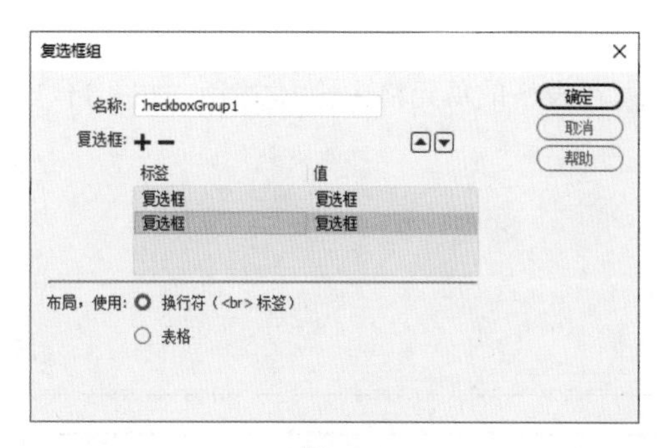

图 11-27

图 11-28

图 11-29

■ 实例：制作问答网页

本案例将练习制作问答网页，主要涉及的知识点包括单选按钮、复选框等表单元素的设置等。

Step01 打开本章素材文件，如图 11-30 所示。

Step02 移动光标至第 2 行单元格中，执行“插入”｜“表单”｜“表单”命令，插入表单，如图 11-31 所示。

图 11-30

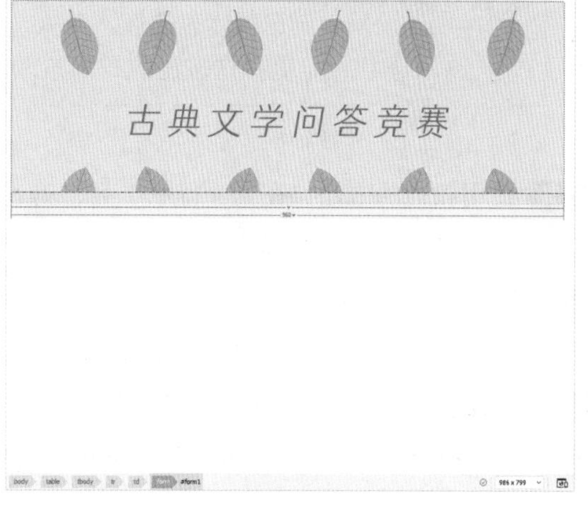

图 11-31

Step03 执行“插入”|“Table”命令，在表单中插入一个 8 行 2 列的表格，并调整表格参数，效果如图 11-32 所示。

Step04 在表格的单元格中输入文字，如图 11-33 所示。

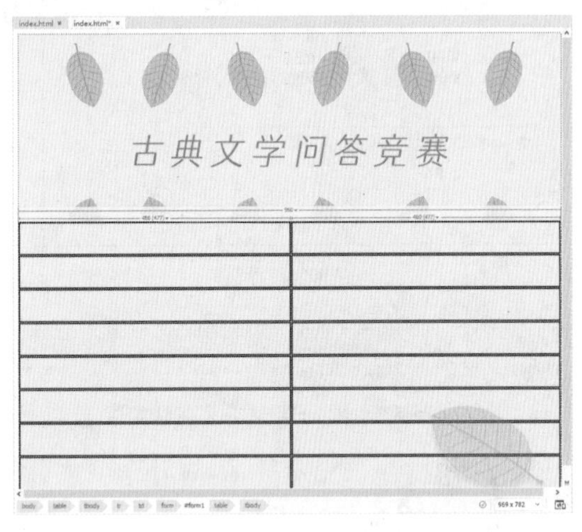

图 11-32

图 11-33

Step05 移动光标至第 2 行第 1 列单元格中，执行“插入”|“表单”|“单选按钮组”命令，打开“单选按钮组”对话框，在该对话框中进行设置，如图 11-34 所示。单击“确定”按钮，插入单选按钮组，并调整单选按钮排成一行，如图 11-35 所示。

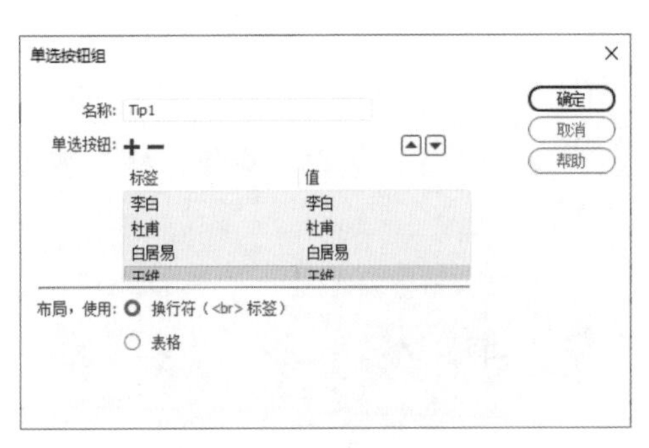

图 11-34

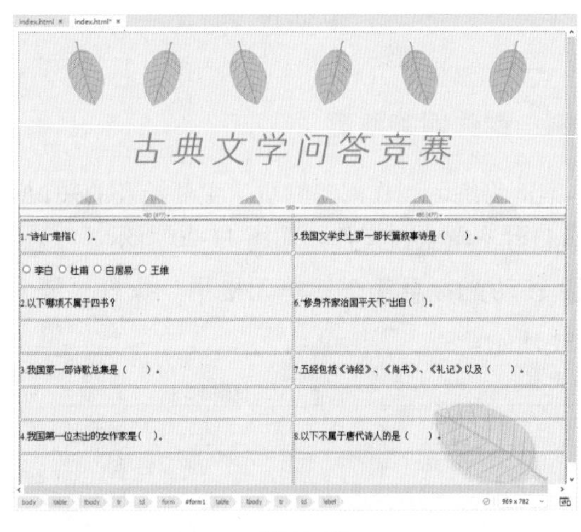

图 11-35

Step06 使用相同的方法，在第 4 行第 1 列、第 6 行第 1 列、第 8 行第 1 列、第 2 行第 2 列、第 4 行第 2 列插入单选按钮组，效果如图 11-36 所示。

Step07 移动光标至第 6 行第 2 列单元格中，执行“插入”|“表单”|“复选框组”命令，打开“复选框组”对话框，在该对话框中进行设置，如图 11-37 所示。

Step08 完成后单击“确定”按钮，插入复选框组，并调整复选框排成一行，如图 11-38 所示。

Step09 使用相同的方法，在第 8 行第 2 列单元格插入复选框组，并进行设置，如图 11-39 所示。

图 11-36

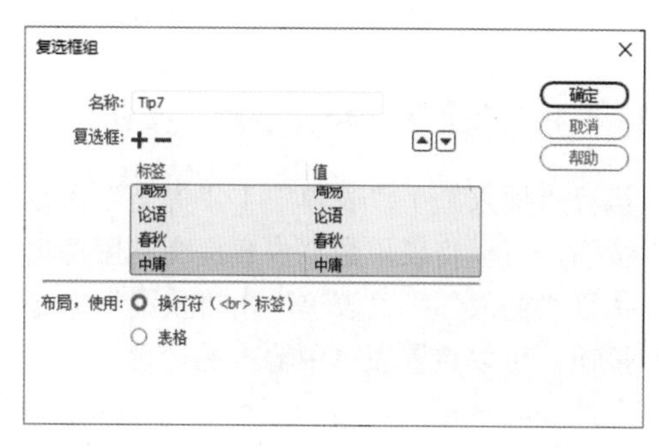

图 11-37

图 11-38

图 11-39

Step10 至此，完成问答网页的制作。保存文件，按 F12 键测试效果，如图 11-40、图 11-41 所示。

图 11-40

图 11-41

11.4 其他常用表单

除了文本类表单及常见的选项表单外，在Dreamweaver软件中还可以添加按钮、文件、选择等表单。本小节将对此进行介绍。

11.4.1 “提交”和“重置”按钮

执行“插入”|“表单”|“提交”命令，可以在表单中添加“提交”按钮。在网页中单击“提交”按钮，可以将表单数据内容提交到服务器。

执行“插入”|“表单”|“重置”命令，可以在表单中添加“重置”按钮。在网页中单击“重置”按钮，可以重置表单中输入的信息。

11.4.2 文件

通过添加“文件”表单，可以实现在网页中上传文件的功能。

执行“插入”|“表单”|“文件”命令，可以在表单中添加文件域，如图11-42所示。

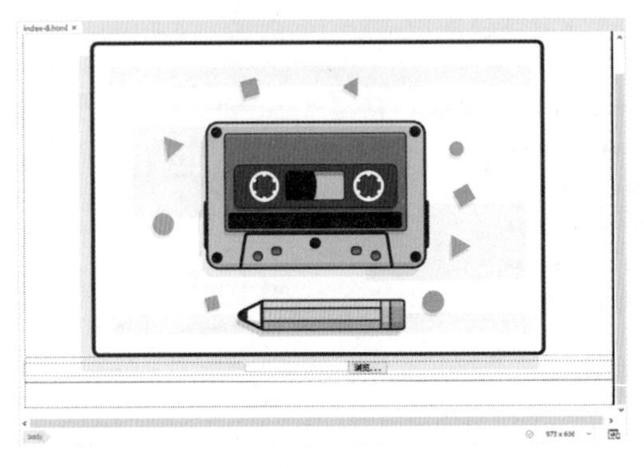

图 11-42

11.4.3 选择

“选择”表单可以制作下拉列表框，在有限的空间中设置多个选项。

执行“插入”|“表单”|“选择”命令，可以在表单中添加下拉菜单，如图11-43所示。在“属性”面板中设置参数后，可以进行选择，如图11-44所示。

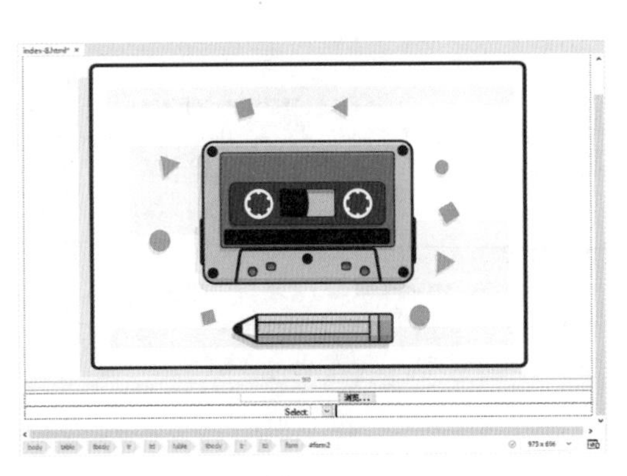

图 11-43

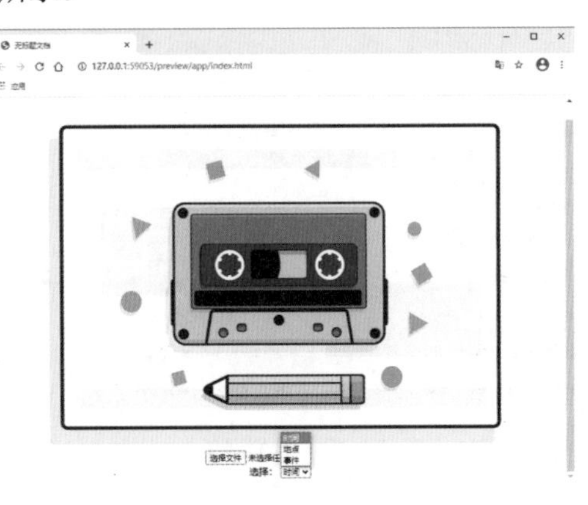

图 11-44

如图 11-45 所示为“选择”表单的“属性”面板。

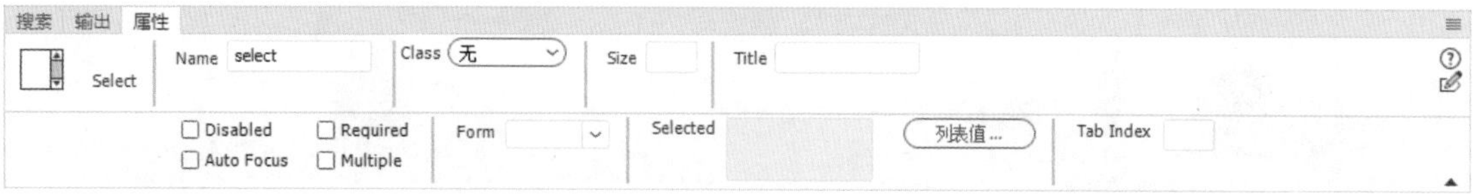

图 11-45

该面板中部分常用选项作用如下。

◎ Size：用于设置下拉列表框的行数。

◎ Selected：用于设置默认选项。

◎ 列表值：单击该按钮，可以打开“列表值”对话框设置下拉列表选项，如图 11-46 所示。

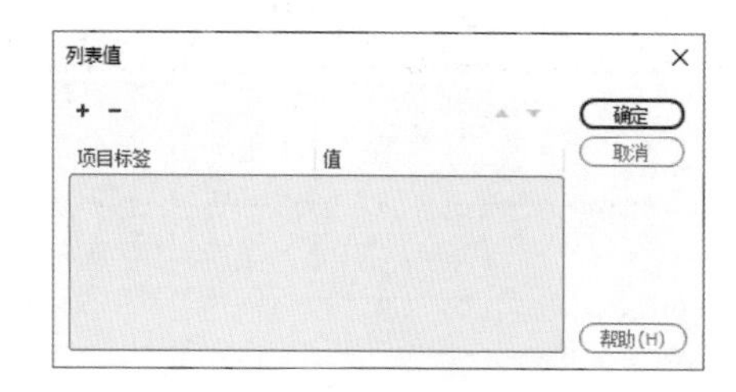

图 11-46

11.5 课堂实战：制作读书网站网页

本案例将练习制作读书网站会员注册页面，涉及的知识点包括表单的插入、表格的插入等。

Step01 打开本章素材文件，如图 11-47 所示。另存文件。

Step02 移动光标至空白处，执行“插入”|“表单”|“表单”命令，在该处插入表单，如图 11-48 所示。

图 11-47

图 11-48

Step03 移动光标至表单中，执行“插入”| Table 命令，在表单中插入一个 8 行 2 列的表格，表格宽度为 500 像素，边框粗细和单元格边距设为 0，单元格间距为 10，效果如图 11-49 所示。

Step04 选中表格第 1 列，设置水平对齐方式为“左对齐”，垂直对齐方式为“居中”，宽度为 150 像素，高度为 30 像素，效果如图 11-50 所示。

index.html × index.html* ×

悦读在线平台

悦读 · 阅读

网站首页 注册会员 书籍类别 论坛水区 招聘简章 联系我们

body table tbody tr td form #form1 960 x 750

图 11-49

图 11-50

Step05 使用相同的方法设置表格第 2 列，效果如图 11-51 所示。

Step06 移动光标至第 1 列单元格中，输入文字，如图 11-52 所示。

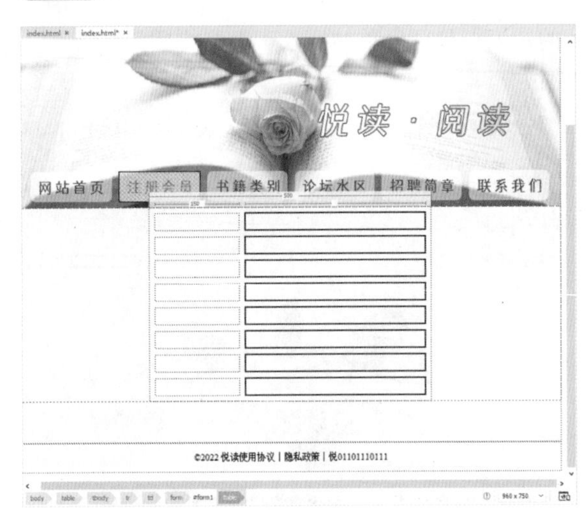

图 11-51

图 11-52

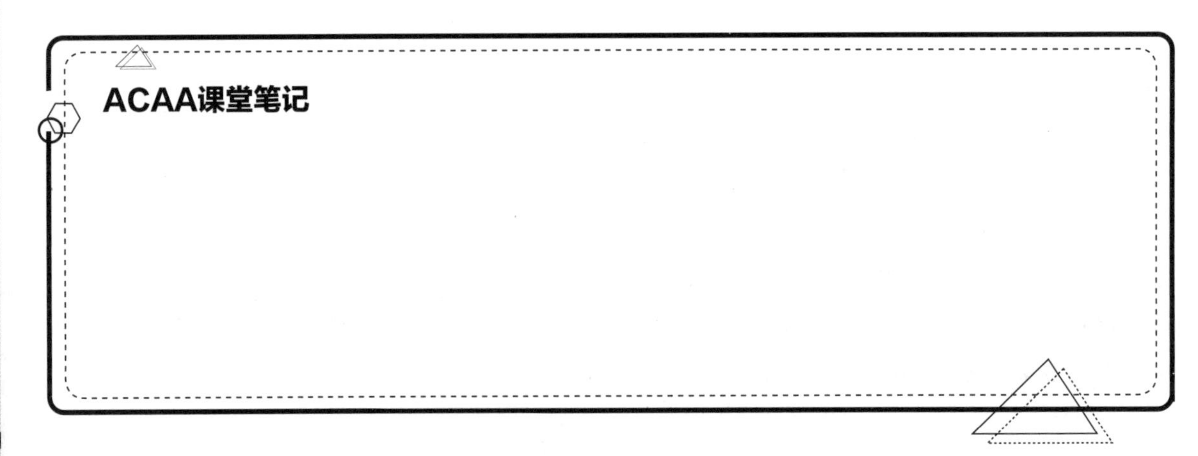

Step07 移动光标至第 1 行第 2 列单元格中，单击“插入”面板“表单”选项中的“文本”按钮，插入单行文本框，如图 11-53 所示。删除文本框左侧文字，效果如图 11-54 所示。

图 11-53

图 11-54

Step08 选中文本框，在“属性”面板中设置参数，如图 11-55 所示。

搜索 输出 属性
Text Name txt zh Class 无 Size 25 Max Length 15 Value Title Place Holder
Disabled Required Auto Complete Form Pattern Tab Index List
Auto Focus Read Only

图 11-55

Step09 移动光标至第 2 行第 2 列单元格中，单击“插入”面板“表单”选项中的“密码”按钮，插入密码框，如图 11-56 所示。删除密码框左侧文字，效果如图 11-57 所示。

图 11-56

图 11-57

Step10 选中密码框，在“属性”面板中设置参数，如图 11-58 所示。

图 11-58

Step11 使用相同的方法在第 3 行第 2 列单元格中插入密码框，并对其进行设置，如图 11-59 所示。

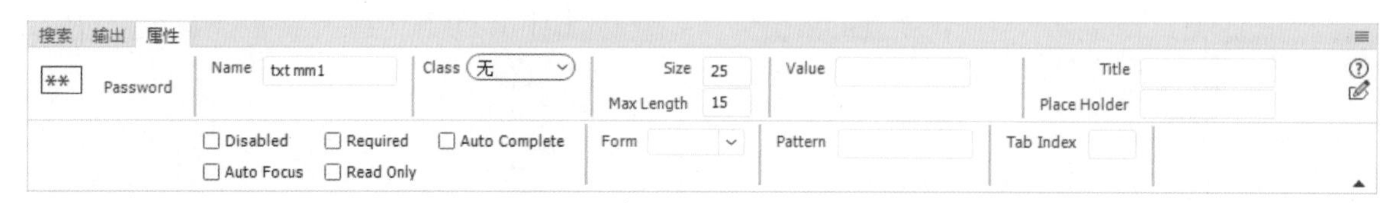

图 11-59

Step12 移动光标至第 4 行第 2 列，单击“插入”面板“表单”选项中的“单选按钮组”按钮，打开“单选按钮组”对话框进行设置，如图 11-60 所示。完成后单击“确定”按钮，调整单选按钮为一行，效果如图 11-61 所示。

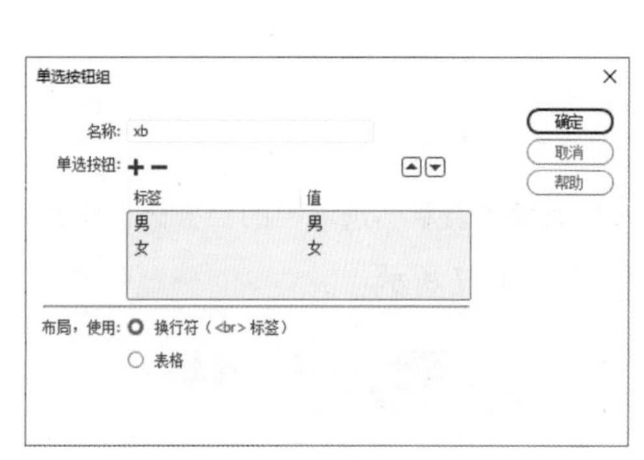

图 11-60

图 11-61

Step13 选中“男”单选按钮，在“属性”面板中勾选 Checked 复选框，使该选项处于默认选择状态，效果如图 11-62 所示。

Step14 移动光标至第 5 行第 2 列，单击“插入”面板“表单”选项中的“选择”按钮，删除其左侧文字，如图 11-63 所示。

Step15 选中选择文本框，在“属性”面板中单击“列表值”按钮，打开“列表值”对话框进行设置，如图 11-64 所示。

Step16 完成后单击“确定”按钮，效果如图 11-65 所示。

Step17 在第 6 行第 2 列中插入“文本”表单，设置与第 1 行第 2 列中一致，Name 改为 txt email，效果如图 11-66 所示。

Step18 在第 7 行第 2 列中插入“单选按钮组”，并进行设置，效果如图 11-67 所示。

图 11-62

图 11-63

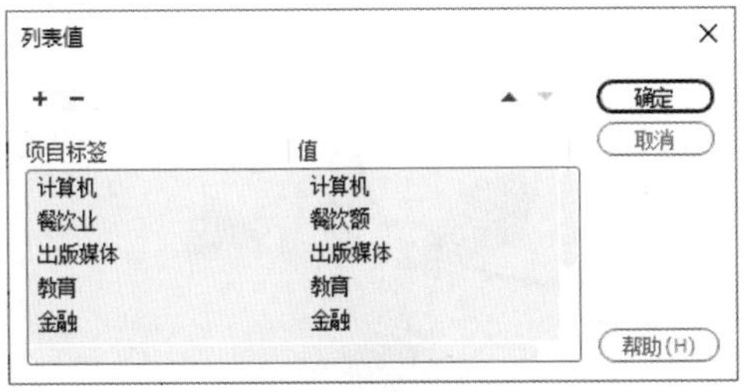

列表值

+ −

确定

取消

项目标签	值
计算机	计算机
餐饮业	餐饮额
出版媒体	出版媒体
教育	教育
金融	金融

帮助(H)

图 11-64

index.html index.html*

悦读 · 阅读

网站首页 注册会员 书籍类别 论坛水区 招聘简章 联系我们

账号:

密码:

重复密码:

性别: 男 女

所属行业: 计算机

验证邮箱:

阅读交易条款:

©2022 悦读使用协议 | 隐私政策 | 悦01101110111

960 x 750

图 11-65

index.html index.html*

悦读 · 阅读

网站首页 注册会员 书籍类别 论坛水区 招聘简章 联系我们

账号:

密码:

重复密码:

性别: 男 女

所属行业: 计算机

验证邮箱:

阅读交易条款:

©2022 悦读使用协议 | 隐私政策 | 悦01101110111

960 x 750

图 11-66

图 11-67

Step19 移动光标至第 8 行第 2 列单元格中，单击“插入”面板“表单”选项中的“提交”按钮，如图 11-68 所示。

Step20 在“提交”按钮右侧插入“重置”按钮，效果如图 11-69 所示。

图 11-68

图 11-69

Step21 保存文件，按 F12 键测试效果，如图 11-70、图 11-71 所示。

图 11-70

图 11-71

至此，完成读书网站会员注册页面的制作。

11.6 课后作业

一、选择题

1. 若想设置文本域长度，应设置以下哪项参数？（　　）。

A. Size　　B. Required　　C. Max Length　　D. Value

2.（　　）表单元素是特殊的文本域，当用户在其中输入文本时，输入的文本将被替换为隐藏符号，以便于保护这些信息。

A. 文本　　B. 密码　　C. 文本区域　　D. 数字

3. 若想在网页中制作唯一选项，应选择（　　）。

A. 复选框　　B. 单选按钮　　C. 复选框组　　D. 单选按钮组

二、填空题

1. ________ 表单元素可以制作下拉列表框，在有限的空间中设置多个选项。

2. ________ 表单元素提供一种在结构上将域的文本标签和该域关联起来的方法。

3. 使用 ________ 和 ________ 可以在网页的一组选项中选择多个选项。

三、操作题

1. 制作网页记事本

（1）本案例将练习制作网页记事本，涉及的知识点包括表单的应用及设置。制作完成后效果如图 11-72、图 11-73 所示。

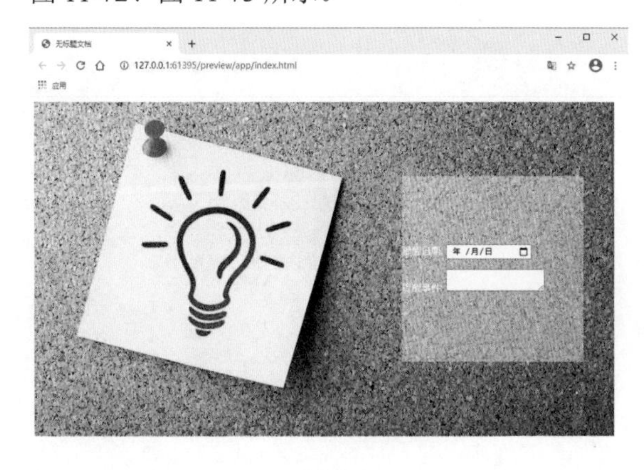

图 11-72

图 11-73

（2）操作思路。

Step01 新建网页文档，插入表格，设置表格背景图像；

Step02 嵌套表格，设置表格属性；

Step03 在表格中插入表单；

Step04 保存文件，测试效果。

2．制作访客登记表

（1）本案例将练习制作访客登记表，涉及的知识点包括表单的应用及设置。制作完成后效果如图 11-74、图 11-75 所示。

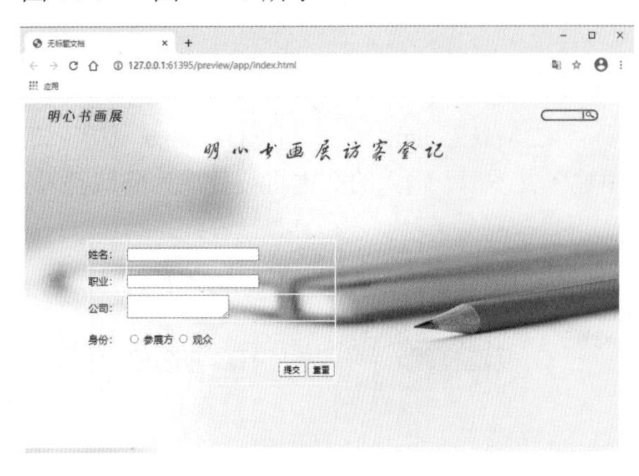

图 11-74

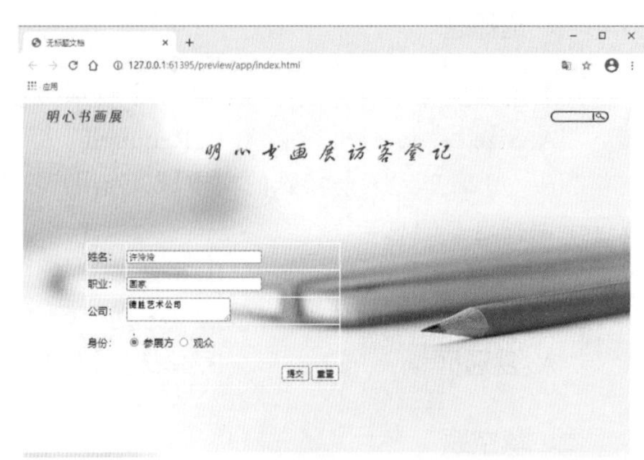

图 11-75

（2）操作思路。

Step01 新建网页文档，插入表格，设置表格背景；

Step02 添加图像素材，嵌套表格，并进行设置；

Step03 插入表单；

Step04 保存文件，测试效果。

第12章 行为的应用

内容导读

行为可以实现用户与网页的交互。Dreamweaver 软件中包括多种预置的行为，通过这些行为，可以简化代码编写步骤，使网页设计者可以轻松实现动感网页的效果。本章将针对网页中的行为进行介绍。

Dreamweaver CC

学习目标

» 了解什么是行为
» 学会使用行为制作图像效果
» 学会使用行为显示文本
» 掌握利用行为控制表单的方法

12.1 什么是行为

行为是某个事件和由该事件触发的动作的组合。利用行为可以使网页制作人员不用编程就能实现程序动作。Dreamweaver 中提供多种行为，通过设置这些行为可以为网页对象添加一些动态效果和简单的交互功能。熟悉 JavaScript 的网页制作人员还可以编写一些特定的行为来使用。

12.1.1 行为

行为包括事件和动作两部分。Dreamweaver 中的行为将 JavaScript 代码放置在文档中，浏览者可以通过多种方式更改 Web 页，或者启动某些任务。在“行为”面板中，可以先指定一个动作，然后指定触发该动作的事件，以此将行为添加到页面中。如图 12-1 所示为“行为”面板。

图 12-1

该面板中部分选项作用如下。

◎ “添加行为”按钮+：单击该按钮，打开下拉菜单，其中包含可以附加到当前所选元素的动作。当从该菜单中选择一个动作时，将弹出一个对话框，可以在该对话框中指定该动作的各项参数。

◎ “删除事件”按钮−：单击该按钮，将从行为列表中删除所选的事件。

在将行为附加到某个页面元素之后，每当该元素的某个事件发生时，行为即会调用与这一事件关联的动作（JavaScript 代码）。Dreamweaver 中的动作提供了最大限度地跨浏览器兼容性。

每个浏览器都提供一组事件，这些事件可以与“行为”面板的动作菜单中列出的动作相关联。当浏览者与网页进行交互时，浏览器生成事件，这些事件可以调用引起动作发生的 JavaScript 函数。Dreamweaver 中提供许多可以使用这些事件触发的常用动作，如表 12-1 所示。

表 12-1

动 作	说 明
调用 JavaScript	调用 JavaScript 函数
改变属性	选择对象的属性
拖动 AP 元素	允许在浏览器中自由拖动 AP Div
转到 URL	可以转到特定的站点或网页文档上
跳转菜单	可以创建若干个链接的跳转菜单
跳转菜单开始	跳转菜单中选定要移动的站点之后，只有单击 GO 按钮才可以移动到链接的站点上
打开浏览器窗口	在新窗口中打开 URL
弹出信息	设置的事件发生之后，弹出警告信息
预先载入图像	为了在浏览器中快速显示图片，事先下载图片之后显示出来
设置框架文本	在选定的帧上显示指定的内容
设置状态栏文本	在状态栏中显示指定的内容
设置文本域文字	在文本字段区域显示指定的内容
显示 - 隐藏元素	显示或隐藏特定的 AP Div
交换图像	发生设置的事件后，用其他图片来替代选定的图片
恢复交换图像	在执行交换图像动作之后，显示原来的图片
检查表单	在检查表单文档有效性的时候使用

12.1.2 事件

每个浏览器都提供一组事件，这些事件可以与“行为”面板中下拉菜单列出的动作相关联。当网页的浏览者与页面进行交互时，浏览器会生成事件。

若要将行为附加到某个图像，则一些事件（例如 onMouseOver）显示在括号中。这些事件仅用于链接。当选择其中之一时，Dreamweaver 在图像周围使用 <a> 标签来定义一个空链接。在“属性”面板的“链接”文本框中，该空链接表示为“javascript:;”。如果要将其变为一个指向另一页面的真正链接，可以更改链接值。但若删除 JavaScript 链接而没有用另一个链接来替换它，将删除该行为。

12.1.3 常见事件的使用

网页事件分为不同的种类，如与鼠标有关、与键盘有关等。对于同一个对象，不同版本的浏览器支持的事件种类和多少也是不一样的。事件用于指定选定的行为动作在何种情况下发生。Dreamweaver 提供的事件种类如表 12-2 所示。

表 12-2

事 件	说 明
onLoad	选定的客体显示在浏览器上时发生的事件
onUnLoad	浏览者退出网页文档时发生的事件
onClick	用鼠标单击选定的要素时发生的事件
onDblClick	鼠标双击时发生的事件
onBlur	光标移动到窗口或框架外侧等非激活状态时发生的事件
onFocus	光标到窗口或框架中处于激活状态时发生的事件
onMouseDown	单击鼠标左键时发生的事件
onMouseMove	光标经过选定的要素上面时发生的事件
onMouseOut	光标离开选定的要素上面时发生的事件
onMouseOver	光标在选定的要素上面时发生的事件
onMouseUp	放开按住的鼠标左键时发生的事件
onKeyDown	键盘上的某个按键被按下时触发此事件
onKeyPress	键盘上的某个按键被按下并且释放时触发此事件
onKeyUp	放开按下的键盘中的指定键时发生的事件
onError	加载网页文档的过程中发生错误时发生的事件

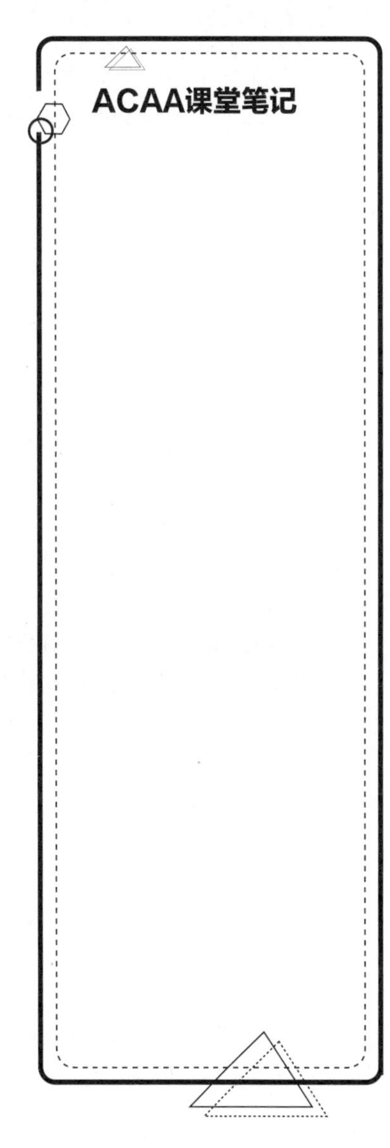

在 Dreamweaver 中，可以为整个页面、表格、链接、图像、表单或其他任何 HTML 元素增加行为，最后由浏览器决定是否执行这些行为。

以添加“弹出信息”为例：选择一个对象元素，如页面元素标签 <body>。单击“行为”面板中的“添加行为”按钮+，在弹出的下拉菜单中选择“弹出信息”，打开“弹出信息”对话框，如图 12-2 所示。在该对话框中设置参数，完成后单击“确定”按钮，这时在“行为”面板中将显示添加的事件及对应的动作。

图 12-2

12.2 利用行为调节浏览器窗口

用户可以使用“行为”面板调节浏览器窗口，如设置打开浏览器窗口、调用脚本、转到 URL 等，下面将对此进行具体介绍。

12.2.1 调用 JavaScript

“调用 JavaScript”行为在事件发生时将执行自定义的函数或 JavaScript 代码行。用户可以自己编写 JavaScript，也可以使用 Web 上免费的 JavaScript 库中提供的代码。调用 JavaScript 动作允许使用“行为”面板指定一个自定义功能，或指定当发生某个事件时应该执行的一段 JavaScript 代码。

选中文档窗口底部的 <body> 标签，执行“窗口” | “行为”命令，打开“行为”面板，在“行为”面板中单击“添加行为”按钮+，在弹出的下拉菜单中选择“调用 JavaScript”命令，打开“调用 JavaScript”对话框，如图 12-3 所示。

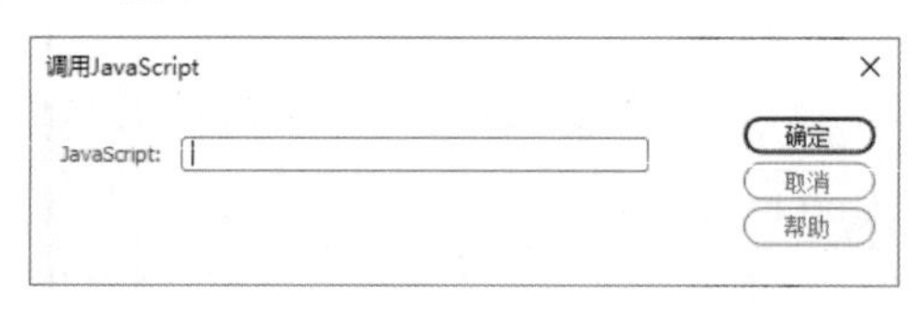

图 12-3

在文本框中输入 JavaScript 代码，单击“确定”按钮，即可将行为添加到“行为”面板中。

知识点拨

JavaScript 语言可以嵌入 HTML 中，在客户端执行。它是动态特效网页设计的最佳选择，同时也是浏览器普遍支持的网页脚本语言。JavaScript 的出现使得信息和用户之间不仅是一种显示和浏览的关系，也实现了一种实时的、动态的、可交互式的表达能力。

12.2.2 转到 URL

“转到 URL”行为可在当前窗口或指定的框架中打开一个新页。此行为适用于通过一次单击更改两个或多个框架的内容。

选中对象，打开“行为”面板，单击“添加行为”按钮+，在弹出的下拉菜单中选择“转到 URL”命令，打开“转到 URL”对话框，如图 12-4 所示。在该对话框中设置完成后，单击“确定”按钮，即可在“行为”面板中设置一个合适的事件。

ACAA课堂笔记

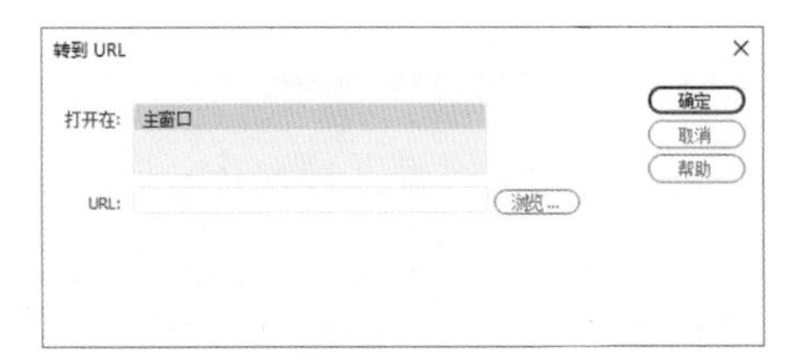

图 12-4

“转到 URL”对话框中部分选项作用如下。

◎ 打开在：选择打开链接的窗口。如果是框架网页，选择打开链接的框架。

◎ URL：输入链接的地址，也可以单击“浏览”按钮，在本地硬盘中查找链接的文件。

12.2.3 打开浏览器窗口

“打开浏览器窗口”行为可以在一个新的窗口中打开网页。用户可以针对新窗口的属性、特性等进行设置。

选中对象，打开“行为”面板，单击“添加行为”按钮+，在弹出的下拉菜单中选择“打开浏览器窗口”命令，打开“打开浏览器窗口”对话框，如图 12-5 所示。在该对话框中进行设置，完成后单击“确定”按钮，即可应用效果。

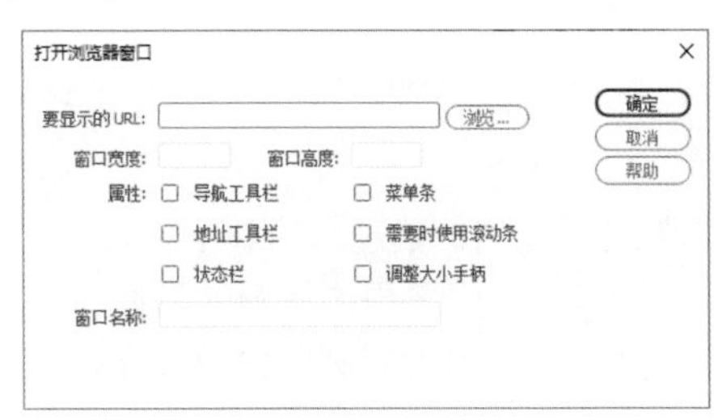

图 12-5

该对话框中部分选项作用如下。

◎ 要显示的 URL：用于设置要显示的网页的地址，属于必选项。

◎ 窗口宽度：用于设置窗口的宽度。

◎ 窗口高度：用于设置窗口的高度。

◎ 属性：设置打开浏览器窗口的一些参数。“导航工具栏”复选框可以设置是否在浏览器顶部包含导航条；“菜单条”复选框可以设置是否包含菜单条；“地址工具栏”复选框可以设置是否在打开的浏览器窗口中显示地址栏；“需要时使用滚动条” 复选框可以设置如果窗口中内容超出窗口大小，是否显示滚动条；“状态栏”复选框可以设置是否在浏览器窗口底部显示状态栏；“调整大小手柄”使浏览者可以调整窗口大小。

◎ 窗口名称：给当前窗口命名。

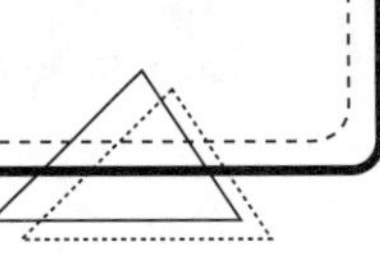

12.3 利用行为制作图像特效

网页设计人员可以利用行为制作图像特效，如制作交换图像、恢复交换图像效果、载入图像等。下面将对此进行介绍。

12.3.1 交换图像与恢复交换图像

“交换图像”行为是通过更改 <img> 标签的 src 属性将一个图像和另一个图像进行交换。当光标经过图像时，原图像会变成另外一张图像。组成图像交换的两张图像必须有相同的尺寸，若两张图像的尺寸不同，Dreamweaver 会自动将第二张图像的尺寸调整为第一张图像的同样大小。

选中图像，打开“行为”面板，单击“添加行为”按钮+，在弹出的下拉菜单中选择“交换图像”命令，打开“交换图像”对话框，如图 12-6 所示。单击“设定原始档为”文本框右边的“浏览”按钮，在弹出的对话框中选择要交换的文件，如图 12-7 所示。单击“确定”按钮，返回“交换图像”对话框，单击“确定”按钮即可。

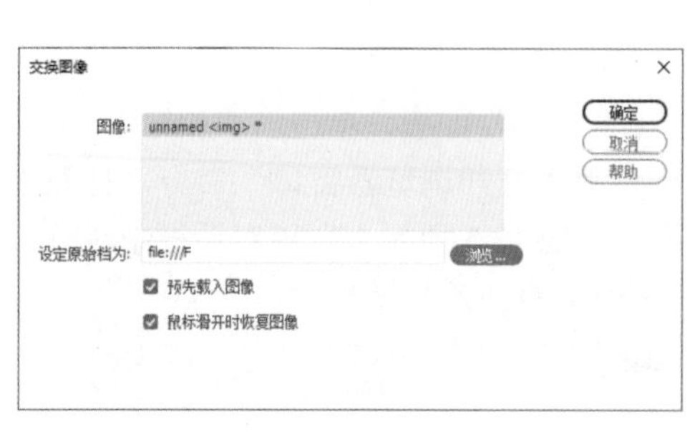

图 12-6

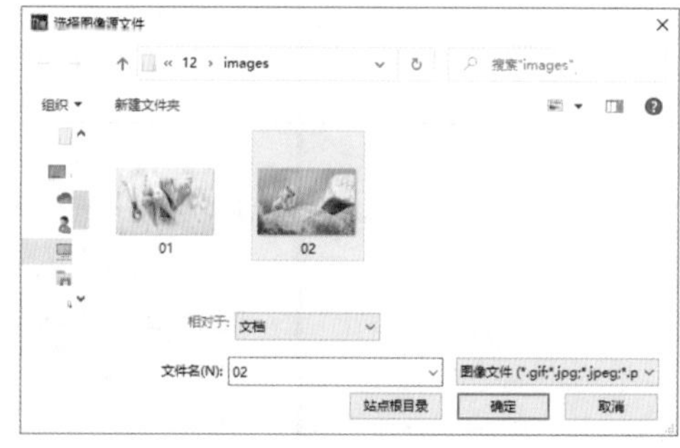

图 12-7

“交换图像”对话框中的选项作用如下。

◎ 图像：在列表中选择要更改其源的图像。

◎ 设定原始档为：单击“浏览”按钮选择新图像文件，文本框中显示新图像的路径和文件名。

◎ 预先载入图像：勾选该复选框，在载入网页时，新图像将载入到浏览器的缓冲区，防止当图像该出现时由于下载而导致的延迟。

利用“鼠标滑开时恢复图像”动作，可以将所有被替换显示的图像恢复为原始图像，一般来说，设置“交换图像”动作时会自动添加“交换图像恢复”动作，这样当光标离开对象时就会自动恢复原始图像。效果如图 12-8、图 12-9 所示。

图 12-8

图 12-9

实例：制作图像交换效果

本案例将练习制作图像交换效果，涉及的知识点主要包括“交换图像”行为和“恢复交换图像”行为。

Step01 打开本章素材文件，如图 12-10 所示。

Step02 选中主页图像，执行“窗口”|“行为”命令，打开“行为”面板，单击“添加行为”按钮+，在弹出的下拉菜单中选择“交换图像”命令，打开“交换图像”对话框，如图 12-11 所示。

图 12-10

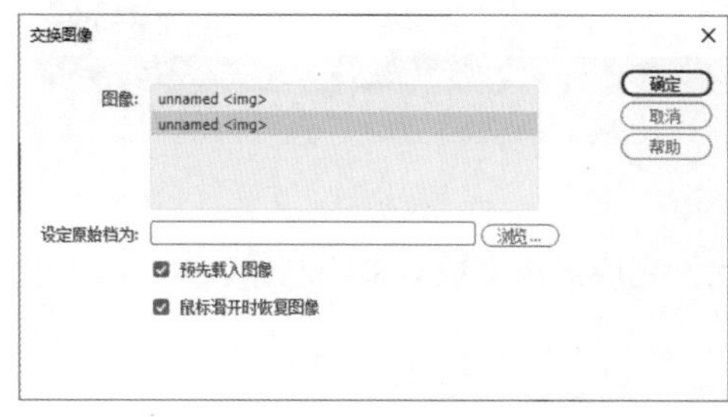

图 12-11

Step03 单击“设定原始档为”文本框右边的“浏览”按钮，打开“选择图像源文件”对话框，在该对话框中选择要交换的文件，如图 12-12 所示。

Step04 单击“确定”按钮，返回“交换图像”对话框，如图 12-13 所示。

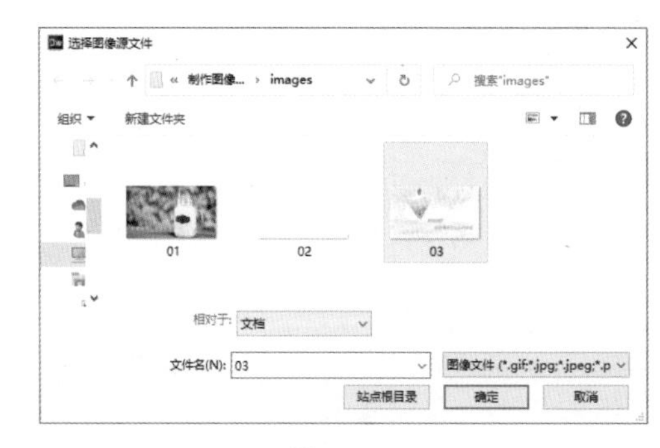

图 12-12

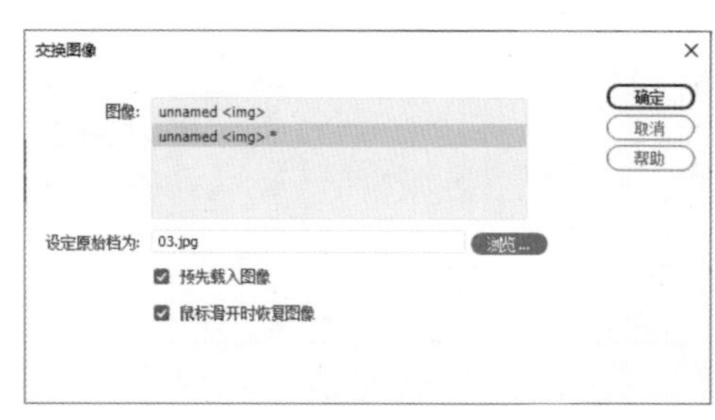

图 12-13

ACAA课堂笔记

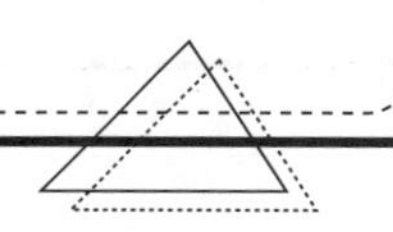

Step05 单击“确定”按钮，应用效果。保存文档，按 F12 键测试效果，如图 12-14、图 12-15 所示。

图 12-14

图 12-15

至此，完成图像交换效果的制作。

12.3.2 预先载入图像

“预先载入图像”行为可以缓存在页面打开之初没有立即显示的图像，缩短显示时间，避免在下载时出现延迟。

选中要附加行为的对象，单击“添加行为”按钮+，在弹出的下拉菜单中选择“预先载入图像”命令，弹出“预先载入图像”对话框，如图 12-16 所示。单击“图像源文件”文本框右侧的“浏览”按钮，在弹出的“预先载入图像”对话框中选择文件，添加路径及图像名称至文本框中，如图 12-17 所示。完成后单击“确定”按钮即可。

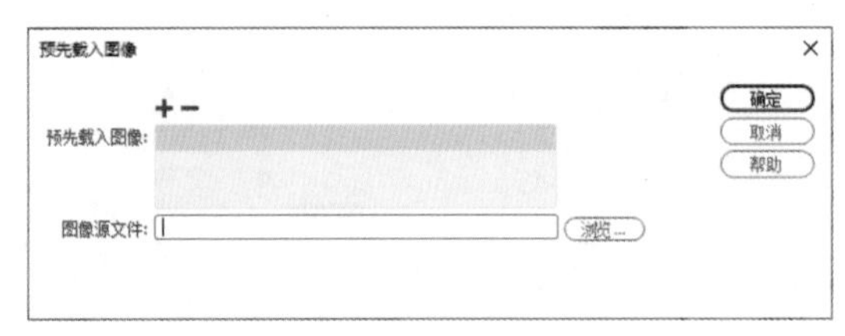

图 12-16

图 12-17

“预先载入图像”对话框中选项的作用如下。

◎ 预先载入图像：在列表中列出所有需要预先载入的图像。

◎ 图像源文件：单击“浏览”按钮，选择要预先载入的图像文件，或者在文本框中输入图像的路径和文件名。

单击“预先载入图像”列表框上面的添加按钮，添加图像至列表中。重复该操作，将所有需要预先载入的图像都添加到列表中。若要删除某个图像，在列表中选中该图像，然后单击删除按钮即可。

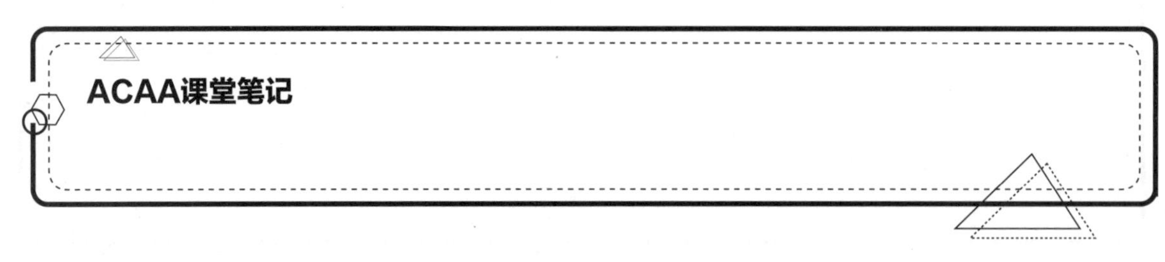

12.4 利用行为显示文本

网页设计人员可以利用行为添加各种文本特效，如弹出信息、状态栏文本、容器的文本、文本域文字等。下面将对此进行介绍。

12.4.1 弹出信息

“弹出信息”行为可以在特定的事件被触发时弹出一个包含指定消息的 JavaScript 警告，给浏览者提供动态的导航功能。

选中对象，执行“窗口”|“行为”命令，打开“行为”面板，单击“添加行为”按钮+，在弹出的下拉菜单中选择“弹出信息”命令，打开“弹出信息”对话框，在该对话框的“消息”文本框中输入内容，如图 12-18 所示。完成后单击“确定”按钮，即可将行为添加到“行为”面板。

图 12-18

实例：制作网页弹出信息

本案例将练习制作网页弹出信息，涉及的知识点主要包括“行为”面板的使用、“弹出信息”行为的应用等。

Step01 打开本章素材文件，如图 12-19 所示。

Step02 选中导航图像，执行“窗口”|“行为”命令，打开“行为”面板，单击“添加行为”按钮+，在弹出的下拉菜单中选择“弹出信息”命令，打开“弹出信息”对话框，在该对话框的“消息”文本框中输入内容，如图 12-20 所示。

图 12-19

图 12-20

Step03 单击“确定”按钮，将行为添加到“行为”面板。保存文件，按 F12 键测试效果，如图 12-21、图 12-22 所示。

图 12-21　　图 12-22

至此，完成网页弹出信息的制作。

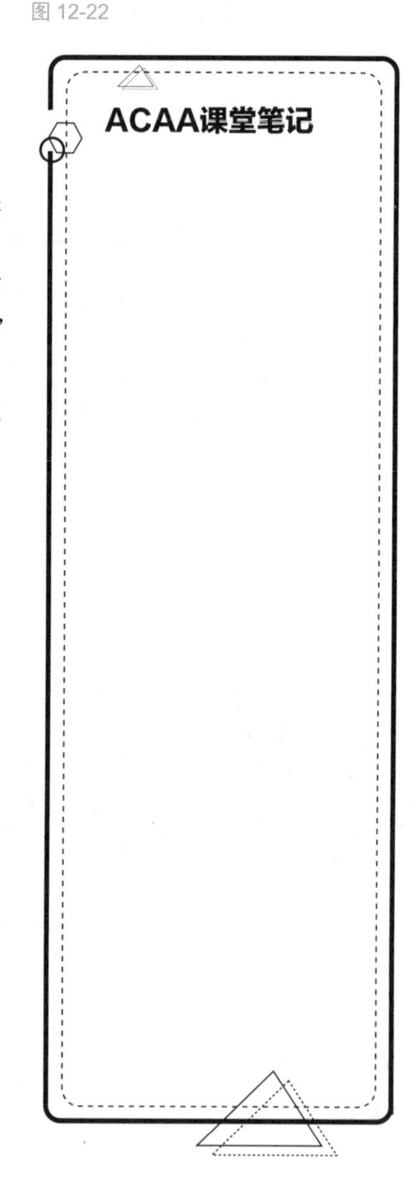

12.4.2　设置状态栏文本

“设置状态栏文本”行为可以在浏览器窗口左下角处的状态栏中显示消息。

打开要加入状态栏文本的网页，选择对象，单击“行为”面板中的“添加行为”按钮+，在弹出的下拉菜单中选择“设置文本”|“设置状态栏文本”命令，打开“设置状态栏文本”对话框，如图 12-23 所示。在该对话框的“消息”文本框中输入要在状态栏中显示的文本，完成后单击“确定”按钮，即可添加行为。

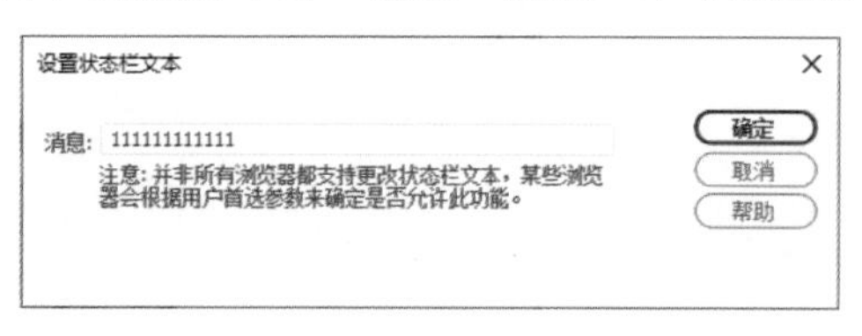

图 12-23

12.4.3　设置容器的文本

“设置容器的文本”行为可以将页面上的现有容器的内容和格式替换为指定的内容。该内容可以包括任何有效的 HTML 源代码。

选中页面中的 Div 标签内的对象，单击“行为”面板中的“添加行为”按钮+，在弹出的下拉菜单中选择“设置文本”|“设置容器的文本”命令，打开“设置容器的文本”对话框，如图 12-24 所示。在该对话框中设置参数，完成后单击“确定”按钮，即可添加行为。

ACAA课堂笔记

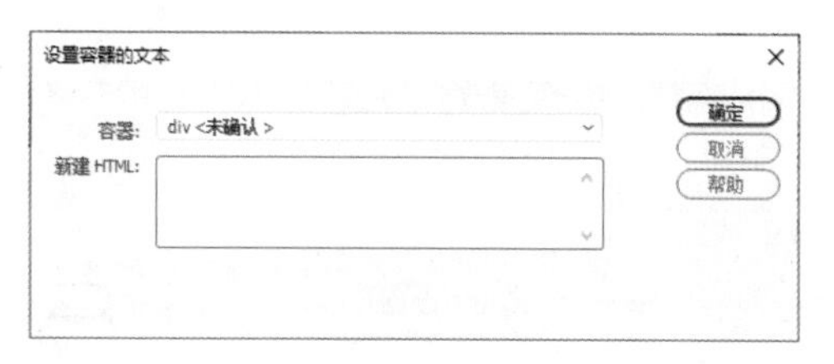

图 12-24

12.4.4 设置文本域文字

“设置文本域文字”行为可以使用指定的内容替换表单文本域的内容。用户可以在文本中嵌入所有有效的 JavaScript 函数、属性、全局变量或其他表达式。

选中页面中的文本域对象，单击“行为”面板中的“添加行为”按钮+，在弹出的下拉菜单中选择“设置文本”|“设置文本域文字”命令，打开“设置文本域文字”对话框，如图 12-25 所示。在该对话框中设置参数后单击“确定”按钮，即可将行为添加到“行为”面板中。

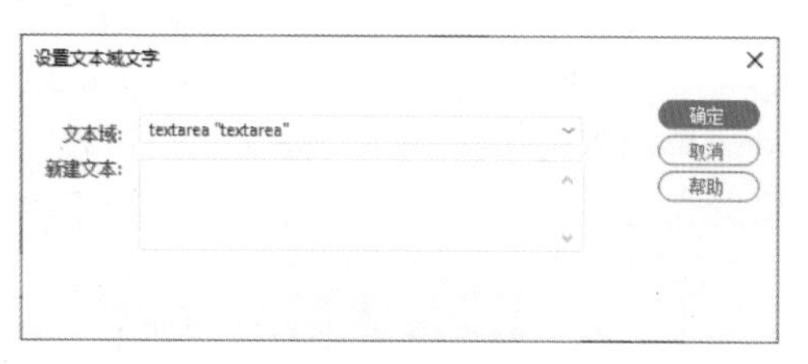

图 12-25

“设置文本域文字”对话框中的选项作用如下。

◎ 文本域：选择要设置的文本域。

◎ 新建文本：在文本框中输入文本。

12.5 利用行为控制表单

网页制作人员可以对表单应用行为，如跳转菜单、检查表单等。下面将对此进行介绍。

12.5.1 跳转菜单

使用“跳转菜单”行为可以编辑和重新排列菜单项、更改要跳转到的文件以及编辑文件的窗口等。若页面中尚无跳转菜单对象，需要先创建一个跳转菜单对象。

执行“插入”|“表单”|“选择”命令，插入选择文本框，选中该文本框，单击“行为”面板中的“添加行为”按钮+，在弹

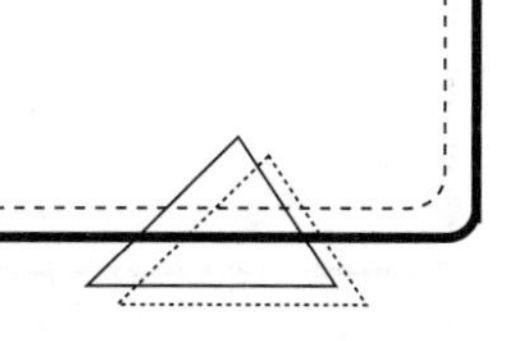

出的下拉菜单中选择“跳转菜单”命令，打开“跳转菜单”对话框，如图 12-26 所示。

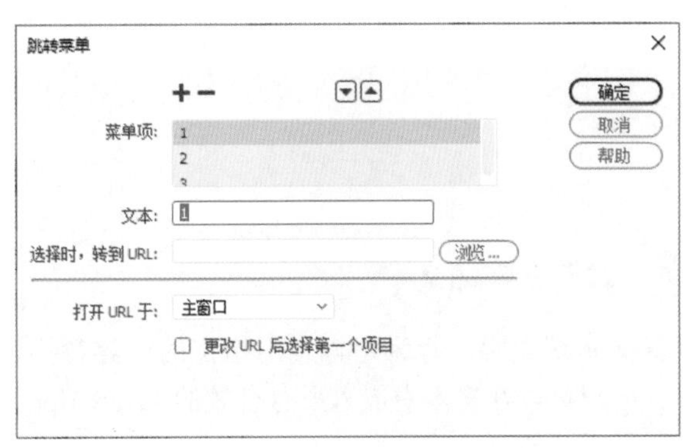

图 12-26

12.5.2 检查表单

“检查表单”行为可检查指定文本域的内容以确保用户输入的数据类型正确。通过 onBlur 事件将此行为附加到单独的文本字段，以便用户填写表单时验证这些字段；或通过 onSubmit 事件将此行为附加到表单，以便用户单击“提交”按钮时同时计算多个文本字段。将此行为附加到表单可以防止在提交表单时出现无效数据。

单击“行为”面板中的“添加行为”按钮+，在弹出的下拉菜单中选择“检查表单”命令，打开“检查表单”对话框，如图 12-27 所示。

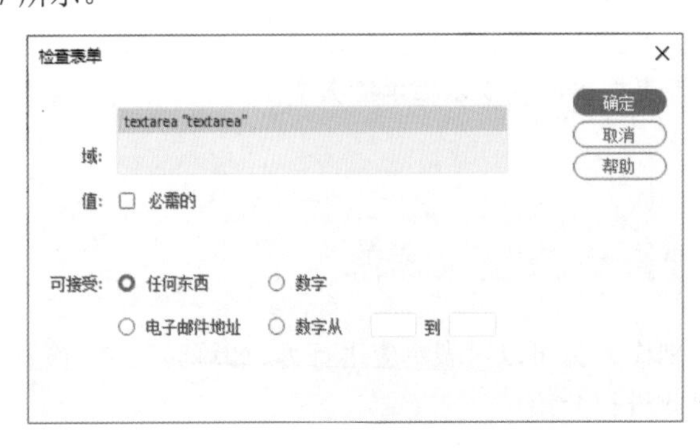

图 12-27

“检查表单”对话框中部分选项作用如下。

◎ 域：在文本框中选择要检查的一个文本域。

◎ 值：如果该文本必须包含某种数据，则勾选“必需的”复选框。

◎ 可接受：包括“任何东西”“电子邮件地址”“数字”和“数字从”等选项。

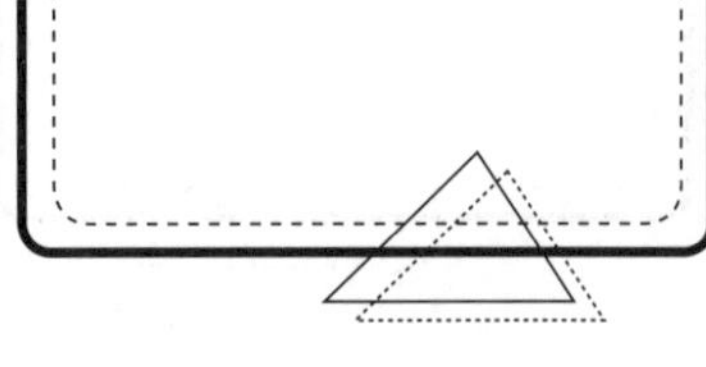

12.6 课堂实战：美化宠物网站首页

本案例将练习美化宠物网站首页，涉及的知识点包括“行为”面板的使用、“打开浏览器窗口”行为、“交换图像”行为、“预先载入图像”行为、“设置状态栏文本”行为等。

Step01 打开本章素材文件，如图 12-28 所示。

Step02 选中主图，执行“窗口” | “行为”命令，打开“行为”面板，单击“添加行为”按钮+，在弹出的下拉菜单中选择“弹出信息”命令，打开“弹出信息”对话框，在该对话框的“消息”文本框中输入内容，如图 12-29 所示。

图 12-28

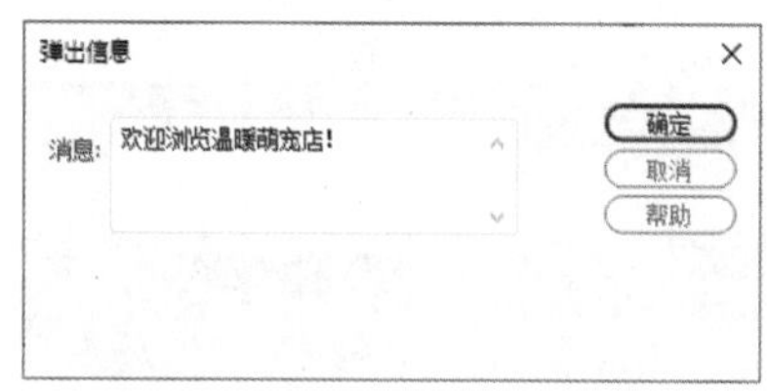

图 12-29

Step03 完成后单击“确定”按钮，将行为添加到“行为”面板。选中中间“明星宠物”下的图像，在“行为”面板中单击“添加行为”按钮+，在弹出的下拉菜单中选择“交换图像”命令，打开“交换图像”对话框，如图 12-30 所示。

Step04 单击“设定原始档为”文本框右边的“浏览”按钮，打开“选择图像源文件”对话框，在该对话框中选择要交换的文件，单击“确定”按钮，返回“交换图像”对话框，如图 12-31 所示。

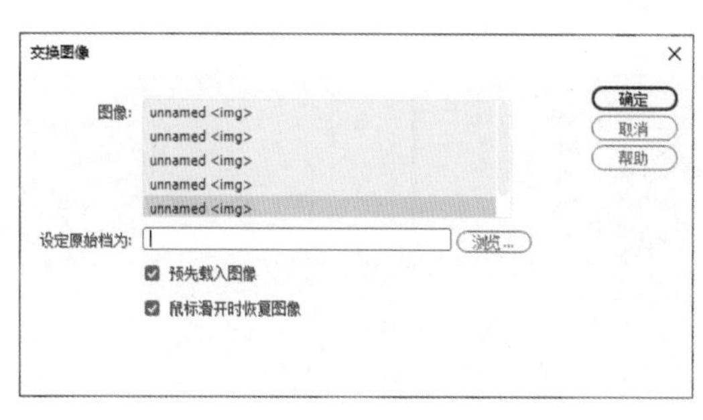

图 12-30

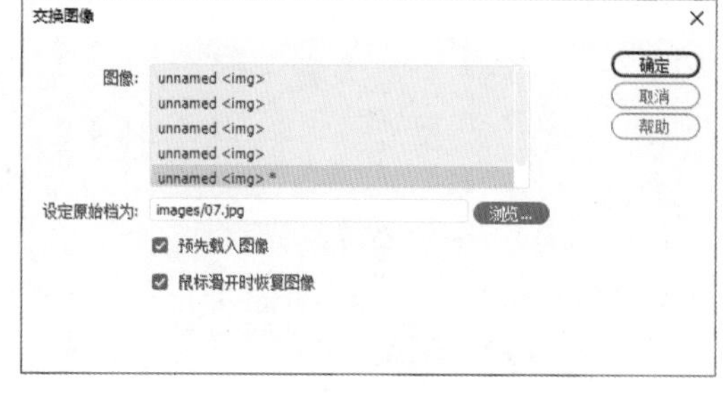

图 12-31

Step05 使用相同的方法，设置另一个明星宠物“交换图像”行为，如图 12-32 所示。

Step06 选择左下角文档标签 <body>，在“行为”面板中单击“添加行为”按钮+，在弹出的下拉菜单中选择“设置文本” | “设置状态栏文本”命令，打开“设置状态栏文本”对话框，在该对话框中输入文字，如图 12-33 所示。

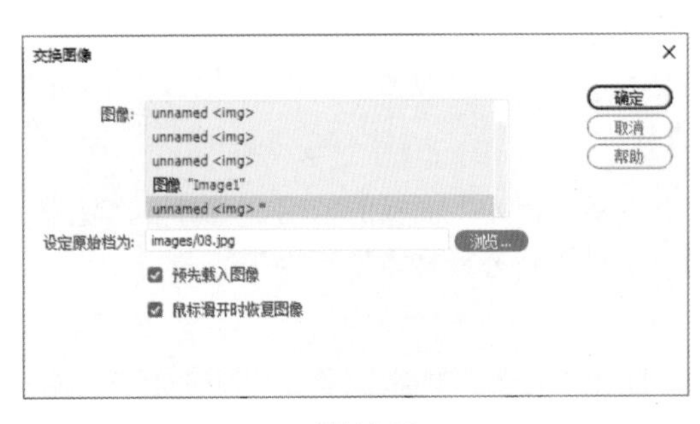

图 12-32

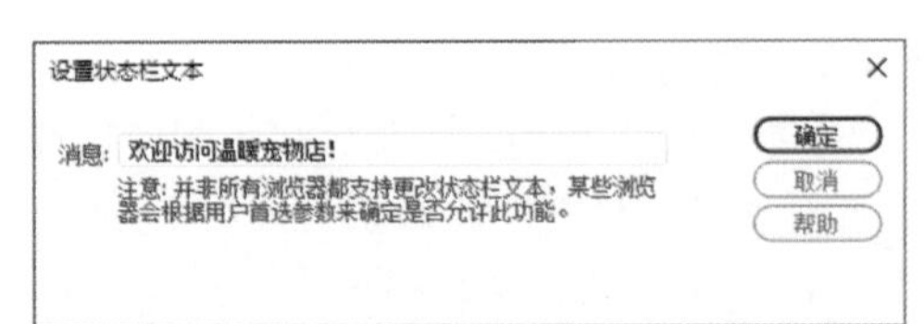

图 12-33

Step07 完成后单击“确定”按钮。保存文件，按 F12 键测试效果，如图 12-34、图 12-35 所示。

图 12-34

图 12-35

至此，完成宠物网站首页的美化。

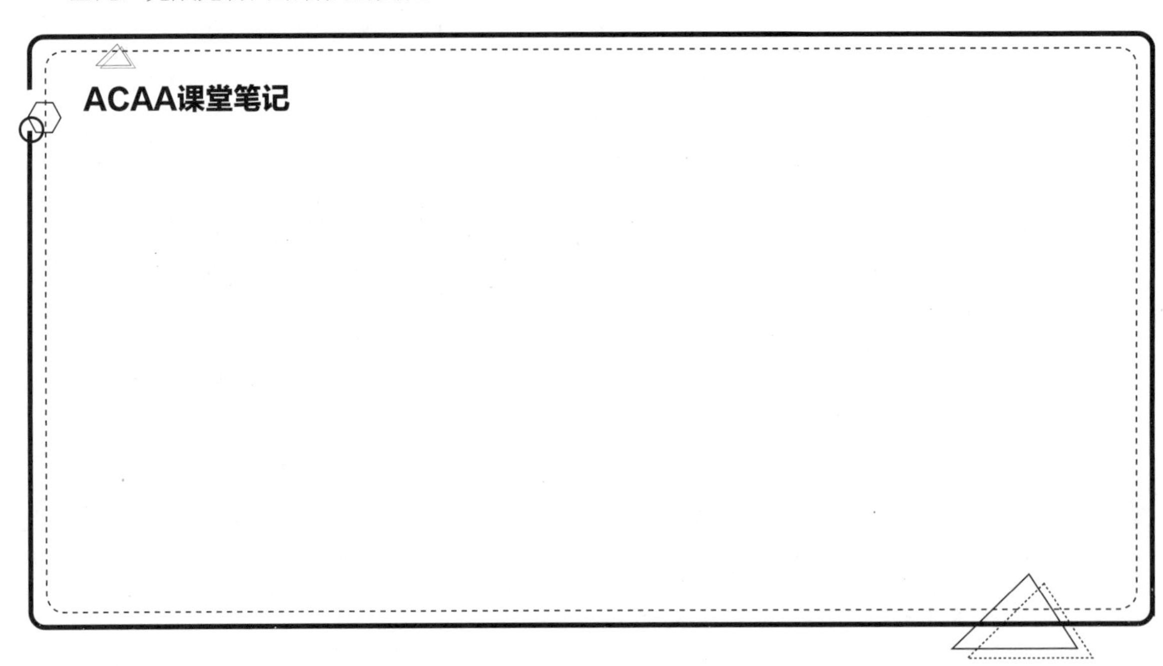

12.7 课后作业

一、选择题

1. 下面关于行为、事件和动作的说法正确的是（　　）。

A. 动作的发生是在事件的发生以后　　B. 事件的发生是在动作的发生以后

C. 事件和动作是同时发生的　　D. 以上说法都错

2. 在打开页面时，自动播放音乐，这种效果需要借助（　　）事件来实现。

A. onUnLoad　　B. onClick　　C. onMouseOver　　D. onLoad

3. 下面关于制作跳转菜单的说法错误的是（　　）。

A. 利用跳转菜单可以使用很小的网页空间来做更多的链接

B. 默认的跳转菜单有跳转按钮

C. 在设置跳转菜单属性时，可以调整各链接的顺序

D. 在插入跳转菜单时，可以选择是否加上跳转按钮

二、填空题

1. ___________ 行为是通过更改 <img> 标签的 src 属性将一个图像和另一个图像进行交换。

2. 若想在浏览器窗口左下角处的状态栏中显示消息，可以通过设置 _________________ 行为来实现。

3. 在 Dreamweaver 软件中使用 ___________ 行为可以编辑和重新排列菜单项、更改要跳转到的文件以及编辑文件的窗口等。

三、操作题

1. 制作打开浏览器窗口效果

（1）本案例将练习制作打开浏览器窗口效果，涉及的知识点包括行为的创建。制作完成后的效果如图 12-36、图 12-37 所示。

图 12-36

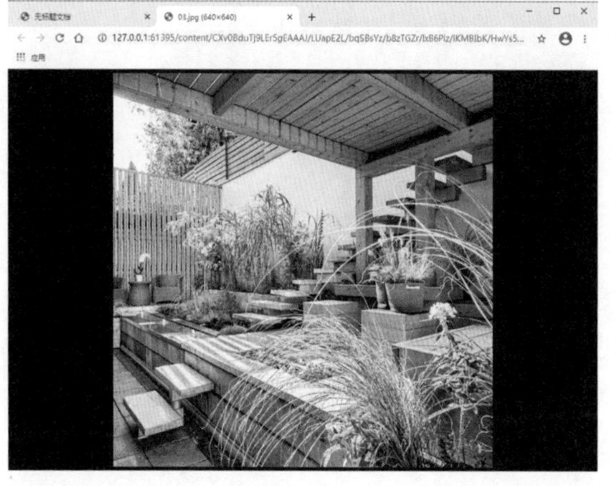

图 12-37

（2）操作思路。

Step01 打开本章素材文件，选中要添加行为的图像；

Step02 打开“行为”面板，添加行为并进行设置；

Step03 保存文件，测试效果即可。

2. 制作弹出信息

（1）本案例将练习制作弹出信息，涉及的知识点包括行为的创建。制作完成后效果如图 12-38、图 12-39 所示。

图 12-38

图 12-39

（2）操作思路。

Step01 打开本章素材文件，选中要添加行为的图像；

Step02 打开“行为”面板，添加行为并进行设置；

Step03 保存文件，测试效果即可。

第13章 制作动物园网页

内容导读

Div+CSS是目前主流的网页布局方式，结合表格、图像等工具的使用，可以制作出丰富的网页效果。本章将练习制作动物园网页，通过本章的学习，可以帮助用户熟悉Div+CSS布局方式的应用，掌握图像等素材的插入，学会应用表格、输入文本等操作。

学习目标

- 学会Div+CSS的布局方法
- 熟练表格的插入及应用
- 学会创建CSS样式表
- 学会图像等素材的插入

13.1 项目背景及需求

受绿意动物园委托，为其制作网站首页。本项目主要使用Dreamweaver软件制作，利用Div+CSS布局网页，通过插入不同的元素丰富网页效果。

13.1.1 项目背景

绿意动物园是一家动物种类繁多、能够亲密与动物接触的动物园。该动物园致力于动物与人类和谐相处，摒弃了传统的动物表演，使游客可以更好地接触真实的动物。目前动物园为提高知名度，需要构建网站，以达到更好的宣传的效果。

13.1.2 设计要求

该动物园网页设计要求如下。

◎ 简洁明了，页面干净自然；

◎ 网站的色彩以绿色为主，带来生机勃勃的感觉；

◎ 画面合理，突出宣传主题，达到宣传目的。

13.2 项目制作

本案例将练习制作一个动物园网站首页。使用Div将网页划分为多个区域，再由CSS代码对每个Div进行定位和样式描述，最后将网页对应元素显示到Div中，最终效果如图13-1所示。

图 13-1

13.2.1 项目分析

本网页内容布局相对复杂，首先将页面分成 header_right、header_navigator、container、container_bottom 以及 footer 五部分，每一部分都是一个 Div 块，如图 13-2 所示。

图 13-2

其中，header_right 部分用于显示如首页、登录、网站导航等站点辅助导航条。header_navigator 部分用于显示站点主导航条，其中包含的每一个超链接又都放置在各自的 Div 中，一同嵌套在父容器 header_navigator 中显示。container 部分用来显示动物对应的图片，由于图片较多，每个图片也都单独放置在各自的 Div，一同嵌套在父容器 container 中显示。container_bottom 部分则用来显示动物园的新闻、位置及 Logo 信息，每个信息块也都单独放置在各自的 Div 中，一同嵌套在父容器 container_bottom 中显示。footer 部分则显示版权信息、管理员登录及联系我们，这些内容比较简单，使用超链接即可完成。页面中 HTML 框架代码如下：

```
<body>body
<div class= “header_right” > header_right</div>
<div  class= “header_navigator” >header_navigator<br />
<div class= “header_navigator_left” >header_navigator_left_1</ div >
< div class= “header_navigator_left” >header_navigator_left_2</ div >
```

```
< div class= “header_navigator_left” >header_navigator_left_3</ div >
< div class= “header_navigator_left” >header_navigator_left_4</ div >
< div class= “header_navigator_right” >header_navigator_right_1</ div >
</div>
<div class= “container” >container<br />
< div class= “container_left” >container_left</ div >
< div class= “container_left” >container_left</ div >
< div class= “container_left” >container_left</ div >
< div class= “container_left” >container_left</ div >
< div class= “container_right” >container_right</ div >
</div>
<div class= “container_bottom” >container_bottom<br />
<div class= “container_bottom_left” >
container_bottom_left
</div>
<div class= “container_bottom_middle” >container_bottom_middle
</div>
<div class= “container_bottom_right” >container_bottom_right
</div>
</div>
<div class= “footer” >footer
</div>
</body>
```

13.2.2 制作步骤

页面框架布局设计好之后，就可以开始准备素材，设计网页。具体操作步骤如下。

Step01 新建网页文档，并将其保存。执行“插入” | Div 命令，打开 “插入 Div”对话框，如图 13-3 所示。

Step02 单击“新建 CSS 规则”按钮，打开“新建 CSS 规则”对话框，并进行设置，如图 13-4 所示。

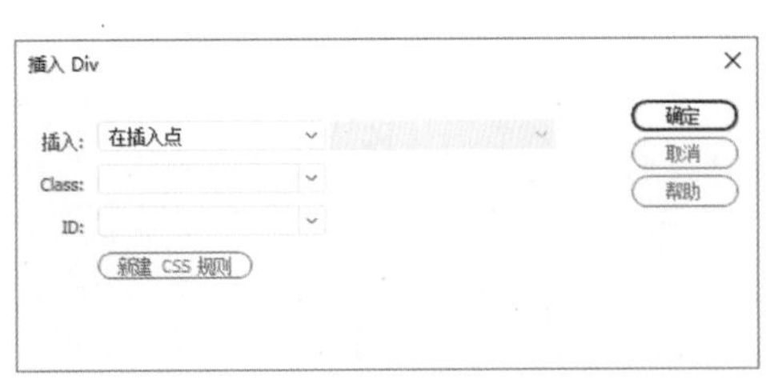

图 13-3

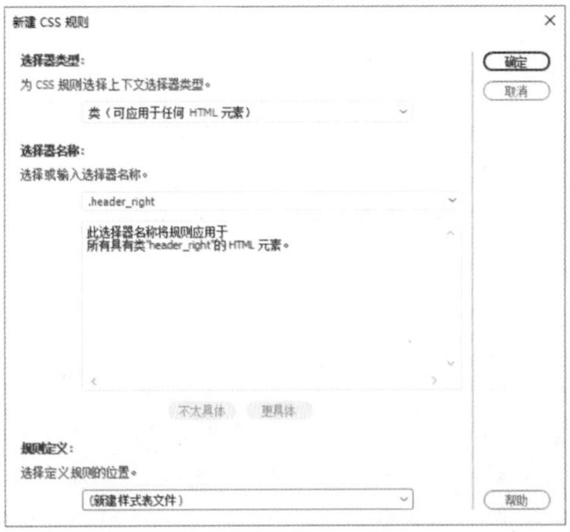

图 13-4

Step03 完成后单击“确定”按钮，打开“将样式表文件另存为”对话框，设置文件名称及位置，如图 13-5 所示。

Step04 完成后单击“保存”按钮，打开“.header_right 的 CSS 规则定义”对话框，在“分类”列表中选择“方框”，设置相应属性，如图 13-6 所示。

图 13-5

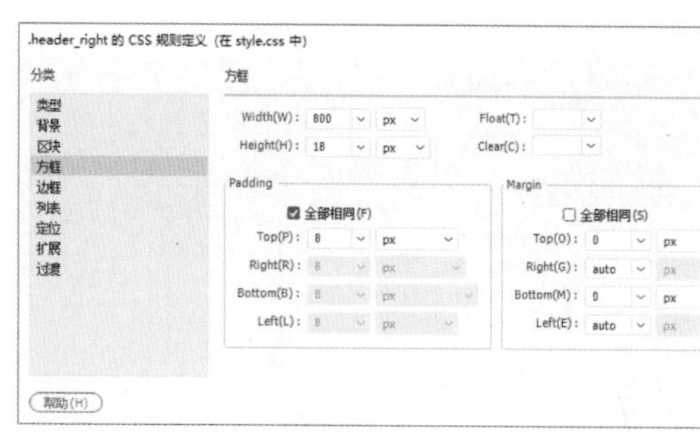

图 13-6

Step05 在“分类”列表中选择“区块”，设置相应属性，如图 13-7 所示。单击“应用”按钮和“确定”按钮，返回“插入 Div”对话框，单击“确定”按钮，插入 Div。

Step06 在 Div 中输入文字，切换至“拆分”视图，分别选中文字，在 <div> 和 </div> 之间输入代码，创建指向文字自身的链接，效果如图 13-8 所示。

知识点拨

<div> 和 </div> 之间代码如下：

```
<a href= “#” target= “_self” > 首页 </a>|<a href= “#”  target= “_self” > 登录 </a>|<a href= “#”  target= “_self” > 网站导航 </a>|<a href= “#”  target= “_self” > 联系我们 </a>
```

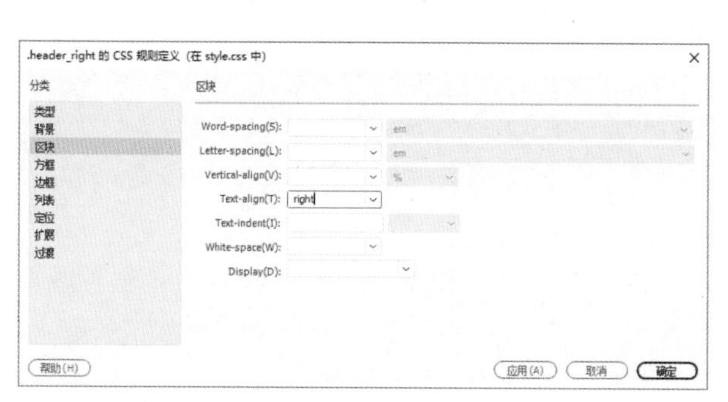

图 13-7

图 13-8

Step07 选中 Div，执行“插入” | Div 命令，在标签结束之前插入一个 Div 标签，如图 13-9 所示。

Step08 切换至“style.css”文件，在该文件中第 12~25 行输入如下代码定义样式：

```
.header_navigator {
    font-size: 14px;
    font-weight: bold;
    color: #FFF;
    background-color: #60D078;
    padding: 8px;
    height: 26px;
    width: 798px;
    margin-top: 0px;
    margin-right: auto;
    margin-bottom: 0px;
    margin-left: auto;
    border: 1px solid #000;
}
```

效果如图 13-10 所示。

图 13-9

图 13-10

Step09 使用相同的方法，在当前 Div 内插入 Div，输入文字，创建指向文字自身的超链接，代码如下：

```
<div class= "header_navigator_left" ><a href= "#" target= "_self" > 草食 </a></div>
<div class= "header_navigator_left" ><a href= "#" target= "_self" > 灵长 </a></div>
<div class= "header_navigator_left" ><a href= "#" target= "_self" > 鸟禽 </a></div>
<div class= "header_navigator_left" ><a href= "#" target= "_self" > 肉食 </a></div>
<div class= "header_navigator_right" ><a href= "#" target= "_self" > 水生 </a></div>
```

并在 style.css 中定义样式，代码如下所示：

```
.header_navigator_left {
    text-align: center;
    float: left;
    height: 14px;
    width: 158px;
    border-right-width: 2px;
    border-right-style: solid;
```

```
        border-right-color: #FFF;
    }
    .header_navigator_right {
        text-align: center;
        float: right;
        height: 14px;
        width: 155px;
    }
```

输入完成后效果如图 13-11 所示。

Step10 在“代码”视图中单击 <div class=“header_navigator”>，切换至“设计”视图，执行“插入” | Div 命令，插入一个 Div，如图 13-12 所示。

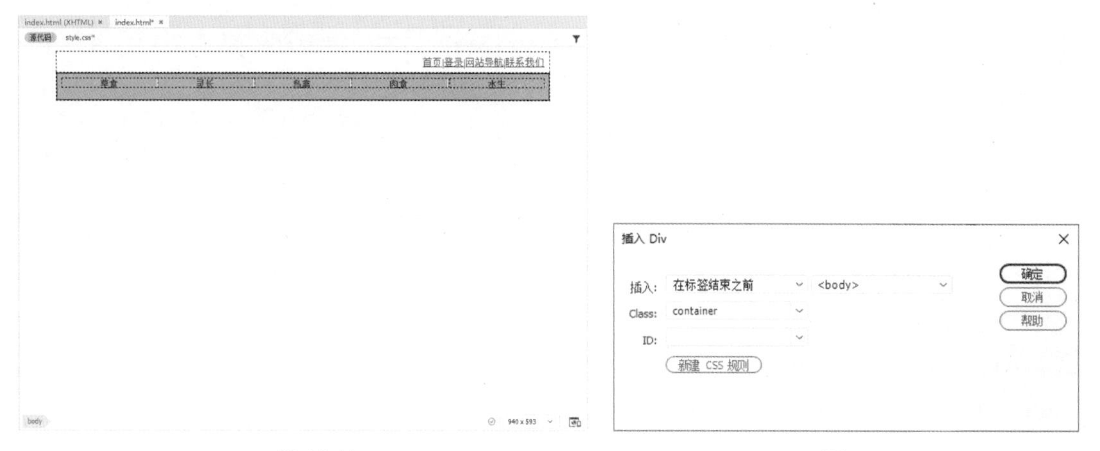

图 13-11　　图 13-12

Step11 切换至“style.css”文件，在该文件中第 41~54 行输入如下代码定义样式：

```
.container {
    height: 399px;
    width: 813px;
    margin-top: 0px;
    margin-right: auto;
    margin-bottom: 0px;
    margin-left: auto;
    border-right-width: 1px;
    border-left-width: 1px;
    border-right-style: solid;
    border-left-style: solid;
    border-right-color: #000;
    border-left-color: #000;
}
```

效果如图 13-13 所示。

Step12 使用相同的操作，在当前 Div 中插入 Div，如图 13-14 所示。

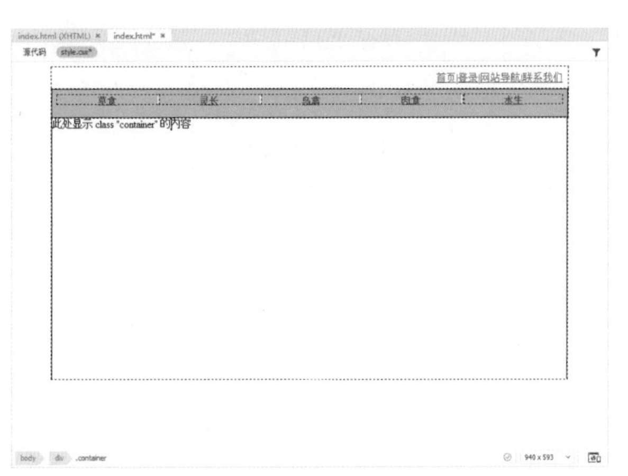

图 13-13

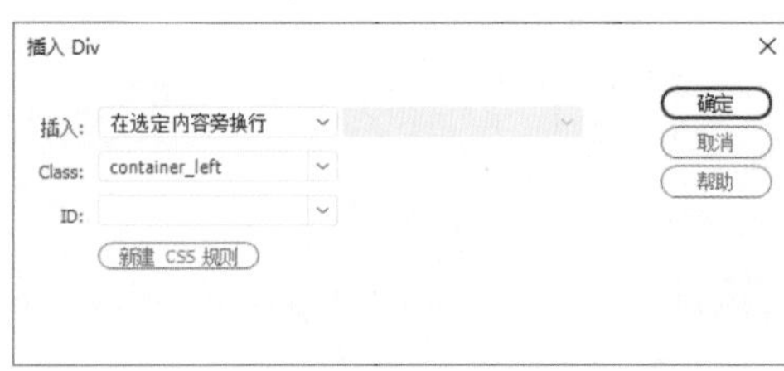

图 13-14

Step13 切换至“style.css”文件，在该文件中第 55~59 行输入如下代码定义样式：

```
.container_left {
    float: left;
    height: 399px;
    width: 163px;
}
```

效果如图 13-15 所示。

Step14 执行“插入”｜Image 命令，打开“选择图像源文件”对话框，选择本章素材文件，单击“确定”按钮，插入图像，效果如图 13-16 所示。

图 13-15

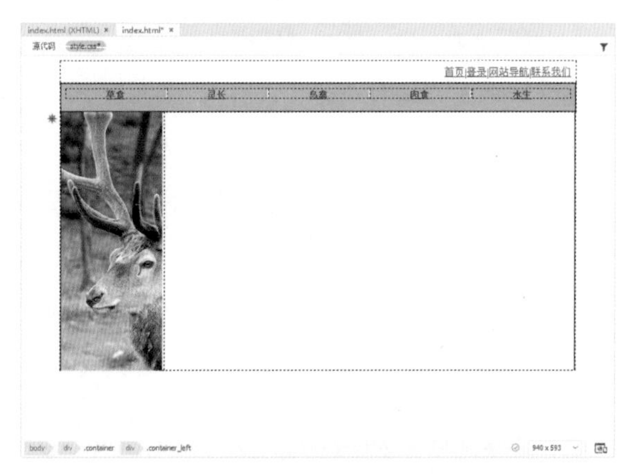

图 13-16

Step15 在当前 div 中 alt 属性中添加“正在加载”。该处完整代码如下：

```
<div class= “container_left” ><img src= “images/ 草食 .jpg” width= “160” height= “400” alt= “正在加载” /></div>
```

Step16 使用相同的方法，继续添加 div 和图像素材，最终效果如图 13-17 所示。

该处完整代码如下：

```
<div class= “container” >
 <div class= “container_left” ><img src= “images/ 草食 .jpg” width= “160” height= “400” alt= “正在加载” /></div>
```

```
 <div class= “container_left” ><img src= “images/ 灵长 .jpg” width= “160” height= “400” alt= “正在加载” /></div>
 <div class= “container_left” ><img src= “images/ 鸟禽 .jpg” width= “160” height= “400” alt= “正在加载” /></div>
 <div class= “container_left” ><img src= “images/ 肉食 .jpg” width= “160” height= “400” alt= “正在加载” /></div>
 <div class= “container_right” ><img src= “images/ 水生 .jpg” width= “160” height= “400” alt= “正在加载” /></div>
</div>
```

在 style.css 中定义样式，代码如下所示：

```
.container_right {
    float: right;
    height: 399px;
    width: 160px;
}
```

Step17 在“代码”视图中单击 <div class=“container”>，切换至设计视图，执行“插入”｜ Div 命令，插入一个 Div，如图 13-18 所示。

图 13-17

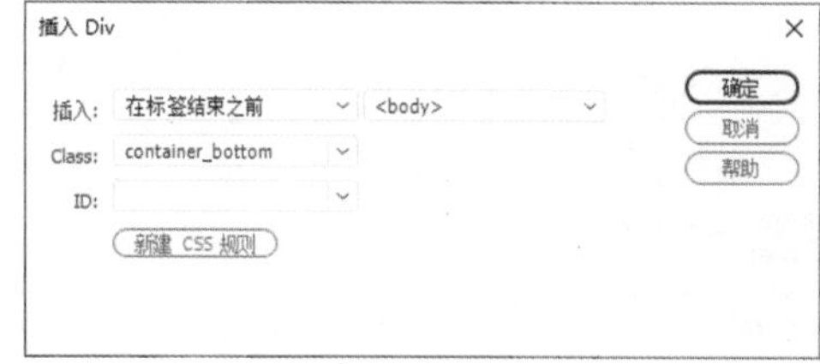

图 13-18

Step18 在 style.css 中定义样式，代码如下：

```
.container_bottom {
    clear: both;
    height: 100px;
    width: 813px;
    margin-top: 0px;
    margin-right: auto;
    margin-bottom: 0px;
    margin-left: auto;
    border: 1px solid #000;
}
```

效果如图 13-19 所示。

Step19 使用相同的方法，在当前 Div 中插入 Div，如图 13-20 所示。

图 13-19

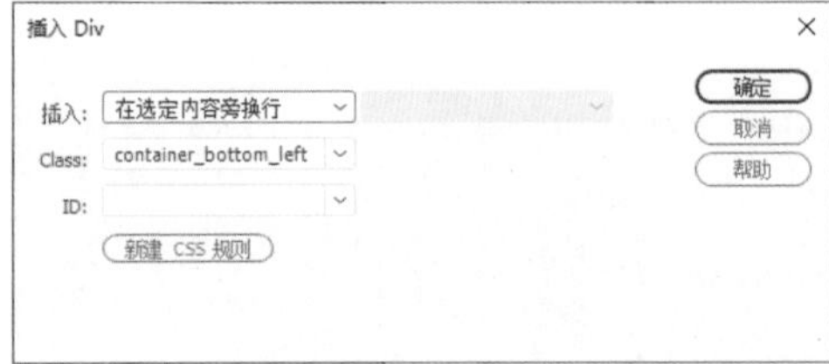

图 13-20

Step20 在 style.css 中定义样式，代码如下：

```
.container_bottom_left {
    float: left;
    height: 100px;
    width: 325px;
    border-right-width: 1px;
    border-right-style: solid;
    border-right-color: #000;
}
```

效果如图 13-21 所示。

Step21 使用相同的方法继续插入 Div“container_bottom_middle”和“container_bottom_right”，在 style.css 中定义样式，代码如下：

```
.container_bottom_middle {
    background-color: #60D078;
    float: left;
    height: 100px;
    width: 325px;
    border-right-width: 1px;
    border-right-style: solid;
    border-right-color: #000;
}
.container_bottom_right {
    background-image: url(../images/logo.jpg);
    background-repeat: no-repeat;
    float: right;
    height: 100px;
    width: 160px;
}
```

效果如图 13-22 所示。

图 13-21

图 13-22

Step22 在右下角的 Div 中单击，执行“插入”｜ Image 命令，打开“选择图像源文件”对话框，选择本章素材文件，单击“确定”按钮，插入图像，效果如图 13-23 所示。

Step23 在左下角的 Div 中单击，执行“插入”｜ Table 命令，打开 Table 对话框，设置表格参数，如图 13-24 所示。完成后单击“确定”按钮，创建表格。

图 13-23

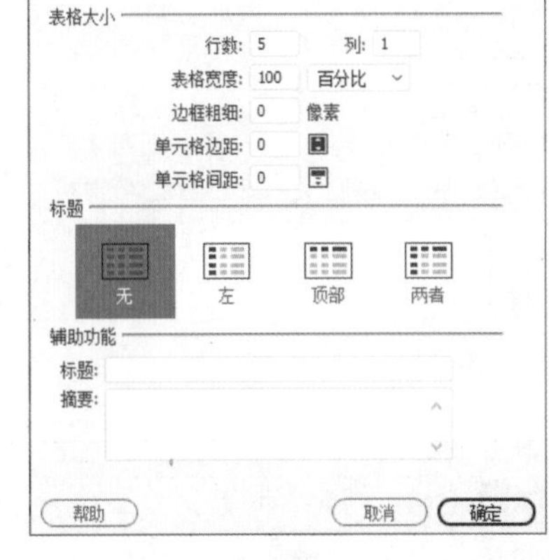

图 13-24

Step24 在表格中输入文字，分别选择下面 4 行文字，切换至代码视图，添加代码，创建指向自身的超链接，效果如图 13-25 所示。

该表格完整代码如下：

```
<table width= “100%” border= “0” cellspacing= “0” cellpadding= “0” >
   <tr>
    <td class= “title” > 最新信息 </td>
   </tr>
   <tr>
    <td><a href= “#” target= “_self” >1. 优惠购票活动正在进行中 .....</a></td>
   </tr>
   <tr>
```

```
      <td><a href= “#” target= “_self” >2. 本店新推出海洋生物展览 </a></td>
    </tr>
    <tr>
      <td><a href= “#” target= “_self” >3. 本月开始举行动物知识竞赛，截至月底，敬请相互转告！ </a></td>
    </tr>
    <tr>
      <td><a href= “#” target= “_self” >4. 熊猫馆即将投入运营，敬请期待！ </a></td>
    </tr>
  </table>
```

Step25 使用相同的方法，在最下方中间 Div 中插入表格，并输入文字，效果如图 13-26 所示。

该表格完整代码如下：

```
<table width= “100%” border= “0” cellspacing= “0” cellpadding= “0” >
    <tr>
      <td class= “title” > 欢迎光临绿意动物园 </td>
    </tr>
    <tr>
      <td class= “text” > 本园地址：绿色大道 240 号 </td>
    </tr>
    <tr>
      <td class= “text” > 购票电话：0000-00000000</td>
    </tr>
    <tr>
      <td class= “text” > 乘车路线：可乘坐 2 路、17 路、520 路公交车在绿色路迎宾口下车即到，停车免费。</td>
    </tr>
  </table>
```

图 13-25

图 13-26

Step26 切换至 style.css 中，添加代码，定义超链接外观，代码如下所示：

```
a:link {
    font-family: “宋体”;
    font-size: 14px;
```

```
		color: #000;
		text-decoration: none;
	}
	a:visited {
		font-family: “宋体”;
		font-size: 14px;
		color: #000;
		text-decoration: none;
	}
	a:hover {
		font-family: “宋体”;
		font-size: 14px;
		color: #F30;
		text-decoration: none;
	}
	a:active {
		font-family: “宋体”;
		font-size: 14px;
		color: #F30;
		text-decoration: none;
	}
	.title {
		font-size: 14px;
		text-align: center;
	}
	.text {
		font-size: 12px;
		text-align: left;
		text-indent: 2em;
	}
	td a:link {
		font-family: “宋体”;
		font-size: 12px;
		color: #000;
		text-decoration: none;
	}
	td a:visited {
		font-family: “宋体”;
		font-size: 12px;
		color: #000;
		text-decoration: none;
	}
	td a:hover {
		font-family: “宋体”;
```

```
        font-size: 12px;
        color: #F30;
        text-decoration: none;
    }
    td a:active {
        font-family: “宋体”;
        font-size: 12px;
        color: #F30;
        text-decoration: none;
    }
    .header_navigator a:link {
        font-family: “宋体”;
        color: #FFF;
        text-decoration: none;
    }
    .header_navigator a:visited {
        color: #FFF;
        text-decoration: none;
    }
    .header_navigator a:hover {
        color: #F60;
        text-decoration: none;
    }
    .header_navigator a:active {
        color: #F60;
        text-decoration: none;
    }
```

效果如图 13-27 所示。

Step27 在代码视图中单击<div class=“container_bottom”>，切换至设计视图，执行“插入”｜ Div 命令，插入一个 Div，如图 13-28 所示。

图 13-27

图 13-28

Step28 在 style.css 中定义样式，代码如下：

```
.footer {
    text-align: center;
    clear: both;
    height: 80px;
    width: 813px;
    margin-top: 0px;
    margin-right: auto;
    margin-bottom: 0px;
    margin-left: auto;
    padding-top: 10px;
    padding-right: 0px;
    padding-bottom: 10px;
    padding-left: 0px;
    border-right-width: 1px;
    border-bottom-width: 1px;
    border-left-width: 1px;
    border-right-style: solid;
    border-bottom-style: solid;
    border-left-style: solid;
    border-right-color: #000;
    border-bottom-color: #000;
    border-left-color: #000;
}
```

效果如图 13-29 所示。

Step29 在当前 Div 中输入文字，创建超链接，效果如图 13-30 所示。

该 Div 中代码如下：

```
<p><a href= "#" target= "_self" > 联系我们 </a>|<a href= "#" target= "_self" > 管理员登录 </a></p>
 <p>&copy; 版权所有 </p>
```

图 13-29

图 13-30

Step30 保存文件，按 F12 键测试效果，如图 13-31、图 13-32 所示。

图 13-31

图 13-32

至此，完成动物园网页的制作。